Relations Mapping

Eine neue Sicht auf Kundenbeziehungen

Relations Mapping

Eine Methode, um die Beziehungen zu Ihren Kunden zu visualisieren

KURZÜBERSICHT

Welche Fragestellungen beantwortet Ihnen diese Methode? Und was können Sie damit erzielen?

Wer sind unsere Kunden?

- → Kunden besser kennenlernen und beschreiben
- → Angebote zielgerichteter adressieren
- → eigene Personas entwickeln
- → Nähe zu Lifestyle-Gruppen erkennen, die man noch nicht „auf dem Schirm hat“

Wer sind unsere potenziellen zukünftigen Kunden?

- → potenzielle neue Kunden entdecken
- → neue Kundengruppen erreichen
- → Wirkung der Marke auf Gruppen in der Gesellschaft testen

Wie entfalten unsere Ideen und Konzepte ihr volles Potenzial?

- → erkennen, für wen neue Produktideen spannend sind
- → Werbebotschaften plausibel hinterfragen
- → Produkte von vornherein für Gruppen „richtig“ entwickeln

Wie behalten wir den Überblick über gesellschaftliche Entwicklungen?

Für wen ist das spannend?

Für alle Unternehmen, die sich an direkte Kunden/Konsumenten wenden, also tendenziell vor allem im Business-to-Customer-Segment. Speziell für:

- → Geschäftsführer, Strategie-Entwicklung
- → Marketing, Werbung, Kommunikation
- → Produktentwicklung, Design
- → Innovationsmanager
- → Vertrieb
- → Berater

Was wird dadurch sichtbar?

- → Beziehungen zwischen Marken, Produkten bzw. Produktideen und Lebensstil-Gruppen in der Gesellschaft
- → Potenziale für neue Kunden
- → ein besseres Verständnis für bestehende Kunden und ihren Alltag
- → implizites (unausgesprochenes) Kundenwissen innerhalb des Unternehmens

Mehr als Daten – entdecken Sie die Beziehungen zu Ihren Kunden

Kennen Sie auch das Gefühl, dass Sie eigentlich gerne noch mehr über Ihre bestehenden oder potenzielle neue Kunden wissen wollen? Keine Frage: Die Datengrundlage, derer man sich heute bedienen kann, ist gigantisch. Jedes Alltagsverhalten der Konsumenten landet in irgendeiner Datenbank. Viele Unternehmen arbeiten zusätzlich mit Zielgruppendefinitionen oder agieren mit den diversen Modellen der sozialen Milieus. Große Unternehmen führen eigene Zielgruppen-Studien durch, beschreiben Personas oder definieren bis ins Detail Lifestyle-, Costumer- und Shopper-Gruppen. **Und dennoch bleibt das Gefühl, dass wir nur einen Teilbereich der Welt unserer Kunden kennen.**

Im Zentrum einer zukunftsfähigen Marktbetrachtung und aussagekräftigen Einschätzung gilt es, die bekannten Instrumente zu ergänzen, um aus der Datenfülle die richtigen Schlüsse ziehen zu können. Die bereits angesprochenen empirischen Vermessungen der Konsumenten konzentrieren sich stets auf die äußeren Umstände. Sie beobachten Verhalten und Gewohnheiten oder orientieren sich an Werten oder Geld. Kurz gesagt, sie bilden nur Fragmente der Wirklichkeit ab. **Wichtig ist aber bei der Beschäftigung mit den eigenen Kunden und potenziellen Kunden vor allem die Frage nach der Beziehung, die man zu ihnen hat.** Beziehungen definieren sich entlang von Empfindungen, Emotionen und Gefühlen – und Gefühle sind ganzheitlich. Man kann gegenüber einer einzigen Person Liebe, Eifersucht und Wut verspüren. Und zwar im selben Moment. Damit kann sich in einem Gefühl die ganze Komplexität einer Beziehung abbilden. Eine Möglichkeit, die Daten nicht bieten.

Treffend für die Beschreibung der Qualität von Beziehungen ist der Begriff der Resonanz, den Hartmut Rosa in seinem Buch „Resonanz, eine Soziologie der Weltbeziehung" vertieft. **Dabei geht es um eine Verbindung zwischen Menschen:** Im Wesentlichen meint das emotionale Berührtheit bei gleichbleibender Selbstwirksamkeit (das Gefühl, auf andere einwirken zu können). **Auch die Verbindung von Menschen in die dingliche Welt sowie die Welt der Konzepte lässt sich unter Resonanz-Bedingungen beobachten:** Jedes Produkt ist ein Ding, jeder Service ist von Menschen gemacht, jede Marke ist ein Konzept, das sich über Symbole und Rituale manifestiert. **Zu allem bauen Menschen Verbindungen – sogenannte Resonanz-Verbindungen – auf.**

Daher steht die Frage im Raum: **Wie gelingt es, die Resonanz-Verbindungen zwischen Menschen und Marken, Produkten und Angeboten zu erkennen?**

Resonanz ist nicht im klassischen Sinne messbar. Resonanz meint eben nicht Echo oder Bekanntheit. Resonanz-Verbindungen sind bidirektional: Sie zeugen von Berührtheit und Selbstwirksamkeit. Dabei handelt es sich um „inner states" – innere Zustände. Resonanz kann also auch entstehen, wenn kein Verhalten, keine Aktion sichtbar wird. Daher ist diese Art von Beziehung zwischen Unternehmen und Kunden mit den bekannten Werkzeugen schwer abzubilden. Gerade dieses Aufdecken der inneren Zustände und das Entdecken der Berührungspunkte macht den Resonanz-Ansatz für Marktbeobachter so spannend: **Wer Resonanz-Verbindungen erkennt, hat einen neuen Zugang zu einer Gruppe von Menschen gefunden.**

Am besten geeignet für die Entdeckung von Resonanz-Verbindungen sind Methoden, die sich an den impliziten Empfindungen der Betrachtenden orientieren. Unter dem Begriff des „Systemischen" entwickeln und etablieren sich seit geraumer Zeit Anwendungen, die diese unsichtbaren Ebenen reflektieren.

Relations Mapping –
eine Methode, Beziehungen offenzulegen

Das vom Zukunftsinstitut entwickelte Relations Mapping, das wir Ihnen hier als Tool anbieten, orientiert sich daran. **Mit dieser Methode erhalten Sie Einblick in die Beziehungen zu Ihren Kunden.** Durch das Verfahren werden Beziehungen und Relationen sichtbar – und zwar buchstäblich im Sinne einer visuellen Darstellung. Dabei repräsentieren unsere aktuellen Lebensstil-Gruppen Ihre Kunden und potenziellen Kunden. Das Mapping erzeugt ein Bild, die Lebensstile liefern die vertiefenden empirischen Informationen, die in der beiliegenden Studie im Detail nachzulesen sind.

Diese objektiven Informationen werden beim Relations Mapping um Ihr eigenes, implizites Wissen und auch das Ihres Teams ergänzt. Sie arbeiten im Folgenden mit Ihrer **emotionalen Intelligenz, die gerade in Zeiten von Wandel und Volatilität an Bedeutung gewinnt.** Das daraus resultierende Ergebnis ist dann keine detaillierte Analyse, sondern **eine neu gewonnene Perspektive auf Ihren Markt.** Jedoch auf der Basis von Einsichten, die ohne das intuitive Zutun kaum zu erreichen wären. Daher wünschen wir Ihnen mit dem Relations Mapping viel Spaß, neue Einblicke in Ihr Tun und natürlich den erwünschten Erfolg.

Was die Mapping-Methode leistet

Innere Muster aufdecken

Die Grundlage des Relations Mappings stammt aus der systemischen Aufstellung: einer Methode, die eigens dazu entwickelt wurde, um intuitives Wissen zu beobachten. Dabei wird eine räumliche Veranschaulichung von Beziehungen genutzt, um innere Beziehungsbilder zugänglich zu machen. Diese Methode wird zum Beispiel angewandt, um die Funktionalität oder Dysfunktionalität von Beziehungen innerhalb von Organisationen zu erörtern. **Die räumliche Darstellung hilft, die inneren Muster eines sozialen Systems besser zu verstehen.** Im Kontext der Organisationsentwicklung ist diese Methode bereits sehr verbreitet. Im Umgang mit Kunden eher wenig, da in den meisten Fällen die Basis dafür fehlt. Mit den Lebensstilen hat das Zukunftsinstitut nun eine wesentliche empirische Grundlage geschaffen. Die Lebensstile repräsentieren einen Großteil der deutschen Gesellschaft, inklusive aller soziodemographischer Daten. Das ist eine ideale Voraussetzung, um einen fundierten und zugleich frischen Blick auf die eigenen Kunden und Kundenpotenziale zu werfen.

Implizites Wissen aktivieren und teilen

Das Arbeiten mit dem Relations Mapping hilft darüber hinaus auch Teams in der Zusammenarbeit: **Denn durch die Sichtbarmachung der inneren Bilder von Resonanz-Verbindungen wird das implizite Wissen des gesamten Teams explizit gemacht.** Die Technik des Mappings mittels der anschließenden Interpretation führt zu einer Neu-kombination des Wissens, das sonst in den einzelnen Köpfen verschlossen bliebe. **Das verteilt vorhandene Wissen kann somit zu einem neuen, gemeinsamen Wissen werden.** Dies unterstützt ein Team dabei, sich im Kontext der Kundenbeziehungen neu zu verständigen. Auch eine Weitergabe dieses Wissens über die Beziehung zu den Kunden wird durch die spielerische Art der Visualisierung sowie den intuitiven Zugang erleichtert.

Spielerisch die Intuition wecken

Im Relations Mapping arbeiten Sie auf eine systemische Art intuitiv – und spielerisch. Und gerade dieses Spielerische erscheint uns sehr wichtig: Das menschliche Gehirn ist gewissermaßen darauf programmiert – es ist eher ein „Spielzeug" als eine Rechenmaschine. **Die meisten Menschen tun sich sichtlich leichter, wenn sie spielerisch agieren dürfen.** Somit wird nicht nur der Zugang zu inneren Bildern von Resonanz-Verbindungen geschaffen und gemeinsames Wissen sichtbar, durch das Spiel entstehen auch Motivation und Inspiration. **Der Umgang mit komplexen Informationen wird erleichtert.** Rough Data nennt das der Systemforscher Harald Katzmaier, der meint: „Durch Big Data sehen wir den Wald vor lauter Bäumen nicht. Es gilt wieder zu lernen, Abstand zu nehmen und sich den groben Zusammenhängen zu widmen." Diese sind strukturgebend und helfen uns, die Welt in sinnvollen Verbindungen zu verstehen.

Welche Fragen das Relations Mapping beantwortet

Mittels des Relations Mappings lassen sich mehrere Fragestellungen sehr gut bearbeiten. Die zentrale dabei lautet: **Wer sind unsere Kunden?** Im Detail geht es darum, die Beziehung zu den bestehenden Kunden besser zu verstehen. Unsere Lebensstile erhöhen Ihre Kompetenz in der Beschreibung Ihrer Kundengruppen und derer Bedürfnisse. Dies kann zum Beispiel eine gute Grundlage zur Entwicklung von eigenen Kundengruppen oder Personas sein. Auch Produkte beziehungsweise Angebote können so getestet werden. Indem diese in Relation zu den Lebensstilen gestellt werden, erkennen Sie vielleicht neue Bedürfnisse. Damit können Sie jegliches Angebot zielgerichteter adressieren.

Als wichtiger Faktor erscheint uns auch, dass mithilfe des Relations Mappings die Resonanz-Verbindung zu Lebensstilen sichtbar wird, die Sie bislang vielleicht noch nicht bedacht haben. Dies bildet auch Frage Nummer zwei ab: **Wer sind unsere potenziellen zukünftigen Kunden?** Durch das Relations Mapping wird sichtbar, welche neuen Kunden vielleicht von einem Produkt oder Service angesprochen werden könnten. Auch die Verbindungen und Zugänge zu neuen Kundengruppen können sichtbar werden, ebenso wie die Wirkung eines Produktes oder der Marke auf die diversen Gruppen innerhalb der Gesellschaft.

Womit man das Relations Mapping auch zum ersten Austesten anwenden kann: **Wir haben Ideen, Konzepte und Designs und wollen diese überprüfen.** Bevor jede Menge Geld in die Marktforschung gesteckt wird, können Entwicklerteams mittels des Relations Mappings sehen, ob es eine Resonanz für ihre Ideen gibt. So zum Beispiel bei neuen Produktideen, Kampagnen oder Werbebotschaften. Aber auch bei neuen Designs oder der Erweiterung des Produktportfolios. Die Frage ist also: **Wie kommen unsere Ideen an?**

Natürlich kann man auch mit ganz allgemeinen Fragen in das Mapping gehen, um beispielsweise den Überblick über gesellschaftliche Entwicklungen nicht zu verpassen. „**Welche Gruppen helfen mir, am Ball zu bleiben?**", wäre eine dazu passende Frage. Und vielleicht haben Sie auch noch ganz andere, weiterführende Fragen. Nehmen Sie auch diese gerne mit in den Prozess, es kann nichts Falsches dabei herauskommen.

Gebrauchsanweisung

Die Anwendung des Relations Mappings ist einfach, weil intuitiv. Dennoch ist es wichtig, die Methode und die Bestandteile des Mappings etwas genauer kennen zu lernen. Daher finden Sie im Folgenden eine Gebrauchsanweisung, um das Gelingen der Anwendung zu unterstützen. Zuerst die Teile, aus denen das Mapping besteht.

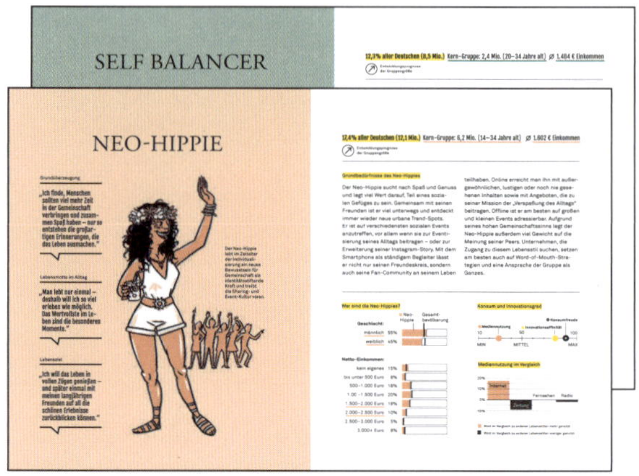

Die Lebensstile

Das Material

Die Lebensstile

Zentraler Bestandteil sind die 18 Lebensstile in dieser aktuellen Ausgabe des Zukunftsinstituts. Jeder dieser Lebensstile steht für eine Gruppe von Menschen mit bestimmten Vorlieben, Lebensweisen und Motiven. Jeder Lebensstil hat seine zentrale Entfaltung in einem gewissen Altersbereich, der auch Auskunft über die Lebensphase gibt. Zu jedem Lebensstil gibt es eine ausführliche Beschreibung sowie detaillierte empirische Daten und soziodemographische Kennziffern. Die Lebensstile repräsentieren den größten Teil der deutschen Gesellschaft. Durch die trennscharfe Unterteilung der Gesellschaft in die Lebensstile wird es möglich, ein gut ausdifferenziertes Bild der eigenen Kunden und möglichen neuen Kunden zu erhalten. In diesem Heft finden Sie eine komprimierte Darstellung der Lebensstile inklusive der wichtigsten Kennziffern. Vertiefende Informationen liefert Ihnen die Lebensstil-Studie, die Sie gemeinsam mit dieser Mapping-Anleitung erhalten haben.

Die Lebensstil-Karten

Die einfache und schnelle Durchführung des Mappings wird durch die Lebensstil-Karten ermöglicht. Auf ihnen ist jeweils ein Lebensstil dargestellt. Sollten Sie mehr von diesen Karten benötigen, finden Sie diese auch zum Download im Online-Bereich zu den Lebensstilen.

Die Unternehmens-Karte

Diese Karte repräsentiert Ihr Unternehmen. Sie können diese Karte gerne durch ein anderes Objekt Ihrer Wahl ersetzen, das Ihr eigenes Unternehmen vielleicht noch besser verkörpert.

Die Produkt-Karten

Die Produkt-Karten stehen für ein oder mehrere Produkte oder Services Ihres Unternehmens. Sie können diese gerne durch ein anderes Objekt Ihrer

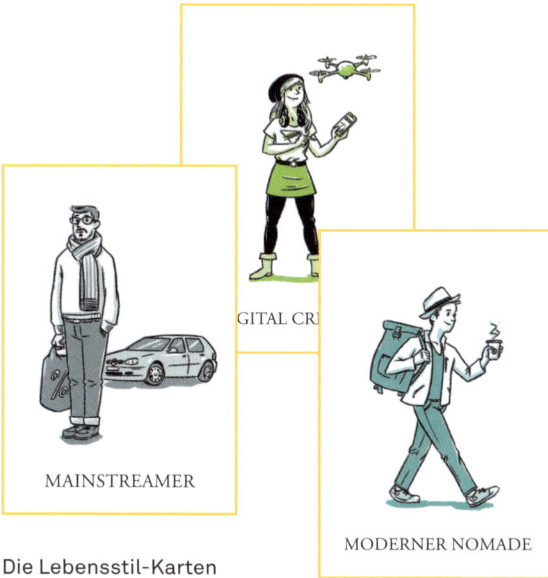

Die Lebensstil-Karten

Die Unternehmens-Karte

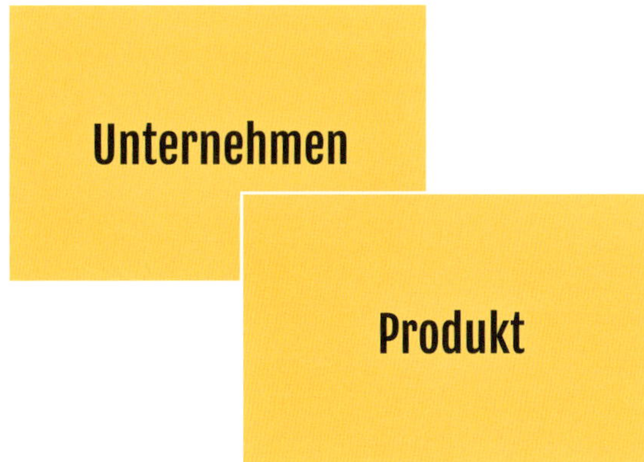

Die Produkt-Karten

Wahl ersetzen, das das Angebot Ihres Unternehmens vielleicht noch besser verkörpert.

Das Spielfeld

Das Spielfeld ist kein physischer Teil des Mappings, da Sie ein Mapping im Grunde immer und überall durchführen können: entweder auf einem geeigneten Tisch, am Boden oder an einer Pinnwand. Jeder glatte, einfarbige Hintergrund ist geeignet, um ein Mapping durchzuführen. Idealerweise nutzen Sie als Hintergrund jedoch ein großes Blatt Papier, damit Sie direkt an den Beziehungen und Interpretationen arbeiten können.

Die Teilnehmer

Das Relations Mapping können Sie alleine oder im Team durchführen. Der Unterschied liegt im Detail: Führen Sie das Mapping alleine durch, rufen Sie Ihre eigenen inneren Bilder ab. Dies ist sehr wertvoll und liefert interessante Insights. Die Interpretation ist auch einfach nachvollziehbar, so dass es Ihnen sicher gut gelingt. Sollten Sie im Team arbeiten, ist echter Dialog gefordert. Zum einen, um die intuitiven Platzierungen der Karten bewusst zu erläutern. Zum anderen, um die Interpretationen genau zu artikulieren, damit alle Team-Mitglieder ein annähernd gleiches Verständnis des entstehenden Bildes haben. Um einen guten Austausch zu ermöglichen, schlagen wir vor, das Mapping in einer Gruppe von maximal zwölf Personen durchzuführen. Je nach Eigendynamik eines Teams können Sie diese Zahl natürlich variabel gestalten.

Als Team haben Sie den Vorteil, dass Sie die inneren Bilder Ihrer Kollegen vermittelt bekommen und damit ein neues, gemeinschaftliches Team-Bewusstsein zu Ihrer gestellten Frage erhalten.

Wer ein Relations Mapping einberuft, gilt gleichermaßen als Initiator. Dieser nimmt beim Mapping, speziell am Beginn und Ende, eine besondere Rolle ein. Details dazu finden Sie folgend im Ablauf.

Der Ablauf

Voraussetzungen:

1. Definition des Systems

→ Stellen Sie sich als Initiator zunächst die Frage, für welches System das Relations Mapping durchgeführt werden soll. Ein System kann ein spezifischer Service, ein Produkt oder eine ganze Produktlinie sein. Oder wollen Sie das Mapping für Ihr gesamtes Unternehmen machen? Oder vielleicht für eine neue Produktidee, eine Kampagne oder neue Designs? Je nachdem benötigen Sie also Karten oder Objekte, die das jeweilige System repräsentieren können.

2. Klärung der Frage

→ Damit Sie gute Antworten finden, definieren Sie Ihren Fokus scharf: Was will ich/wollen wir wirklich herausfinden?

3. Definition des Teams

→ Sobald klar ist, welches System Sie betrachten möchten, können Sie auch die Teilnehmer des Mappings einladen: Wer ist wichtig, um einen Zugang zu diesem gewählten System zu finden? Bei wem vermuten Sie viel Wissen – egal ob explizit oder implizit? Wen wollen Sie auf jeden Fall dabei haben? Und wie gesagt: Sie können jederzeit auch alleine an einem Mapping arbeiten.

4. Wahl des Spielfeldes

→ Wählen Sie nun eine geeignete Unterlage für das Mapping. Im Idealfall haben Sie ein großes Blatt Papier im A1- oder A0-Format, damit Sie direkt darauf zeichnen und schreiben können. Wählen Sie in jedem Fall eine große, glatte Fläche aus. Vielleicht arbeiten Sie auch direkt auf dem Boden. Viel Platz zu haben ist hilfreich, da man dann von unterschiedlichen Seiten auf das Mapping blicken kann.

5. Zeit

→ Das Mapping funktioniert intuitiv und damit sehr schnell. Selbst in 15 Minuten können Sie schon spannende Einblicke erhalten. Je größer die Gruppe und je komplexer das gewählte System, desto mehr Zeit sollten Sie einplanen. Um das Mapping gut und solide zu interpretieren, sollten Sie sich vielleicht sogar einen halben Tag Zeit nehmen. Von 15 Minuten bis zu vier Stunden ist alles möglich.

Durchführung Teil 1: Das System

1. Als Initiator begrüßen Sie die Teilnehmer und erklären kurz das Vorgehen. Sie erläutern nochmals, für welches System Sie das Relations Mapping durchführen wollen. Formulieren Sie die Fragestellung deutlich, so dass jedem Teilnehmer klar ist, worum es geht.

2. Definieren Sie das Spielfeld und positionieren Sie die Unternehmens-Karte beziehungsweise das Objekt Ihrer Wahl, um Ihr Unternehmen zu repräsentieren. Im Idealfall beginnen Sie mittig auf dem Spielfeld.

3. Sollten Sie ein weiteres System einführen, wie zum Beispiel ein Produkt, so verorten Sie nun auch dieses mittels der Produkt-Karten auf dem Spielfeld. Hierfür gilt bereits: Folgen Sie Ihrer Intuition. Denken Sie nicht lange darüber nach, sondern legen Sie die entsprechende Karte oder das Objekt in einem Abstand zu Ihrem ersten System, der Ihrem Gefühl entspricht. Sollten Sie mehrere Produkte gleichzeitig betrachten wollen, nutzen Sie dafür

unterschiedliche Kärtchen. Also „Waschmaschine" als eine Karte und „Bügeleisen" auf eine zweite. Sie können natürlich noch mehr Elemente hinzufügen. Immer wieder sollte sich die Platzierung für Sie „richtig anfühlen". Das ist das entscheidende Kriterium. Dabei gibt es kein objektives Richtig oder Falsch – es ist immer subjektiv.

4. Nach dieser Runde erläutern Sie die bis dahin getätigten Setzungen und gehen auf Fragen oder andere Empfindungen ein. Sollte ein Einwand kommen, der sich für Sie richtig anfühlt, können Sie die Positionen auch nochmals verändern. Auch hier gilt: Korrekt ist, was sich für Sie als Initiator des Mappings richtig anfühlt.

Durchführung Teil 2: Die Lebensstile

1. Nun geht es an die Lebensstile. Die Setzung der Lebensstile erfolgt durch alle Teilnehmer, inklusive dem Initiator. Die 18 Lebensstil-Karten werden auf die Teilnehmer gleichmäßig aufgeteilt.

2. Die Teilnehmer legen nun die Karten, es gilt hier wiederum das „richtige Gefühl". Ein objektives Richtig oder Falsch gibt es nicht.

3. Wenn alle Karten gelegt sind, treten Sie als Gruppe einen Schritt zurück. Nehmen Sie sich einen Moment Zeit und betrachten Sie das vor Ihnen liegende Bild. Was Sie nun sehen, ist die Visualisierung der impliziten, sprich inneren Bilder aller Teilnehmer in Bezug auf die Resonanz-Verbindungen. Lassen Sie das Bild etwas auf sich wirken.

Durchführung Teil 3: Der Dialog

Als Nächstes benötigt es einen Dialog über das Bild und die zu erkennenden Beziehungsmuster. Jeder hat die Möglichkeit nachzufragen und seine Eindrücke zum Bild zu äußern. Sehr wahrscheinlich teilt nicht jeder das Gefühl der anderen. Daher ist der Dialog sehr wichtig, um einen klärenden Austausch zu ermöglichen. Zum Beispiel:

„Werner, wieso hast du den Lebensstil ‚Neo-Biedermeier' so weit weg von unserer Heim-Büro-Serie aufgestellt?" – „Die Neo-Biedermeier zeichnen sich für mich dadurch aus, dass sie ihr Zuhause als Zufluchtsort vor dem Stress des Alltags sehen. Arbeit von zuhause aus fühlt sich für mich aus Sicht der ‚Neo-Biedermeier' nicht richtig an. Und ja, ich habe einfach das Gefühl, dass die daher nicht näher dran sind."

Durch diese Art des Dialogs kommt es zur Intensivierung der Gespräche über die Resonanz-Verbindungen. So können Gefühle, Wertungen und Vorannahmen zum Vorschein kommen, die das Denken und Handeln des einzelnen Teilnehmers lenken. Dabei werden die Erfahrungsgeschichten der Teilnehmer erkundet. Es entsteht ein tieferes Verständnis des besprochenen Sachzusammenhangs, der Dialogpartner untereinander und der eigenen inneren Prozesse. Um die Beziehungen des Unternehmens zu den jeweiligen Lebensstilen freizulegen, ist dieser Prozess notwendig.

Das Ziel des Dialogs ist es, ein möglichst einheitliches, von allen angenommenes Bild entstehen zu lassen. Je nach Argumentation können die Lebensstile sowie die eigenen Systemelemente (Unternehmen, Produkte ...) in dieser Phase noch verschoben werden. Am Ende ist ein gemeinsam beschlossenes Bild der Beziehungen zwischen den Systemelementen und den Lebensstilen klar. Sie haben ein Abbild der Resonanz-Beziehungen Ihres Unternehmens zu relevanten Gruppen in der Gesellschaft.

Beispielaufstellung inklusive der interpretierbaren Muster

Durchführung Teil 4: Die Interpretation

Nun liegt ein Bild vor Ihnen, das die Beziehungen Ihres Unternehmens und ggf. seiner Teilsysteme in Bezug zu den Lebensstilen zeigt. Da dieses Bild für die Teilnehmer geklärt ist, kann die Interpretation durchgeführt werden. Folgendes ist zu erkennen:

A. Abstände: Die Abstände der Lebensstile zu den Teilen des Systems – Ihrem Unternehmen, Produkten, Ideen, Konzepten – implizieren eine Aussage. Je weiter ein Lebensstil von Ihrem System entfernt ist, desto schwächer ausgeprägt ist die Resonanz-Beziehung zwischen dem System und dem Lebensstil.

B. Inner Circle: Rund um Ihr System/Ihre Systeme bildet sich ein Kreis an Lebensstilen. Dies bezeichnet man als Inner Circle. Dieser repräsentiert jene Le-

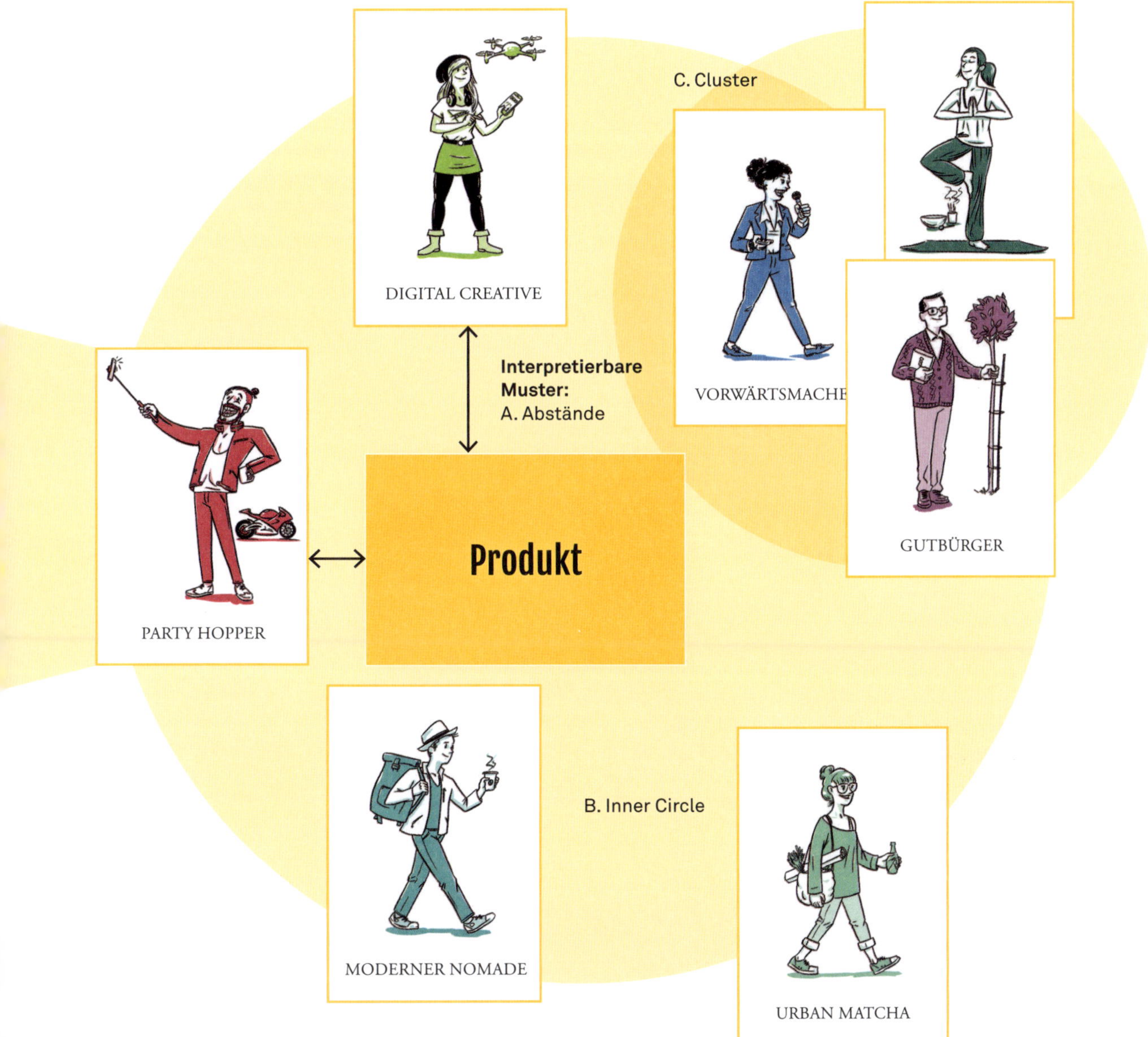

bensstile mit der stärksten Resonanz-Beziehung zu Ihrem Unternehmen bzw. dem jeweiligen Teilsystem. Was diese Lebensstile verbindet, ist die hohe Intensität ihrer Beziehung zu Ihrem Unternehmen – selbst wenn sich die Lebensstile untereinander sehr stark unterscheiden sollten. Ist das bei Ihnen der Fall, dann gelingt es Ihrem Unternehmen offensichtlich, eine sehr diverse Gruppe von Menschen anzusprechen.

C. Cluster: Es gibt Bereiche, in denen mehrere Lebensstile sehr nahe aneinander liegen. Diese Lebensstile bilden damit ein Cluster und haben sehr wahrscheinlich in Bezug auf Ihre Frage etwas gemeinsam – also eine spezifische Resonanz-Verbindung. Dies kann offensichtlich sein, wie zum Beispiel das relative Alter der Gruppen. Der Grund kann aber auch auf den ersten Blick verborgen sein.

Dies ist eine Einladung, die Lebensstile näher zu untersuchen und die vermeintlichen Gemeinsamkeiten zu finden.

D. Schatten: Auf Ihrem Bild könnte es Lebensstile geben, die aus der Sicht Ihres Systems „im Schatten“ liegen. Dabei stellt sich die Frage: Verstellt Ihnen eine andere Gruppe tatsächlich den Blick auf die dahinter liegende? Oder umgekehrt: Ist es möglich, dass der Lebensstil im Schatten gar keine Verbindung zu Ihrem Unternehmen aufbauen kann?

E. Isolation: Oftmals liegen vereinzelte Lebensstile auch ganz weit entfernt, sowohl von Ihrem System als auch von den anderen Lebensstilen. Vielleicht ist das auch ganz in Ordnung so: Der Abstand zeigt nur, dass es zu dieser Gruppe so gut wie keine Resonanz-Verbindung in Bezug auf Ihre Frage gibt. Vielleicht liegt darin auch eine wirkliche Chance, oder aber ein Trugschluss. Lebensstile in der Isolation sind es jedenfalls wert, näher betrachtet zu werden.

Interpretation der Qualitäten

Sie können nun die oben beschriebenen Verbindungen auch nochmals auf die Qualität hin überprüfen. Dies benötigt einen zweiten Blick. Folgendes lässt sich dabei erkennen:

1. **Art und Weise der Beziehung:** Welche Beziehung besteht real zwischen Ihrem Unternehmen und den einzelnen, für Sie relevanten Lebensstilen? Kennen Sie diese Gruppe, haben Sie einen regelmäßigen Austausch? Sind auch Mitarbeiter im eigenen Unternehmen Teil dieser Gruppe? Was zeichnet die Art und Weise der Beziehung – vielleicht auch der Resonanz-Beziehung – aus?

2. **Zugang:** Wie ist Ihr Zugang zu dieser Lebensstil-Gruppe? Finden Sie Menschen, die diesen Lebensstil repräsentieren? Kennen und nutzen Sie die Medien, die dieser Lebensstil nutzt? Wie leicht fällt es Ihnen, Menschen dieses Lebensstil-Typs zu erreichen?

3. **Verständnis:** Gelingt es Ihnen, ein inneres Verständnis für diesen Lebensstil zu entwickeln? Wissen Sie, was Menschen, die diesen Lebensstil repräsentieren, wirklich wollen und brauchen? Können Sie akzeptieren, was diesen Menschen wichtig ist? Haben Sie eine Idee, was diese Lebensstile berührt?

4. **Freude:** Macht es Ihnen Spaß, für Menschen dieses Lebensstil-Typus zu arbeiten? Ist es eine Freude, an Konzepten für deren Bedürfnisse zu schrauben? Für jegliche Beziehung ist wesentlich, dass wir diese nicht nur technisch und funktional führen. Wahre Beziehungen leben von Emotion, Austausch und Selbstwirksamkeit. Eine gute Basis dafür ist die Freude.

Die nächsten Schritte

Nach dem Mapping

Die nun über das Relations Mapping gesammelten Erkenntnisse beinhalten das intuitive Wissen über die Resonanz-Verbindungen Ihres Unternehmens. Dabei haben Sie sowohl Ihre inneren Bilder wie auch die der Teilnehmer abgerufen. Zudem konnte sich ein Dialog entfalten, der diese inneren Bilder erläutert und vertieft. Nachdem ein für Sie insgesamt stimmiges Bild entstanden ist, sind diverse Interpretationen möglich. Zentral dabei sind die Abstände der Objekte auf dem Mapping und die Stellungen zueinander, denn auch die Cluster, der Inner Circle oder die Lebensstile im Schatten können zu interessanten Aussagen führen.

Ziel des Mappings ist, das implizit vorhandene Wissen zu den Resonanz-Verbindungen Ihres Unternehmens abzurufen und in eine anwendbare Form zu bringen. Durch die Nutzung der Lebensstile kann dieses Wissen mit validen Daten angereichert werden. Dies ermöglicht neue Perspektiven auf Ihre Kunden bzw. Kundenpotenziale. Das damit entwickelte Ergebnis ist selbstverständlich keine Endstation, sondern ein Ausgangspunkt. Es dient Ihnen dazu, Ihr Wissen zu erweitern und kreative Zugänge zu finden.

Das Mapping können Sie also wie ein fundiertes Brainstorming betrachten. Von hier aus sind weitere Forschungen jeglicher Art möglich. Aus der Erfahrung wissen wir, dass die Ergebnisse des Relations Mappings eine wichtige initiale Aussage über Ihr Unternehmen, Ihr System und dessen Verbindung zur Gesellschaft liefern.

Typische Actions Points nach einem Relations Mapping sind:

→ vertiefender Austausch im Team, auch nach dem Mapping

→ nähere Auseinandersetzung mit den relevanten Lebensstilen

→ Ableitung möglicher Auswirkungen im Sinne von „Wenn, dann..."

→ weitere Evaluation durch eigene Marktforschungsmethoden

→ weiterführender Dialog mit anderen Personen im Unternehmen sowie Partnern und natürlich Kunden

→ Aufbau eines Trend-Teams zur weiteren Beobachtung der Lebensstil-Entwicklungen

Das Relations Mapping stellt eine einfache, aber auch starke Methode dar. Es gelingt damit, jegliche Fragen in Bezug auf schon existierende und potenzielle Kunden auch ad hoc und unkompliziert zu bearbeiten. Die Ergebnisse sind immer ein Ausgangspunkt für eine Vertiefung. Die Stärke des Relations Mappings ist das Abrufen des impliziten Wissens und der ausgedehnte Brainstorming-Effekt.

Die Zukunftsorientierung ist den Lebensstilen eingeschrieben: Sie unterscheiden sich in Avantgarden und Follower. Sie repräsentieren alle Zukunft in der Art und Weise, wie sich Leben im Alltag der Menschen in Deutschland entfaltet. In Summe erhalten Sie also einen spannenden, effektiven und auch effizienten Einblick in das Leben der Menschen heute und in naher Zukunft. Damit Sie Ihren Erfolg für die Zukunft auf Zukunft bauen!

Die Lebensstile

Ihr Download-Bereich

→ Im Download-Bereich zu unserer Lebensstil-Ausgabe finden Sie alle in diesem Heft abgedruckten Kurzübersichten zu den Lebensstilen sowie die beigelegten Lebensstil-Karten für das Relations Mapping in verschiedenen Größen zum Ausdrucken.

→ onlineshop.zukunftsinstitut.de/lebensstile

→ Passwort: UrbanMatcha

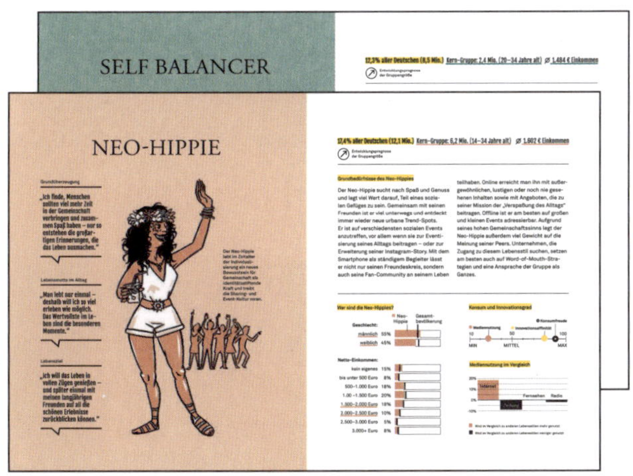

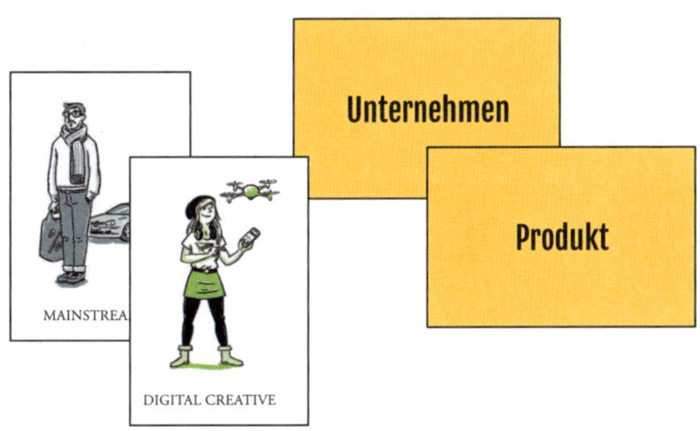

DIGITAL CREATIVE

Grundüberzeugung

„Digitale Technologien sind das zentrale Tool der Zukunft. Mit ihnen können wir alles verändern, was wir wollen."

Lebensmotto im Alltag

„Einfach mal ausprobieren, einfach mal schauen, was geht."

Lebensziel

„Ich will die Welt, in der ich lebe, frei und eigenständig mitgestalten."

Der Digital Creative ist in der real-digitalen Welt zuhause. Digitale Technologien sind sein Zugang zur Welt, und mit seinem proaktiven Umgang damit prägt er die Gesellschaft von morgen.

6% der Deutschen (4,2 Mio.) **Kern-Gruppe: 2,8 Mio. (14–34 Jahre alt)** **⌀ 1.462 € Einkommen**

↗ Entwicklungsprognose der Gruppengröße

Grundbedürfnisse des Digital Creative

Der Digital Creative ist auf der Suche. Er sucht nach neuen Ideen und Kontakten, um sich selbst und die Gesellschaft, in der er lebt, weiterentwickeln zu können. Sein Grundproblem ist Langeweile, seine große Hoffnung der Serendipity-Moment, in dem eine unerwartete Entdeckung eine neue Möglichkeit eröffnet, sich auszuprobieren.

Die Menschen mit diesem Lebensstil wollen inspiriert und gefordert werden – und dabei ihren Möglichkeitsraum erweitern. Sie sind zufrieden, wenn sie sich kreativ verausgaben können. Die Resonanz aus ihren Communitys ist ihnen dabei wichtig, die Meinung der Experten oder der Mehrheitsgesellschaft zählt für sie kaum.

Wer sind die Digital Creatives?

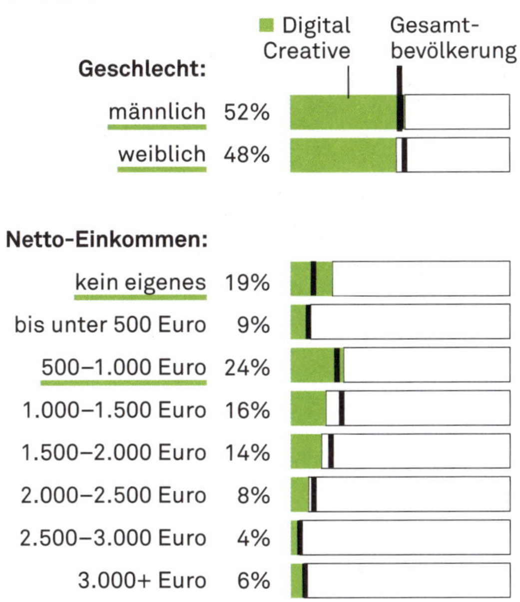

Konsum und Innovationsgrad

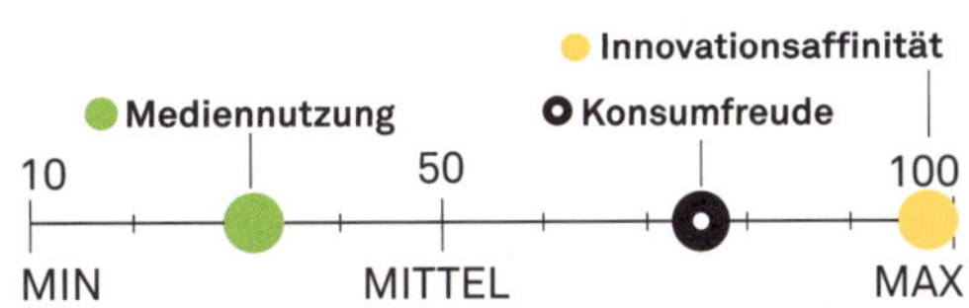

Mediennutzung im Vergleich

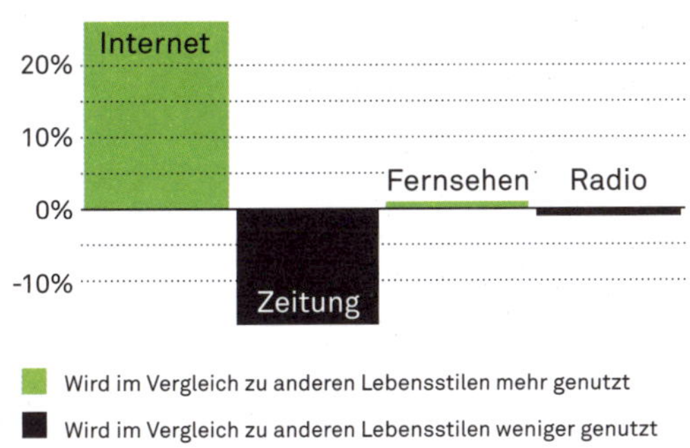

NEO-HIPPIE

Grundüberzeugung

„Ich finde, Menschen sollten viel mehr Zeit in der Gemeinschaft verbringen und zusammen Spaß haben – nur so entstehen die großartigen Erinnerungen, die das Leben ausmachen."

Lebensmotto im Alltag

„Man lebt nur einmal – deshalb will ich so viel erleben wie möglich. Das Wertvollste im Leben sind die besonderen Momente."

Lebensziel

„Ich will das Leben in vollen Zügen genießen – und später einmal mit meinen langjährigen Freunden auf all die schönen Erlebnisse zurückblicken können."

Der Neo-Hippie lebt im Zeitalter der Individualisierung ein neues Bewusstsein für Gemeinschaft als identitätsstiftende Kraft und treibt die Sharing- und Event-Kultur voran.

17,4% aller Deutschen (12,1 Mio.) **Kern-Gruppe: 6,2 Mio. (14–34 Jahre alt)** **⌀ 1.602 € Einkommen**

Entwicklungsprognose der Gruppengröße

Grundbedürfnisse des Neo-Hippies

Der Neo-Hippie sucht nach Spaß und Genuss und legt viel Wert darauf, Teil eines sozialen Gefüges zu sein. Gemeinsam mit seinen Freunden ist er viel unterwegs und entdeckt immer wieder neue urbane Trend-Spots. Er ist auf verschiedensten sozialen Events anzutreffen, vor allem wenn sie zur Eventisierung seines Alltags beitragen – oder zur Erweiterung seiner Instagram-Story. Mit dem Smartphone als ständigem Begleiter lässt er nicht nur seinen Freundeskreis, sondern auch seine Fan-Community an seinem Leben teilhaben. Online erreicht man ihn mit außergewöhnlichen, lustigen oder noch nie gesehenen Inhalten sowie mit Angeboten, die zu seiner Mission der „Verspaßung des Alltags" beitragen. Offline ist er am besten auf großen und kleinen Events adressierbar. Aufgrund seines hohen Gemeinschaftssinns legt der Neo-Hippie außerdem viel Gewicht auf die Meinung seiner Peers. Unternehmen, die Zugang zu diesem Lebensstil suchen, setzen am besten auch auf Word-of-Mouth-Strategien und eine Ansprache der Gruppe als Ganzes.

Wer sind die Neo-Hippies?

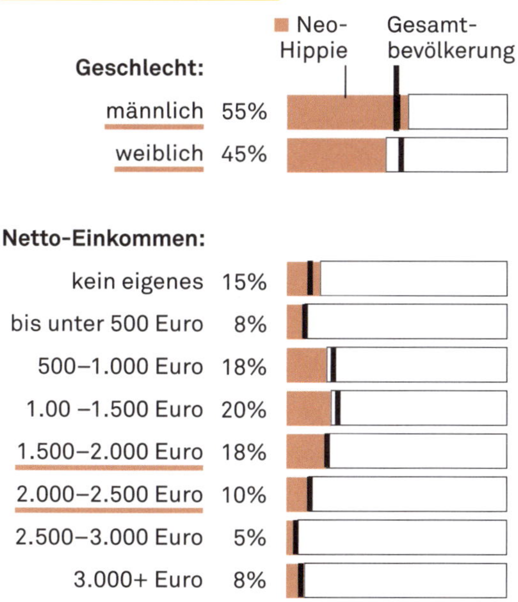

Konsum und Innovationsgrad

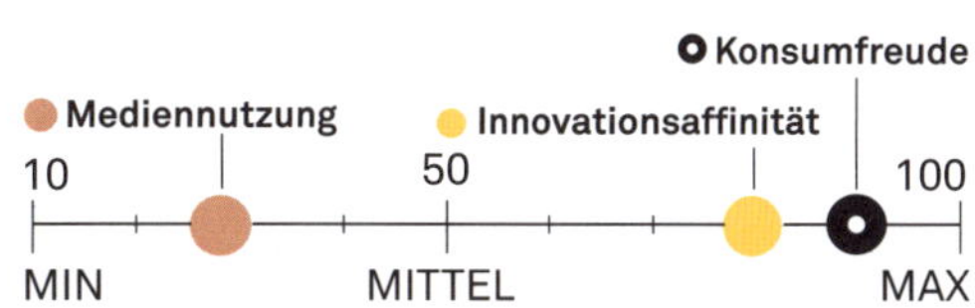

Mediennutzung im Vergleich

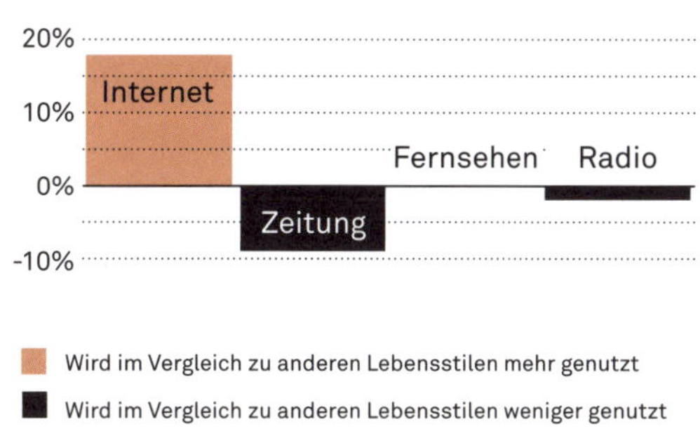

PROLL PROFESSIONAL

Der Proll Professional ist Individualist und Einzelkämpfer. Diese Menschen wollen finanziell unabhängig sein und legen hohen Wert auf gesellschaftliches Ansehen. Leistung, Luxus und Lebenslust stehen für sie im Fokus.

Lebensmotto im Alltag

„Meine Regel Nummer eins: Wer gut aussieht, der kann alles im Leben erreichen.“

Grundüberzeugung

„Jeder kann sich anstrengen und dafür sorgen, dass er sich die schönen Dinge des Lebens leisten kann.“

Lebensziel

„Mein Lebensziel ist ganz klar: Erfolg haben, in Luxus leben und einfach Spaß haben. Hierfür setze ich mir ehrgeizige Ziele und arbeite hart.“

9,7% aller Deutschen (6,8 Mio.) **Kern-Gruppe: 3 Mio. (14-34 Jahre alt)** **⌀ 1.706 € Einkommen**

Entwicklungsprognose der Gruppengröße

Grundbedürfnisse des Proll Professionals

Der Proll Professional steht gerne im Mittelpunkt des Geschehens. Dort, wo Action ist und das Leben pulsiert, fühlt er sich wohl: sei es in der Disco, beim Besuch eines Fußballspiels oder auf Konzerten. Neues auszuprobieren übt eine starke Faszination auf ihn aus. Dies gilt für aktuellste Modetrends und technische Innovationen gleichermaßen. Hauptsache, es lässt ihn und sein Leben luxuriöser und eindrucksvoller erscheinen. Sein Leben folgt dem Leistungsprinzip und dient der Selbstverwirklichung. Alles, was nach Routine und Beschaulichkeit klingt oder sich so anfühlt, liegt ihm fern. Optimistisch schreitet der Proll Professional gern zielgerichtet auf seinem ambitionierten Lebensweg voran.

Wer sind die Proll Professionals?

■ Proll Professional | Gesamtbevölkerung

Geschlecht:

	Proll Professional
männlich	57%
weiblich	43%

Netto-Einkommen:

	Proll Professional
kein eigenes	9%
bis unter 500 Euro	7%
500–1.000 Euro	19%
1.000–1.500 Euro	19%
1.500–2.000 Euro	20%
2.000–2.500 Euro	11%
2.500–3.000 Euro	5%
3.000+ Euro	10%

Konsum und Innovationsgrad

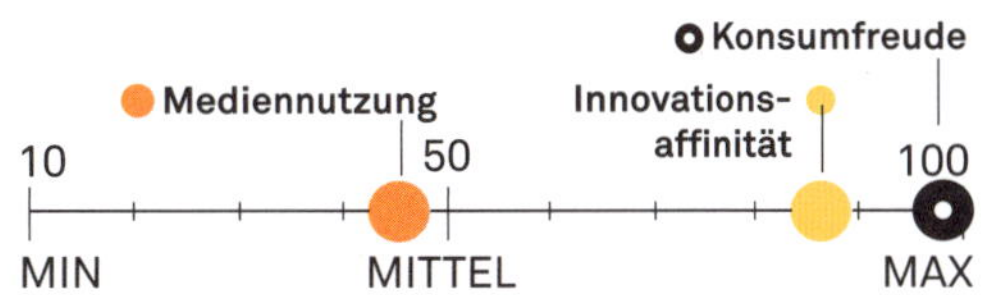

Mediennutzung im Vergleich

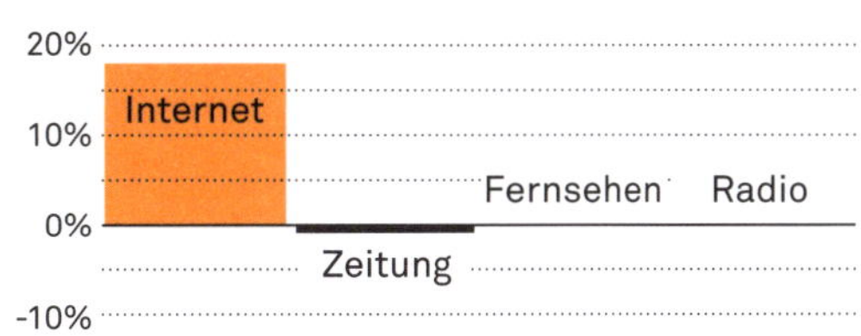

■ Wird im Vergleich zu anderen Lebensstilen mehr genutzt

■ Wird im Vergleich zu anderen Lebensstilen weniger genutzt

PARTY HOPPER

Lebensmotto im Alltag

„Ich tue, was mir gefällt – kein Mensch und keine Konvention soll mir dabei im Weg stehen!“

Grundüberzeugung

„Jeder sollte zusehen, dass er sich um sich selbst kümmert, denn niemand ist für das Leben eines anderen verantwortlich.“

Lebensziel

„Ich will mich durchs Leben treiben lassen und es voll und ganz ausschöpfen, ohne mich von irgendjemandem oder irgendetwas bestimmen zu lassen.“

Der Party Hopper ist ein radikaler Hedonist, dem das Wichtigste ist, seine eigenen Bedürfnisse zu befriedigen. Auf Verbindlichkeiten gibt er nichts – egal, ob es um Menschen oder um Regeln geht.

5,3% aller Deutschen (3,7 Mio.) **Kern-Gruppe: 2,3 Mio. (14–34 Jahre alt)** **⌀ 1.660 € Einkommen**

Entwicklungsprognose
der Gruppengröße

Grundbedürfnisse des Party Hopper

Der Party Hopper fühlt sich am wohlsten abseits alltäglicher Routinen. Er langweilt sich schnell und ist stets leicht zu begeistern für Abwechslung und Abenteuer. Menschen, die diesen Lebensstil pflegen, sind viel alleine unterwegs, soziale Verpflichtungen mögen sie nicht und mit Menschen gehen sie nur temporäre und unverbindliche Beziehungen ein. Sie gönnen sich gern den kleinen Luxus im Alltag, etwa mit einem spannenden Menü im Restaurant, einem spontan gebuchten Flug in eine europäische Metropole oder einem teuren Outfit für die nächste Party. Der Party Hopper umgibt sich gern mit ästhetischen Dingen, die einen progressiven und innovativen Stil verkörpern, und fühlt sich auch nicht an einen bestimmten Stil gebunden. Für Marken mit einem spießigen Image, die auf Tradition und Beständigkeit setzen, ist er dagegen nicht zu begeistern.

Wer sind die Party Hopper?

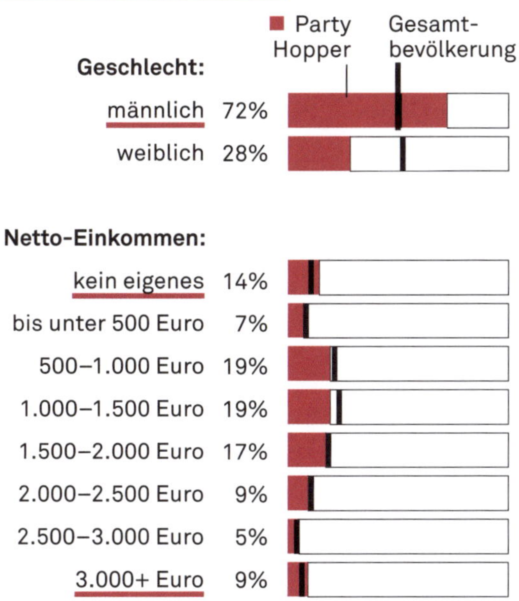

Konsum und Innovationsgrad

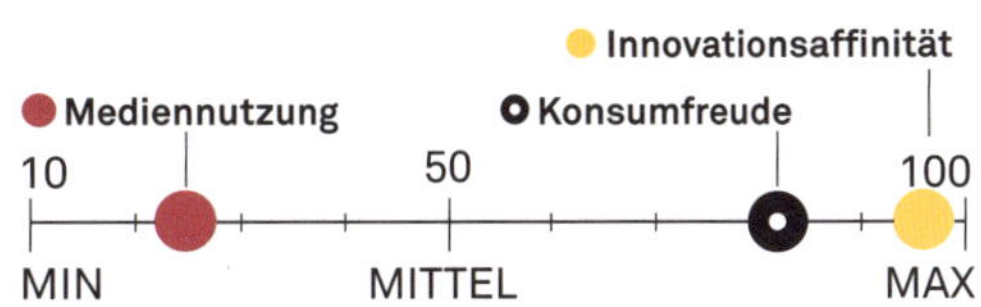

Mediennutzung im Vergleich

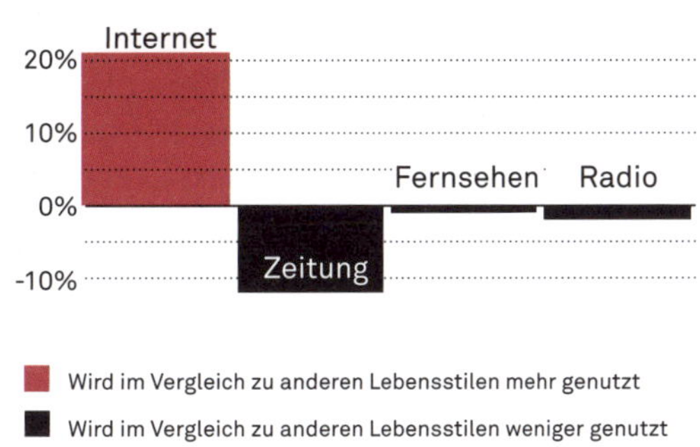

SELF BALANCER

Grundüberzeugung

„Das Wichtigste im Leben ist, dass es einem gut geht."

Lebensmotto im Alltag

„Ich möchte mich beruflich verwirklichen und gleichzeitig mit mir selbst im Reinen sein und niemals meine Lebensenergie durch Stress oder Kummer verlieren."

Lebensziel

„Um wahres Glück zu erfahren, bringe ich Körper und Geist täglich in Einklang."

Der Self Balancer stellt das eigene Wohlergehen in den Mittelpunkt: Er achtet auf ein ausgeglichenes Verhältnis von Berufs- und Privatleben und fokussiert sich auf die essenziellen Dinge des Lebens.

12,3% aller Deutschen (8,5 Mio.) **Kern-Gruppe: 2,4 Mio. (20–34 Jahre alt)** **∅ 1.484 € Einkommen**

Entwicklungsprognose der Gruppengröße

Grundbedürfnisse des Self Balancer

Das Bewusstsein, dass er alles in Einklang bringen kann, macht den Self Balancer glücklich. Er möchte sich selbst verwirklichen und benötigt dafür nicht viel. Er ist kein Konsumverweigerer, sondern ein Mensch, der mit wenig zufrieden ist: Er lässt sich mit Qualität zu einem günstigen Preis begeistern. Er handelt jederzeit nach eigenem Maßstab: Er entscheidet selbstständig, was ihm im Berufs- und Privatleben gut tut, und fügt sich nicht oder nur widerwillig in Vorgaben oder Strukturen ein, die von außen auf ihn einwirken. Fokussierung ist ihm wichtiger als Zerstreuung. Wellness-Angebote, Seminare zur Selbstwirksamkeit oder Meditations- und Yogakurse gehören für ihn selbstverständlich dazu, um seine innere Mitte zu finden bzw. zu bewahren. Obwohl er offen und aufgeschlossen ist, fühlt er sich in seinem direkten Umfeld am wohlsten. Seine Komfortzone ist seine Konstante, dort kennt er Strukturen und Rituale und weiß genau, wie er Balance schaffen kann.

Wer sind die Self Balancer?

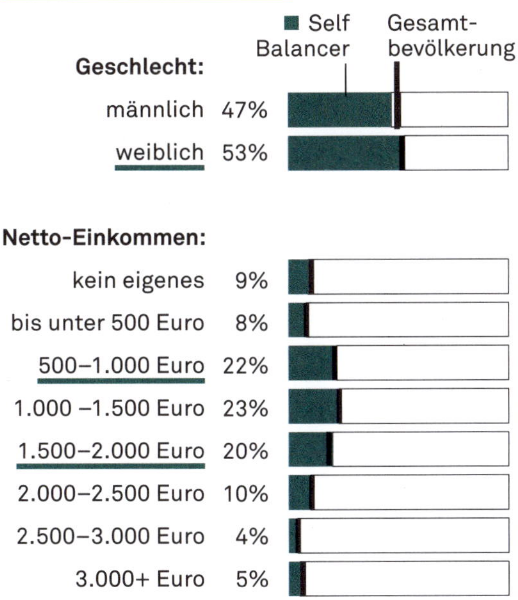

Konsum und Innovationsgrad

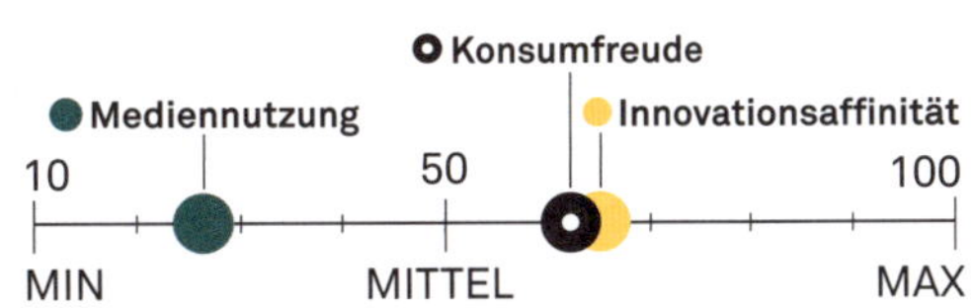

Mediennutzung im Vergleich

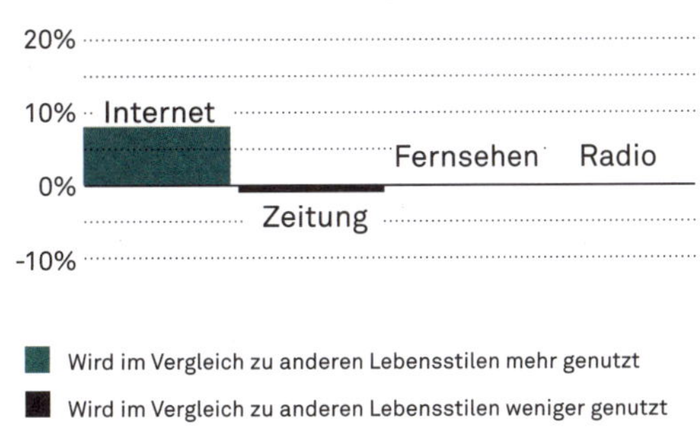

VORWÄRTSMACHER

Grundüberzeugung

„Wer keine Visionen hat, sollte zum Arzt gehen! Nur mit Visionen kann man etwas verändern.“

Lebensmotto im Alltag

„Ich lasse mich niemals von anderen bestimmen, denn ich weiß genau, was ich erreichen will.“

Lebensziel

„Ich will etwas Besseres für mich und meine Mitmenschen schaffen und es der Nachwelt hinterlassen.“

Der Vorwärtsmacher ist der Gestalter der Zukunft: Als Führungspersönlichkeit von morgen treibt er mit enormem Durchsetzungswillen, sozialer Kompetenz und einer gleichzeitig spielerischen Leichtigkeit den Wandel der Gesellschaft voran.

9% aller Deutschen (6,3 Mio.) **Kern-Gruppe: 1,9 Mio. (20–34 Jahre alt)** **⌀ 1.787 € Einkommen**

↗ Entwicklungsprognose der Gruppengröße

Grundbedürfnisse des Vorwärtsmachers

Der Vorwärtsmacher ist ein Gestalter, der ungern untätig ist. Er will sich engagieren und sein Potenzial entfalten, sowohl für seinen persönlichen beruflichen Erfolg als auch für die Gesellschaft. Der Vorwärtsmacher will das Maximum aus sich selbst und seiner Lebenszeit herausholen. Er sucht Herausforderungen in allen Lebensbereichen, um Dinge voranzutreiben und erfolgreich zu meistern. Luxus bedeutet für ihn in erster Linie, seine Zeit sinnvoll zu verbringen und wichtige Erfahrungen zu machen, die gerne auch Spaß machen dürfen. Er ist bereit, immer wieder in Neues und Besseres zu investieren – doch müssen diese Produkte und Services zugleich seinen hohen Ansprüchen genügen: Er fordert das Wissen um die Hintergründe und flankierende Geschichten ein, um ein Verständnis für die großen Kontexte zu gewinnen.

Wer sind die Vorwärtsmacher?

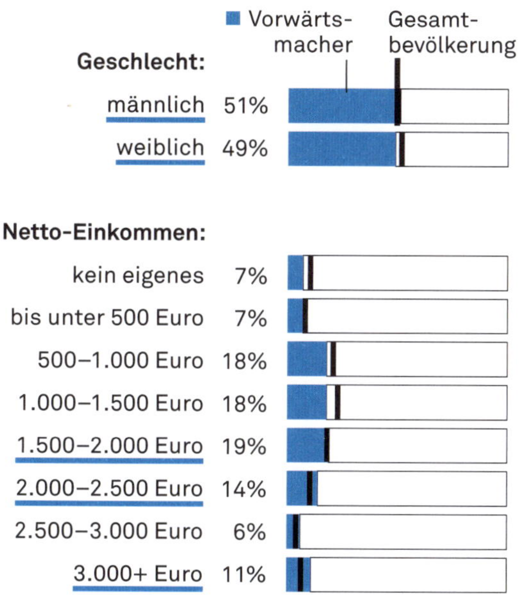

Konsum und Innovationsgrad

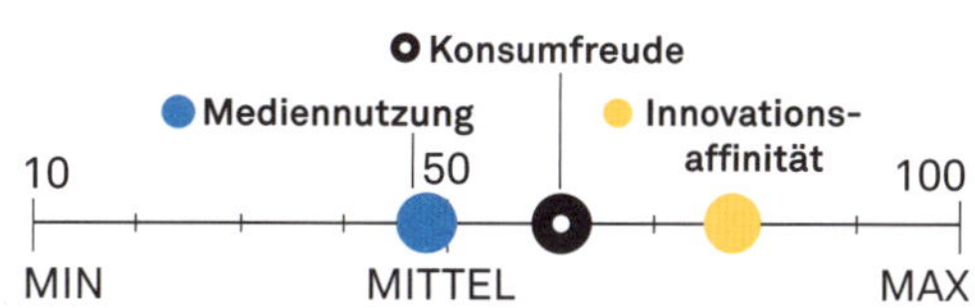

Mediennutzung im Vergleich

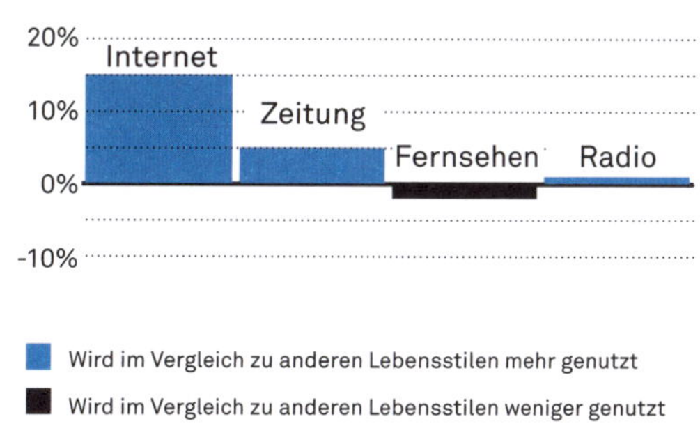

MODERNER NOMADE

Grundüberzeugung

„Es spielt keine Rolle, wo jemand herkommt oder lebt, wichtig ist das Mindset!“

Lebensmotto im Alltag

„Ich bin jederzeit offen für neue Erfahrungen und Begegnungen, denn ich bin ungebunden und ohne Vorurteile.“

Lebensziel

„Ich will in meinem Leben so viel wie möglich von der Welt entdecken – und mich dadurch auch selbst immer besser kennenlernen.“

Der Moderne Nomade lebt unabhängig vom geografischen Ort im permanenten Unterwegs, fühlt sich auf der ganzen Welt zuhause und legt eine offene und neugierige Geisteshaltung an den Tag.

5% aller Deutschen (3,4 Mio.) **Kern-Gruppe: 2,2 Mio. (20–44 Jahre alt)** **⌀ 1.735 € Einkommen**

Entwicklungsprognose der Gruppengröße

Grundbedürfnisse des Modernen Nomaden

Der Moderne Nomade liebt Freiheit, Abwechslung und Neues. Er ist ein Early Adopter für innovative Reise-Apps und Mobilitätsservices und zählt zu den Ersten, die neue soziale Netze und Plattformen nutzen. Unternehmen, die den Modernen Nomaden mit ihren Dienstleistungen erreichen wollen, müssen ihm etwas anbieten, das seinem spontanen, unternehmungslustigen Lebensstil entspricht – und das bedeutet vor allem: maximale Flexibilität. Sehr gern nutzt der Moderne Nomade digitale Schnittstellen, die auf der Höhe der Zeit sind, egal ob Taxi-App, Food-Lieferservice oder Streaming-Dienst. Am besten erreicht man ihn daher digital – aber nur, solange die User Experience stimmt, schließlich ist der Moderne Nomade ein Profi. Doch so wichtig diese virtuelle Dimension für den Modernen Nomaden ist: Sie ersetzt nicht reale Erlebnisse oder Begegnungen. Menschen mit diesem Lebensstil sind daher auch für soziale Events aller Art zu begeistern: Man findet sie zum Beispiel in Restaurants mit Freunden, in Bars mit Fremden, auf Konzerten mit Kollegen oder auf Festivals mit flüchtigen Reisebekanntschaften.

Wer sind die Modernen Nomaden?

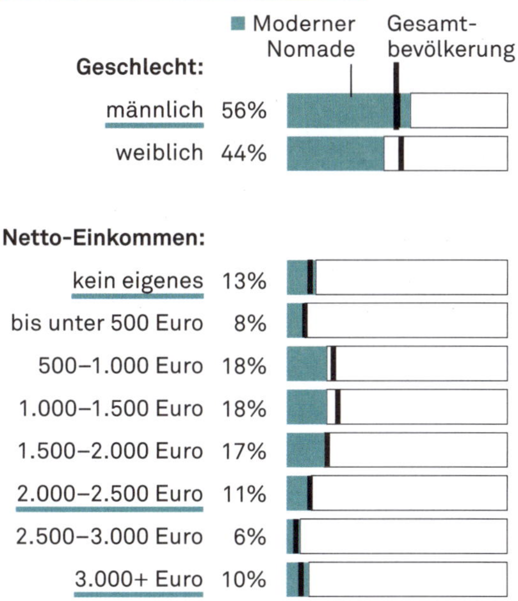

Konsum und Innovationsgrad

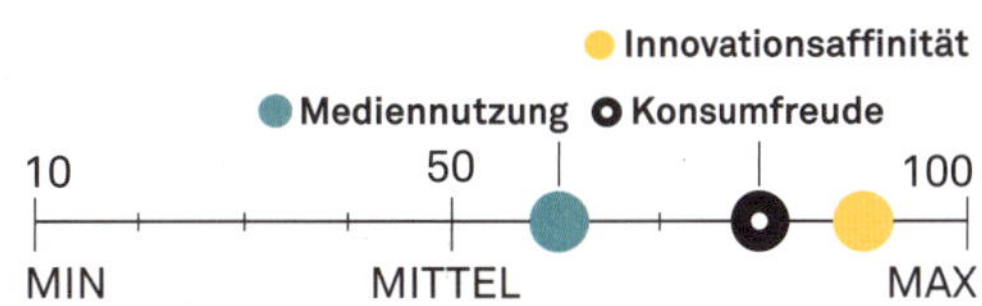

Mediennutzung im Vergleich

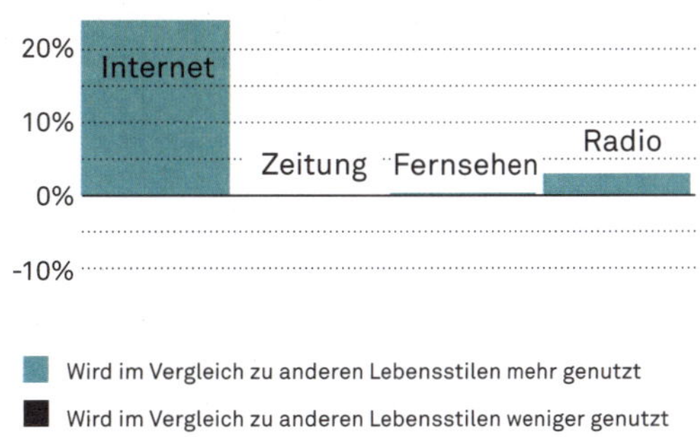

MAINSTREAMER

Der Mainstreamer strebt nach sozialer Akzeptanz und führt ein unauffälliges, angepasstes Leben, das dem Durchschnitt der deutschen Bevölkerung entspricht.

Grundüberzeugung

„Wer mit dem Strom schwimmt, hat viel weniger Probleme und Sorgen im Leben.“

Lebensmotto im Alltag

„Ich halte mich immer an das, was sich erfolgreich durchgesetzt hat – damit kann man nichts falsch machen.“

Lebensziel

Ich möchte ein anerkanntes, sicheres und stabiles Leben führen und immer einer sein, der dazugehört.“

GOLDEN MENTOR

FOREVER YOUNGSTER

Unternehmen

Unternehmen

Produkt

Produkt

Produkt

Produkt

Lebensstile

zukunftsInstitut

Lebensstile

zukunftsInstitut

Lebensstile

zukunftsInstitut

Lebensstile

zukunftsInstitut

Lebensstile

zukunftsInstitut

Lebensstile

zukunftsInstitut

Lebensstile

zukunftsInstitut

Lebensstile

zukunftsInstitut

GUTBÜRGER

URBAN MATCHA

NEO-BIEDERMEIER

PROGRESSIVE PARENT

FREE AGER

SINN-KARRIERIST

NERVÖSBÜRGER

MULTI PERFORMER

Lebensstile

zukunftsInstitut

Lebensstile

zukunftsInstitut

Lebensstile

zukunftsInstitut

Lebensstile

zukunftsInstitut

Lebensstile

zukunftsInstitut

Lebensstile

zukunftsInstitut

Lebensstile

zukunftsInstitut

Lebensstile

zukunftsInstitut

VORWÄRTSMACHER

MODERNER NOMADE

DIGITAL CREATIVE

MAINSTREAMER

NEO-HIPPIE

PROLL PROFESSIONAL

SELF BALANCER

PARTY HOPPER

Lebensstile

zukunfts**Institut**

Lebensstile

zukunfts**Institut**

Lebensstile

zukunfts**Institut**

Lebensstile

zukunfts**Institut**

Lebensstile

zukunfts**Institut**

Lebensstile

zukunfts**Institut**

Lebensstile

zukunfts**Institut**

Lebensstile

zukunfts**Institut**

21,5% aller Deutschen (15 Mio.) **Kern-Gruppe: 2,7 Mio. (25–34 Jahre alt)** **∅ 1.620 € Einkommen**

↗ Entwicklungsprognose der Gruppengröße

Grundbedürfnisse des Mainstreamer

In einer Welt, die immer unübersichtlicher erscheint, sucht der Mainstreamer nach Sicherheit – und er findet sie in sozialer Anerkennung und Resonanz. Dies ist die Schnittstelle, die Unternehmen adressieren müssen, um den Mainstreamer zu erreichen und zu begeistern. Der Mainstreamer möchte zur Mitte der Gesellschaft dazugehören und ist froh um jede Bestätigung, dass er das auch tatsächlich tut. Obwohl Menschen, die diesen Lebensstil repräsentieren, eigentlich keine hohen Ansprüche an das Leben haben und eher sparsam leben: In Angebote, die ihnen das Gefühl geben, sich einer breiten Mehrheit zugehörig zu fühlen, investieren sie auch. Der Mainstreamer kauft klassische und praktische Angebote sehr viel lieber als alles, was exklusiv, ausgefallen oder gar exotisch daherkommt. Schließlich speist sich das Individualitätsverständnis dieses Typus nicht aus der Abweichung vom Durchschnitt, sondern aus dem kontinuierlichen Mitlaufen im Mainstream.

Wer sind die Mainstreamer?

■ Mainstreamer | Gesamtbevölkerung

Geschlecht:	
männlich	51%
weiblich	49%

Netto-Einkommen:	
kein eigenes	8%
bis unter 500 Euro	7%
500–1.000 Euro	18%
1.000–1.500 Euro	22%
1.500–2.000 Euro	20%
2.000–2.500 Euro	13%
2.500–3.000 Euro	5%
3.000+ Euro	7%

Konsum und Innovationsgrad

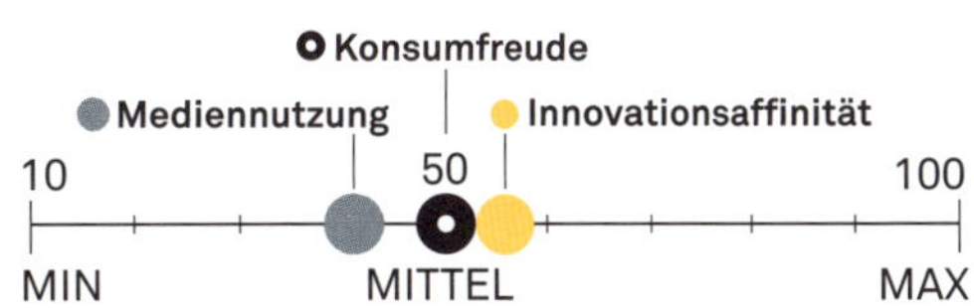

Mediennutzung im Vergleich

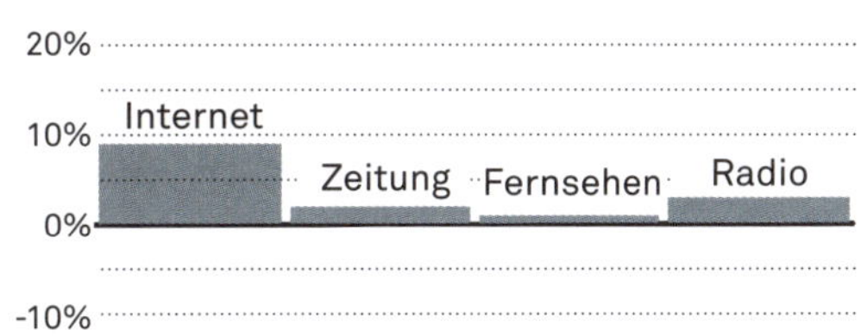

■ Wird im Vergleich zu anderen Lebensstilen mehr genutzt

■ Wird im Vergleich zu anderen Lebensstilen weniger genutzt

MULTI PERFORMER

Grundüberzeugung

„Ich bin überzeugt: Jeder, der sein Bestes gibt, bekommt auch das Beste zurück."

Lebensmotto im Alltag

„Ich handle stets klug und strategisch, um das Beste für mich zu erreichen – das, was ich verdiene."

Lebensziel

„Ich möchte alles aus mir herausholen und im Leben etwas erreichen, mit dem ich mich sehen lassen kann."

Menschen wie der Multi Performer sind zielstrebige Karrieristen, die mit Leistung argumentieren und technische Mittel zur Optimierung von Beruf und Alltag nutzen.

13,4% aller Deutschen (9,3 Mio.) **Kern-Gruppe: 6,1 Mio. (25–54 Jahre alt)** **∅ 1.904 € Einkommen**

↘ Entwicklungsprognose der Gruppengröße

Grundbedürfnisse des Multi Performers

Der Multi Performer erwartet, für seine Leistung angemessen honoriert zu werden, und ist zufrieden, wenn alles nach seinem Plan läuft und er alle seine Ziele erreicht. Sein ganzes Streben richtet sich daran aus, eine angemessene Stellung in der Gesellschaft zu erlangen. Er genießt es, seinen Wohlstand zu zeigen und von Kennern gewürdigt zu werden. Er hat hohe Ansprüche an digitale Geräte, aber er schätzt hochwertige Technologie dafür umso mehr, wenn sie absolut reibungslos läuft und sich nahtlos in die Umgebung integriert. Design, Innovation und Funktionalität sind entscheidende Aspekte, mit denen man den Multi Performer perfekt ansprechen kann.

Wer sind die Multi Performer?

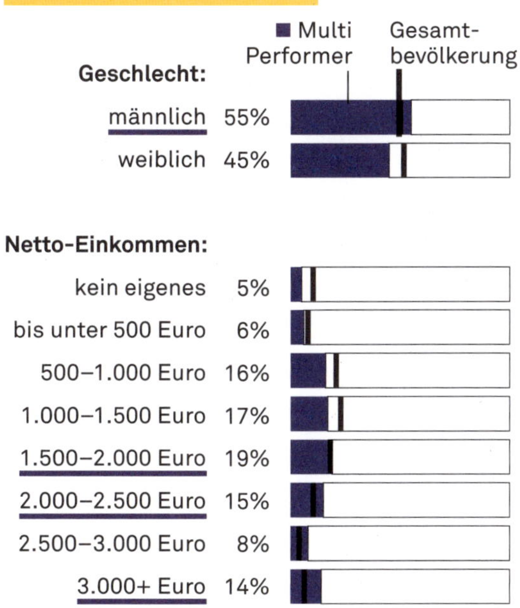

Konsum und Innovationsgrad

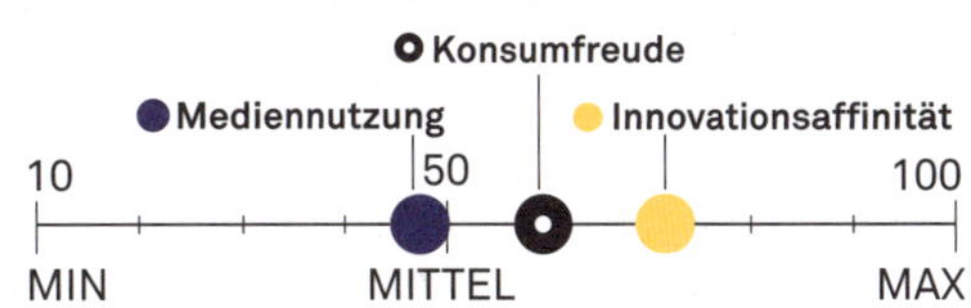

Mediennutzung im Vergleich

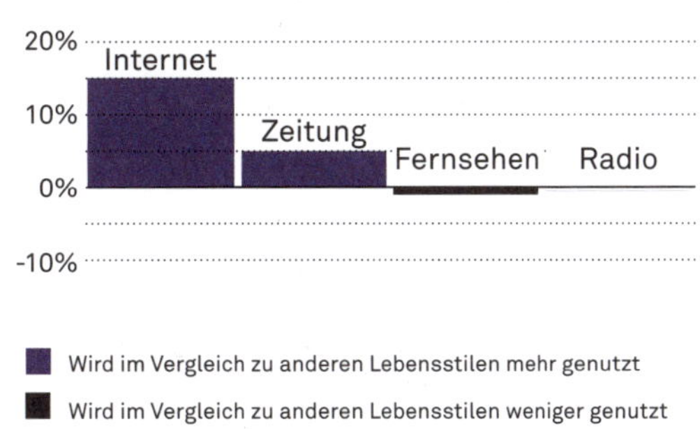

PROGRESSIVE PARENT

Lebensmotto im Alltag

„Ich halte mir den Kopf frei von Vorurteilen und Vorbehalten!“

Grundüberzeugung

„Ich glaube, dass wir jedem mehr Freiheit schenken, wenn wir Familie und Beruf sowie uns selbst als Männer und Frauen nicht mehr als Gegensätze definieren.“

Lebensziel

„Ich kämpfe für gleiche Chancen für alle und für ein Leben, in dem niemand Beruf und Kinder gegeneinander aufwiegen muss.“

Der Progressive Parent stellt tradierte Lebensentwürfe in Frage: Beruf und Familie als Gegensatz, unterschiedliche soziale Realitäten für Frauen und Männer – dies hält er für soziale Konstrukte, die es zugunsten der Freiheit des Einzelnen abzubauen gilt.

9,5% aller Deutschen (6,6 Mio.) **Kern-Gruppe: 5,7 Mio. (30–59 Jahre alt)** **Ø 1.787 € Einkommen**

Entwicklungsprognose der Gruppengröße

Grundbedürfnisse des Progressive Parent

Menschen mit dem Lebensstil des Progressive Parent wollen ein funktionierendes Familien- und Berufsleben miteinander vereinen können. Sie tun dafür viel selbst, indem sie auf eine gerechte Aufteilung der Haus- und Familienarbeit in ihrer Partnerschaft achten. Doch sie erwarten auch vom Staat und von Unternehmen, darin unterstützt zu werden – für sie geht es hier um eine Frage, die menschlich und nicht wirtschaftlich beantwortet werden sollte. Grundsätzlich stimmt es sie zufrieden, wenn sie feststellen, dass Unternehmen sich um eine Gleichbehandlung aller Menschen bemühen. Diese wünschen sie sich auch für Männer und Frauen: Sie möchten nicht mit Vorurteilen und Klischees konfrontiert und in ihrer Rolle als Mann oder Frau angesprochen werden, sondern sie wollen ernst genommen werden in den jeweiligen Bedürfnissen, die ihre ganz individuelle Lebenssituation hervorruft.

Wer sind die Progressive Parents?

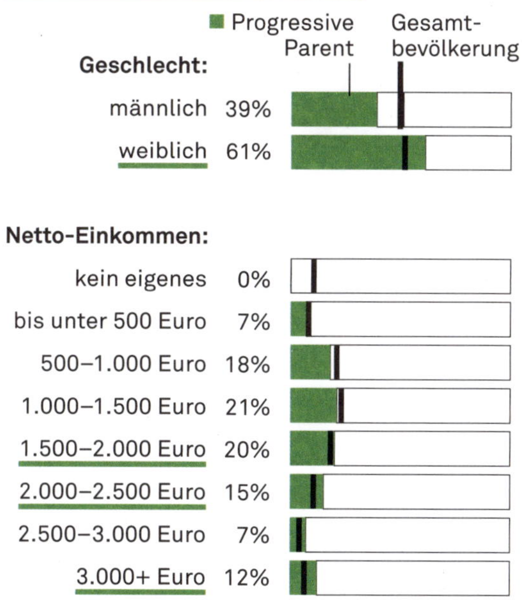

Konsum und Innovationsgrad

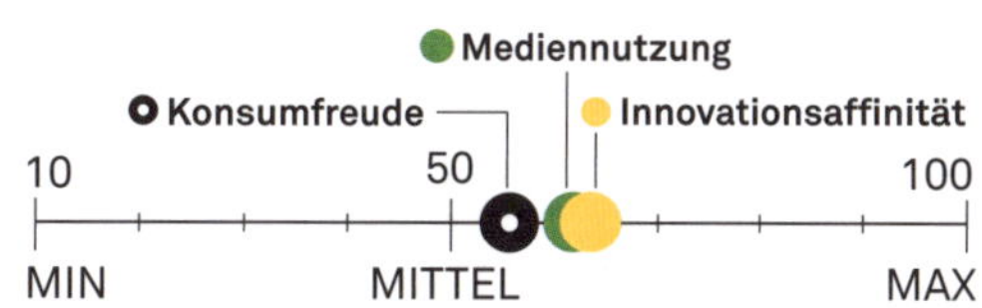

Mediennutzung im Vergleich

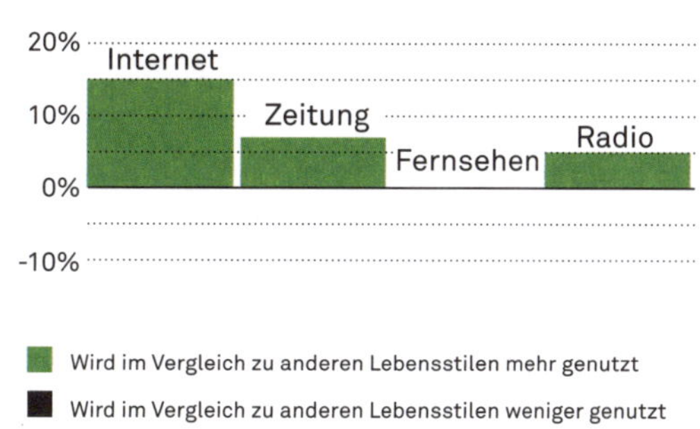

NEO-BIEDERMEIER

Grundüberzeugung

„Wenn jeder bei sich selbst danach schaut, dass seine Familie sicher lebt und sich wohlfühlt, wird es der Welt auch im Ganzen besser gehen."

Lebensmotto im Alltag

„Ich will jeden Tag ein bisschen Sicherheit und Glück im Kleinen schaffen."

Lebensziel

„Ich möchte meiner Familie ein gutes Leben ohne finanzielle Sorgen bieten und sie glücklich machen."

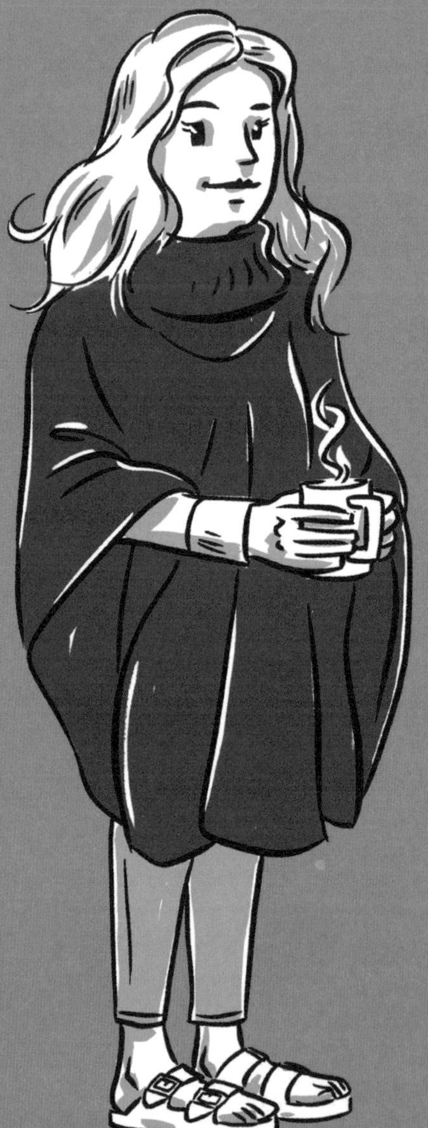

Der Neo-Biedermeier ist die neue konservative Mitte: Familie steht für sie an erster Stelle, dazu ein schönes Zuhause und ein sicherer Job – mehr brauchen sie nicht für ihr Lebensglück.

8,7% aller Deutschen (6 Mio.) **Kern-Gruppe: 2,9 Mio. (35–54 Jahre alt)** **⌀ 1.723 € Einkommen**

Entwicklungsprognose der Gruppengröße

Grundbedürfnisse des Neo-Biedermeiers

Der Neo-Biedermeier strebt nach Sicherheit für sich und seine Familie in allen Lebensbereichen. Er vermeidet es, sich auf unsicheres Terrain zu begeben – im wahrsten Sinne des Wortes ins Ausland, wo er nicht weiß, was ihn erwartet, aber in dem Sinne, dass er sich nicht gerne in Dinge einmischt, über die er zu wenig weiß oder die für ihn neu sind. Generell nimmt er das Neue als etwas Unsicheres wahr, das sich noch bewähren muss.

Hingegen schätzt er Routinen, klar definierte Abläufe, die Einhaltung von Regeln und eine plangerechte Umsetzung. Lebensqualität bedeutet für ihn Klarheit und keine Überraschungen. Hinzu kommt der Wunsch nach Geborgenheit. Wer in der Lage ist, sowohl Sicherheit durch Stabilität als auch Geborgenheit durch Emotionalität zu vermitteln, kann bei Menschen mit dem Lebensstil des Neo-Biedermeiers punkten.

Wer sind die Neo-Biedermeier?

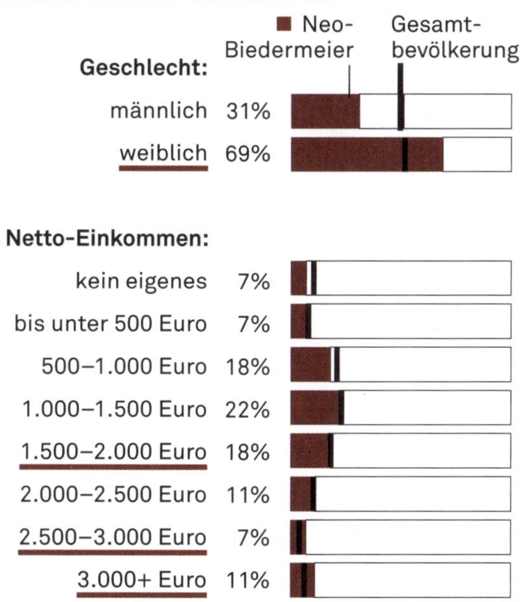

Konsum und Innovationsgrad

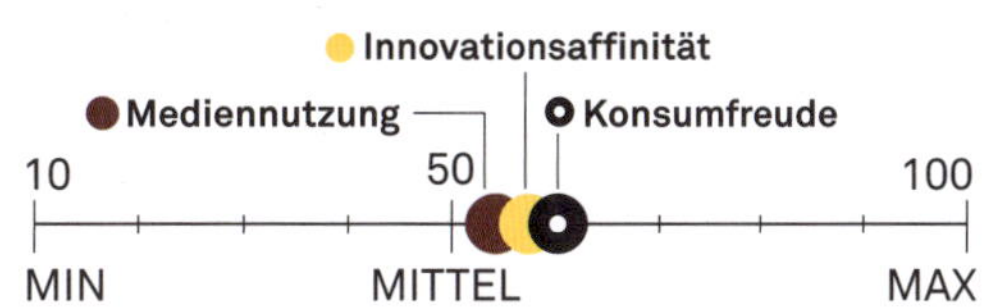

Mediennutzung im Vergleich

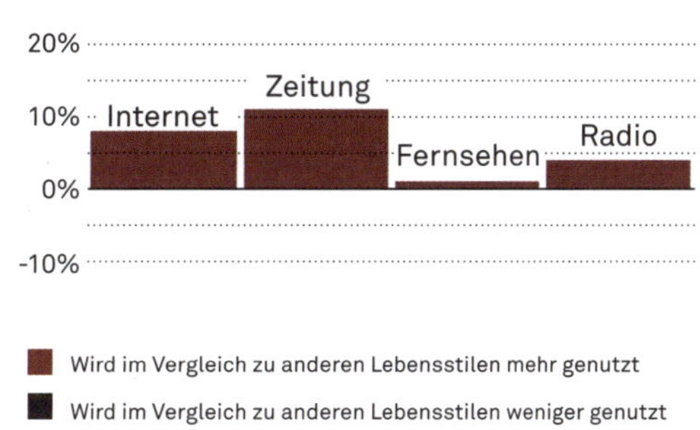

URBAN MATCHA

Grundüberzeugung

„Jeder kann seine besten Ideen verwirklichen – man muss es einfach nur machen."

Der Urban Matcha ist ein absoluter Trendsetter für den modernen städtischen Lebensstil und lebt seine Vorreiterrolle mit großem Selbstbewusstsein aus.

Lebensmotto im Alltag

„Ich genieße mein Leben und suche immer wieder Neues!"

Lebensziel

„Ich will Stadt und Natur, Genuss und Gesundheit, Familie und Freiheit! Vor allem will ich nie aufhören, ganz vorne mit dabei zu sein!"

8,6% aller Deutschen (6 Mio.) **Kern-Gruppe: 2 Mio. (40–54 Jahre alt)** **⌀1.650 € Einkommen**

Entwicklungsprognose der Gruppengröße

Grundbedürfnisse des Urban Matcha

Menschen mit dem Lebensstil des Urban Matcha leben gerne zeitgeistig, trendaffin und ihrer Zeit einen Schritt voraus. Sie lieben die Schnelligkeit und den Wandel ihres urbanen Umfelds. Sie umgeben sich außerdem gerne mit vielen spannenden und außergewöhnlichen Leuten. Neues probieren sie nur zu gerne aus – allerdings muss es ihren Werten entsprechen, ihnen einen Nutzen und Mehrwert bieten und im besten Fall eine unwiderstehliche, einzigartige Geschichte erzählen. Sie erfahren ihr Leben als Spiel, und ohne überzeugenden Plot wird jedes Spiel langweilig. Aus diesem Grund sind sie auch permanent im Explorationsmodus – immer auf der Suche nach neuen Erfahrungen.

Wer sind die Urban Matchas?

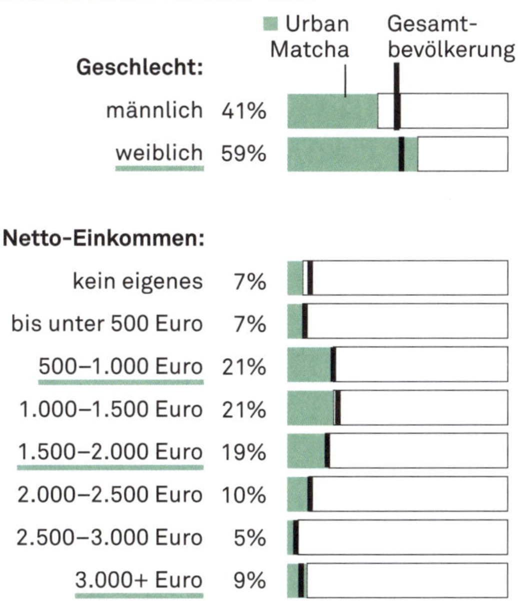

Konsum und Innovationsgrad

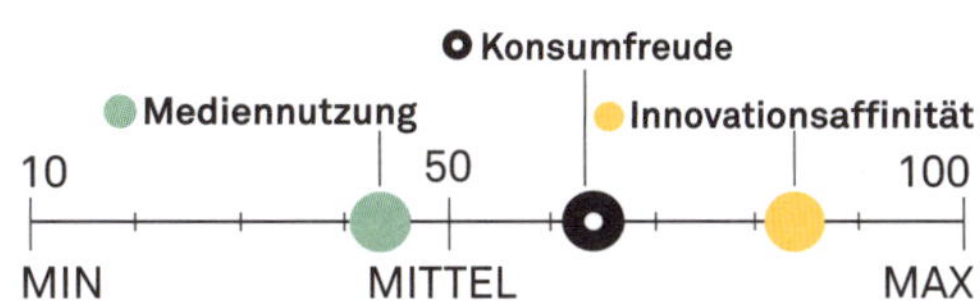

Mediennutzung im Vergleich

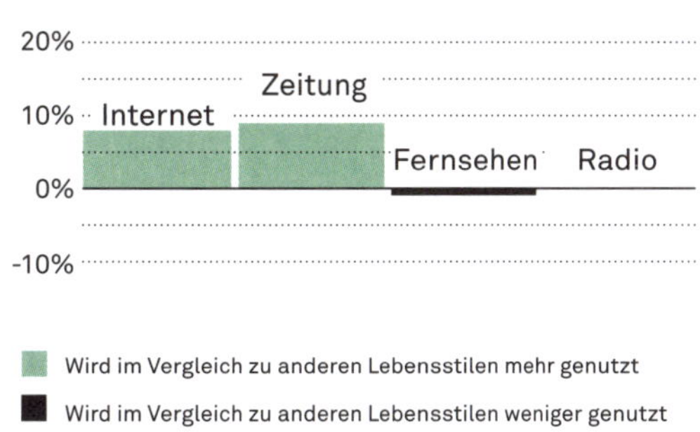

SINN-KARRIERIST

Grundüberzeugung

„Nur wer nicht bloß an sich selbst denkt, sondern sich immer im Verhältnis zur Welt sieht, kann ein erfülltes Leben führen."

Lebensmotto im Alltag

„Ich möchte die Frage nach der Sinnhaftigkeit meines Tuns jederzeit positiv beantworten können."

Lebensziel

„Mein Ziel ist es, in Einklang mit mir und meiner Umwelt zu leben. Daher setze ich mich aktiv für eine bessere Welt ein."

Der Sinn-Karrierist strebt nach einer sinnerfüllten Beziehung zu seinen Mitmenschen, einem verantwortungsbewussten Verhältnis zur Umwelt und einem harmonischen Miteinander von Körper und Geist. Sinnfragen stellt er in den Mittelpunkt jeder Betrachtung.

9% aller Deutschen (6,3 Mio.) **Kern-Gruppe: 2,3 Mio. (40–54 Jahre alt)** **∅ 1.782 € Einkommen**

↗ Entwicklungsprognose der Gruppengröße

Grundbedürfnisse des Sinn-Karrieristen

Für den Sinn-Karrieristen ist entscheidend, den Sinn hinter allem zu verstehen. Wenn er nicht weiß, warum er etwas tun soll, fällt es ihm schwer, es zu tun. Wenn er hingegen von einer Sache überzeugt ist, entwickelt er sich zum brennenden Fürsprecher. Aus diesem Grund gilt es, dem Sinn-Karrieristen immer das „Wie" und „Warum" mitzuliefern: die Entstehungsgeschichte eines Produktes, die Story hinter einem Unternehmen oder die Lebensgeschichte einer Person.

Zugleich braucht er eine permanente Rückmeldung auf sein Handeln, das Feedback von Freunden und Kollegen ist ihm immens wichtig. Menschen mit dem Lebensstil des Sinn-Karrieristen sind Teamplayer und Familienmenschen – sie brauchen das soziale Gefüge, das ihnen Sicherheit und zugleich die nötigen Freiräume gibt. Sie sind Seiltänzer, die aber nicht ohne die Blicke und die Bewunderung des Publikums auskommen. Sie müssen sich selbst fühlen und ihr Sein in der Welt spüren können.

Wer sind die Sinn-Karrieristen?

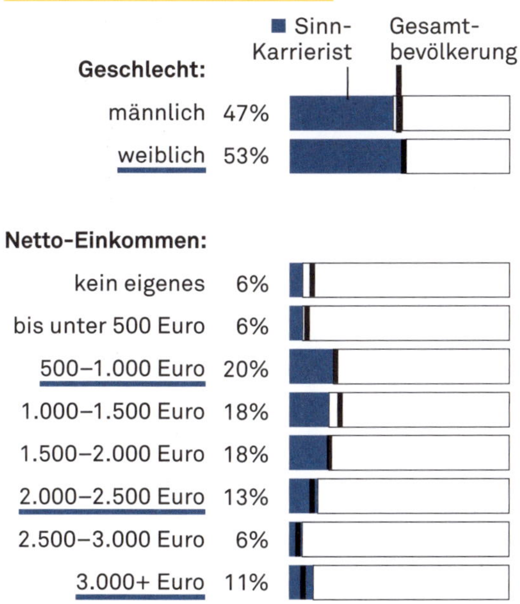

Konsum und Innovationsgrad

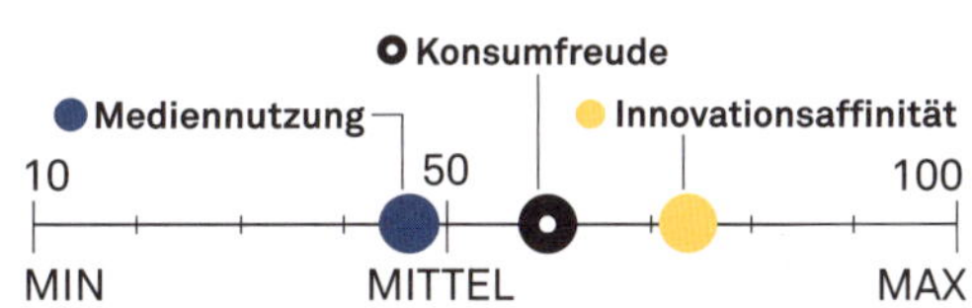

Mediennutzung im Vergleich

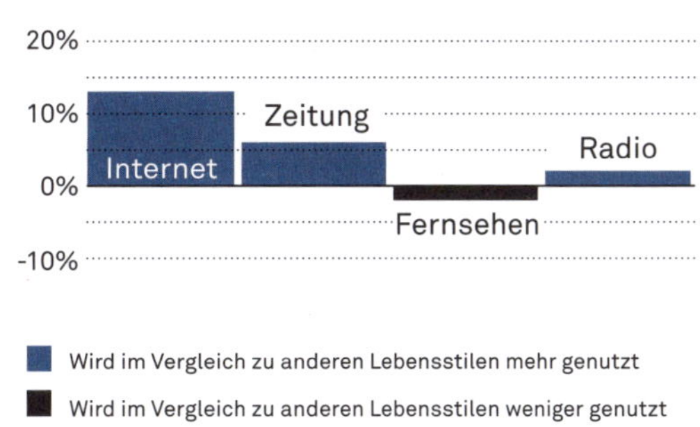

GUTBÜRGER

Grundüberzeugung

„Ich glaube fest daran: Würde jeder in seinem Leben achtsam mit sich und seiner Umgebung umgehen, könnten wir schnell dafür sorgen, dass es uns allen und der Welt besser geht."

Lebensmotto im Alltag

„Ich vertraue lieber dem, was ich gut kenne und was sich bewährt hat – es sei denn, es gibt wirklich handfeste Gründe, um meine Meinung zu ändern."

Lebensziel

„Mein Lebensziel ist es, die Welt lebenswerter zu machen, indem ich in meinem Alltag Gutes für die Umwelt tue."

Den Lebensstil des Gutbürgers leben die Umweltbewussten, die die Welt im Kleinen verbessern wollen und durch ihre subversive Kraft die Gesellschaft von unten verändern.

7,2% aller Deutschen (5 Mio.) **Kern-Gruppe: 2,3 Mio. (40–59 Jahre alt)** **∅ 1.708 € Einkommen**

↗ Entwicklungsprognose der Gruppengröße

Grundbedürfnisse des Gutbürgers

Der Gutbürger fühlt sich wohl in seiner alltäglichen Umgebung – sie ist überschaubar, hier kennt er sich aus. Innerhalb dieses Raumes ist er gerne aktiv und ist zufrieden, wenn er etwas für eine gesündere Umwelt und ein besseres soziales Miteinander tun kann. Er sucht Anschluss an gesellschaftliche oder staatliche Initiativen, die politisches Engagement zulassen, aber folgt auch mit jeder kleinen Handlung seinen Überzeugungen. Er ist glücklich, wenn er hochwertige und ethisch korrekte, d.h. nachhaltige und umweltfreundliche Produkte erwerben kann, seien es Lebensmittel oder andere Artikel. An alles, was ihn umgibt, trägt er seine hohen Qualitäts- und Transparenzansprüche heran. Der Gutbürger mag keinen Trubel, sondern hält sich gerne dort auf, wo es ruhig ist oder er sich konzentriert einer Sache widmen kann.

Wer sind die Gutbürger?

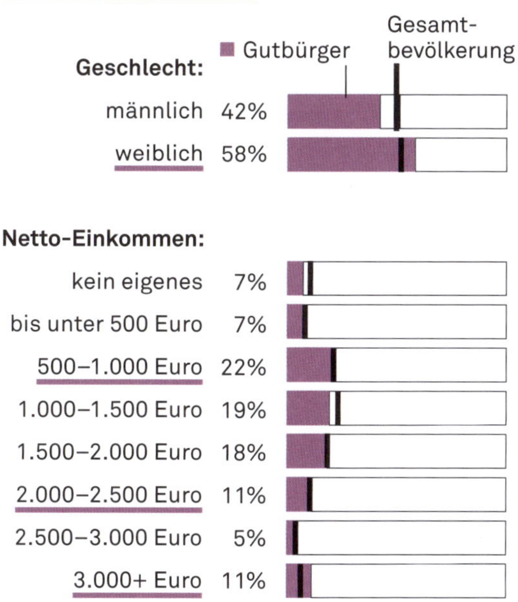

Konsum und Innovationsgrad

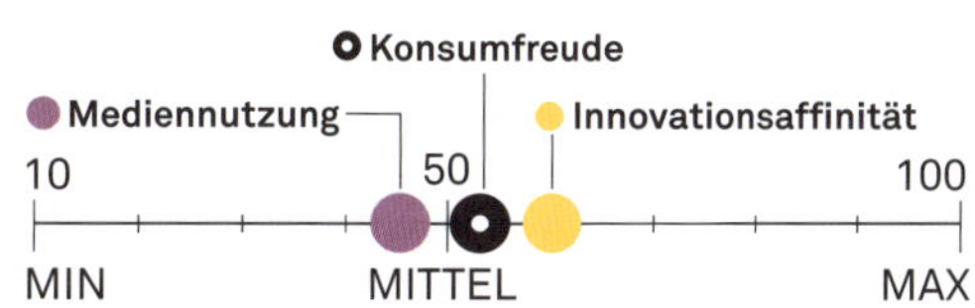

Mediennutzung im Vergleich

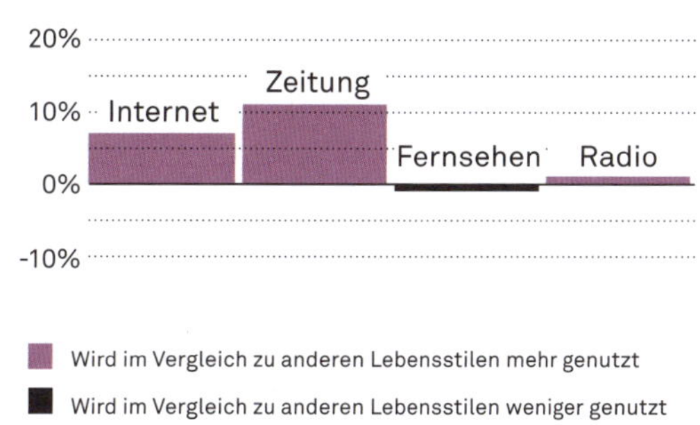

FREE AGER

Grundüberzeugung

„Ich glaube, wenn die Menschen lernen, ganz bei sich zu sein, werden sie die wirklich wichtigen Dinge im Leben sehen und verstehen können.“

Lebensmotto im Alltag

„Mit Respekt und Optimismus im Herzen wird aus jeder Alltagssituation eine freundliche Begegnung.“

Lebensziel

„Wenn ich im hohen Alter auf die Gesellschaft blicke, möchte ich sehen, wie sich Menschlichkeit und Heiterkeit unter den Menschen ausgebreitet hat.“

Menschen mit dem Lebensstil des Free Ager tragen eine gelassene und gleichzeitig pragmatische Grundhaltung der Welt gegenüber in sich. Ihre innere Ruhe schenken sie nicht nur sich, sondern auch ihren Mitmenschen und der Umwelt.

13,3% aller Deutschen (9,2 Mio.) **Kern-Gruppe: 2,5 Mio. (50–64 Jahre alt)** **⌀ 1.492 € Einkommen**

Entwicklungsprognose der Gruppengröße

Grundbedürfnisse des Free Ager

Der Free Ager weiß ganz genau, was ihm im Leben etwas bedeutet, und danach lebt er auch. Er ist zufrieden, wenn seinem Bedürfnis nach Freiheit Raum gegeben wird und er das Gefühl hat, sich nichts und niemandem beugen zu müssen. Situationen und Menschen, die ihn mit sozialen Erwartungen konfrontieren oder künstlich unter Druck setzen, meidet er lieber. Menschen wie der Free Ager legen Wert auf einen harmonischen und wertschätzenden Umgang. In dieser Form erwarten sie auch angesprochen zu werden. Wer also mit diesen Menschen in Kontakt treten möchte, sollte dies mit großem Respekt tun. Dieser Lebensstiltypus schätzt die einfachen Dinge mehr als jede Form von Luxus. Einfach heißt für ihn auch, dass die Transportwege von Produkten kurz sind. Dasselbe Prinzip gilt für seine Freizeitausflüge in die Region. Der Free Ager ist ein beständiger und bescheidener Mensch, der nicht jedes neue Produkt auf dem Markt ausprobieren muss. Wenn sich eine Neuerung für ihn jedoch als sinnvoll erweist, ist seine Neugierde geweckt, und dann zeigt er sich weltoffen und aufgeschlossen.

Wer sind die Free Ager?

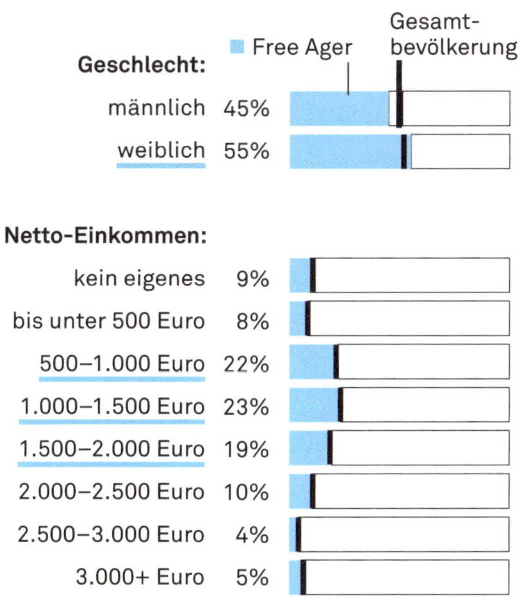

Konsum und Innovationsgrad

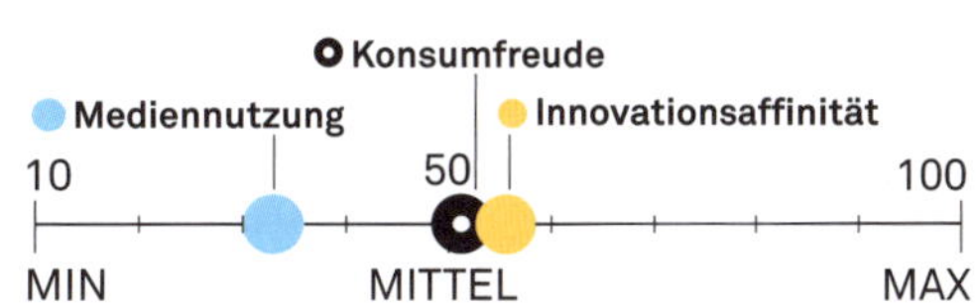

Mediennutzung im Vergleich

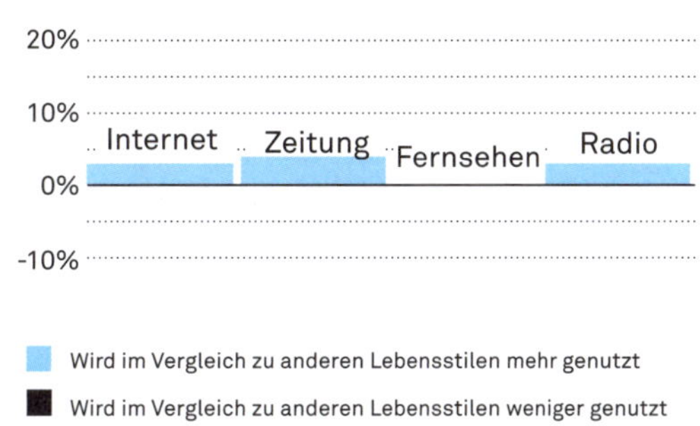

NERVÖSBÜRGER

Grundüberzeugung

„Ich finde, es sollte nicht ständig alles neu und anders gemacht werden, sondern das bewahrt werden, was sich bewährt hat."

Lebensmotto im Alltag

„Ich halte meine Ansprüche niedrig und verlasse mich auf das, was sich bewährt hat. So muss ich keine bösen Überraschungen erleben – und kann Zeit und Geld sparen."

Lebensziel

„Ich möchte mein Leben sicher und ohne große Überraschungen verbringen. Am Ende will ich sagen können: Ich bin gut über die Runden gekommen und habe meine Verhältnisse in Ordnung gehalten."

Der Nervösbürger führt ein einfaches und sparsames Leben, in dem das Streben nach Sicherheit und Bewahrung oberste Priorität hat.

11,9% aller Deutschen (8,3 Mio.) **Kern-Gruppe: 5,8 Mio. (50–79 Jahre alt)** **Ø 1.381 € Einkommen**

Entwicklungsprognose
der Gruppengröße

Grundbedürfnisse des Nervösbürgers

Der Nervösbürger ist getrieben von zwei zentralen Bedürfnissen: Er sucht nach Sicherheit und Beständigkeit – und will dafür möglichst wenig Geld ausgeben. Dennoch ist dieser Lebensstil-Typus für Unternehmen nicht uninteressant: Der Nervösbürger pflegt zwar keinen anspruchsvollen Lifestyle, hippe Produktneuheiten sind ihm eher lästig. Umso mehr freut er sich über jene Marken, die nicht ständig etwas verändern und die ihm helfen, sich sicher und wohl zu fühlen in seiner eigenen Welt. In diesen Risikoschutz investiert der Nervösbürger dann auch stärker. Bedingung dafür ist für ihn Vertrauen: Wer das Herz des Nervösbürgers erobern will, muss ihm ein Gefühl von Verlässlichkeit und Beständigkeit vermitteln. Der Nervösbürger mag es bodenständig und ernst, Spaß und Ironie findet er unangemessen. Wer dann den richtigen Ton trifft, kann den Nervösbürger als dauerhaften Kunden gewinnen – und künftig vielleicht sogar neue Wege mit ihm beschreiten.

Wer sind die Nervösbürger?

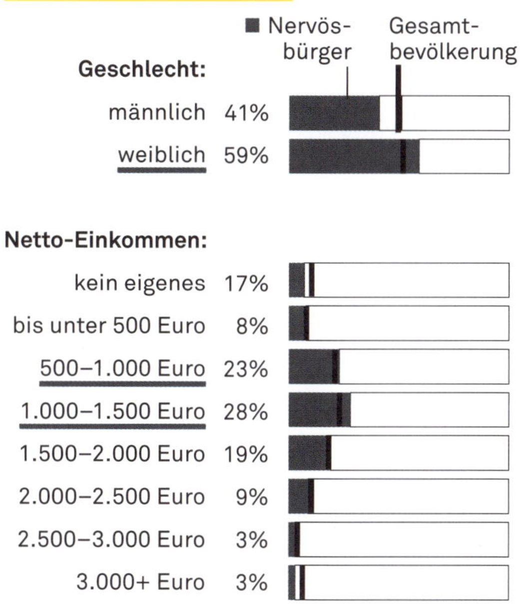

Konsum und Innovationsgrad

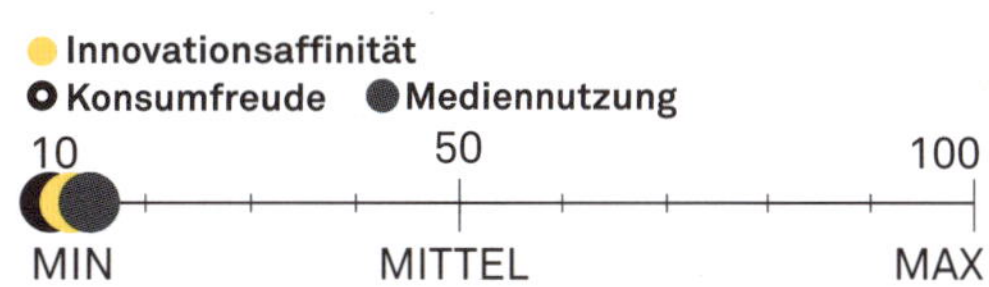

Mediennutzung im Vergleich

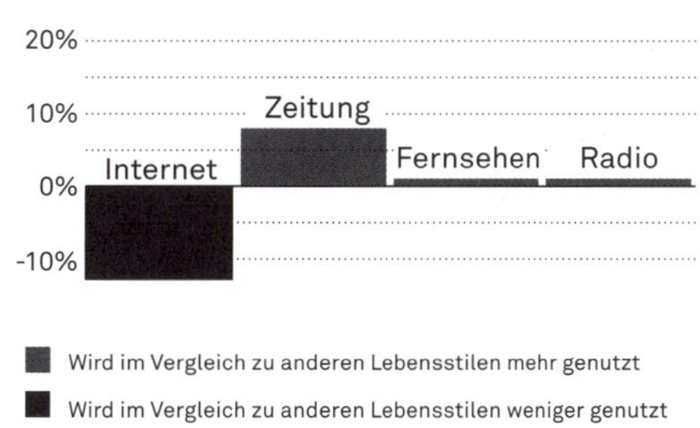

GOLDEN MENTOR

Grundüberzeugung

„Das Wichtigste ist, vom Leben selbst etwas über das Leben zu lernen."

Lebensmotto im Alltag

„Wer rastet, der rostet."

Lebensziel

„Ich will ein Leben lang aktiv und informiert bleiben und meine Erfahrungen an die Menschheit weitergeben."

Der Golden Mentor versteht es, sich sein Leben lang weiterzubilden und aus seinen Erfahrungen eine Lebensweisheit zu entwickeln, die er auch im höheren Alter produktiv in die Wirtschaft einbringt.

13,9 % aller Deutschen (9,7 Mio.) **Kern-Gruppe: 5 Mio. (55–79 Jahre alt)** **Ø 1.866 € Einkommen**

↗ Entwicklungsprognose der Gruppengröße

Grundbedürfnisse des Golden Mentor

Der Golden Mentor will am Weltgeschehen teilhaben und verfolgt aufmerksam die aktuellen Debatten. Er meidet jedoch die Medien, die nur auf Unterhaltung aus sind, denn mehr als die momentanen Geschehnisse interessieren ihn die kulturellen Diskurse, die dahinter stehen. Menschen wie der Golden Mentor arbeiten selbst im Rentenalter noch sehr gerne in Unternehmen und bringen dort ihre ganze Lebenserfahrung und Lebensweisheit ein, wenn man sie lässt. Sie sind neugierig und bilden sich über Kunst, Kultur und andere Länder beständig weiter. Sie besuchen auch gerne die entsprechenden kulturellen Institutionen und zeigen sich hier recht konsumfreudig. Wer sie mit ihrem Wissen ernst nimmt und anspricht, dem helfen sie auch gerne weiter. Am wichtigsten ist ihnen im Zweifelsfall aber immer ihre Familie: Wenn das Enkelkind vor der Tür steht, muss alles andere warten.

Wer sind die Golden Mentors?

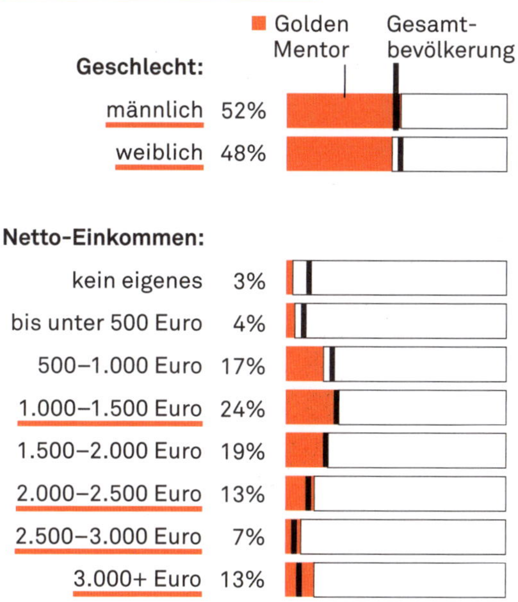

Konsum und Innovationsgrad

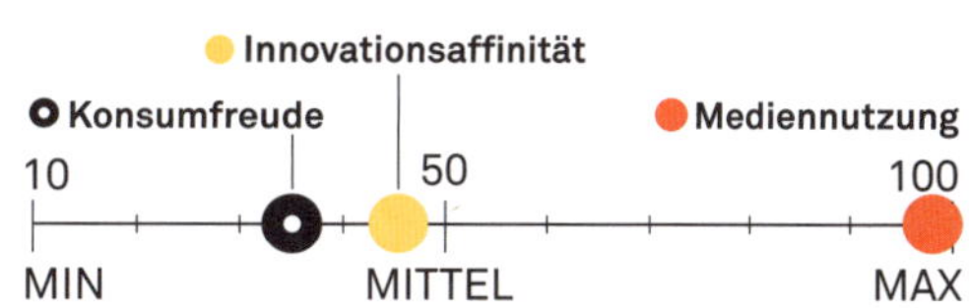

Mediennutzung im Vergleich

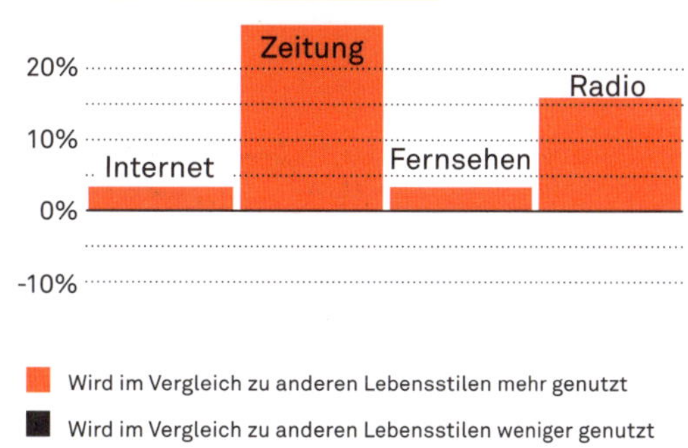

FOREVER YOUNGSTER

Grundüberzeugung

„Jeder kann und sollte etwas für seine Gesundheit tun, um im Alter noch gut dazustehen und der Gesellschaft nicht zur Last zu fallen."

Lebensmotto im Alltag

„Mein Körper ist mein Tempel – ich pflege und verbessere ihn täglich."

Lebensziel

„Ich möchte so lange wie möglich ein gesundes Leben leben. Deshalb kümmere ich mich zuallererst um mich und meine Gesundheit."

Der Forever Youngster sieht Gesundheit nicht nur als erstrebenswerten Zustand, sondern als Lebensziel und Lebenssinn – er investiert viel in die permanente Optimierung von Körper und Geist.

7,8% aller Deutschen (5,5 Mio.) **Kern-Gruppe: 2,2 Mio. (60–79 Jahre alt)** **∅ 1.596 € Einkommen**

Entwicklungsprognose der Gruppengröße

Grundbedürfnisse des Forever Youngster

Der Forever Youngster tut gerne aktiv etwas für seine Gesundheit, er versteht sie als Garant für eine langanhaltende Jugendlichkeit. Da er Gesundheit nicht als statischen Zustand, sondern als Optimierungsgegenstand sieht, ist er immer auf der Suche nach neuen Möglichkeiten, noch ein bisschen gesünder zu leben: Gesundheitsfördernde Produkte und Services sind ihm dabei eine willkommene Unterstützung, für die er gerne auch etwas mehr Geld ausgibt. Dies gibt ihm dann das Gefühl, besonders viel in seine Gesundheit investiert zu haben. Anti-Aging-Produkte gehören für ihn dabei selbstverständlich dazu, denn gesund sein und jung sein ist für ihn dasselbe. Menschen mit dem Lebensstil des Forever Youngster orientieren sich an medizinischen Werten, und es ist ihnen wichtig, ihre eigenen Gesundheitsdaten zu kennen. Sich selbst und der eigenen Gesundheit etwas Gutes tun, darunter verstehen sie aber auch, Wellnesstage oder ein leckeres Essen zu genießen. Auch hier gilt für sie: Je qualitativ hochwertiger sie etwas einschätzen, desto höher werten sie auch den Gesundheitsnutzen – am Ende gehört das gute Gefühl für sie zum Gesundheitsempfinden doch noch immer mit dazu.

Wer sind die Forever Youngster?

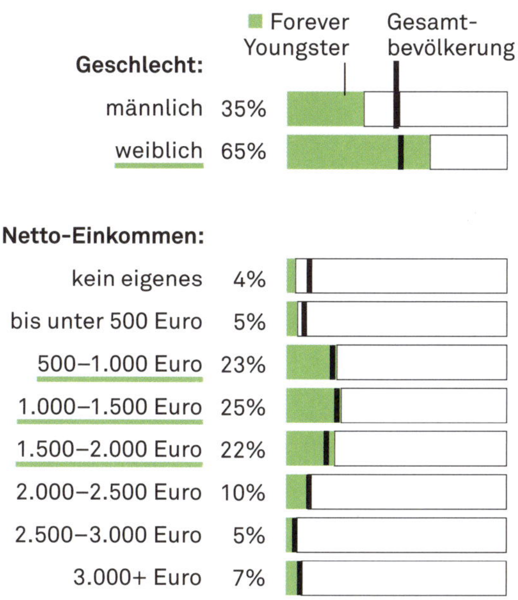

Konsum und Innovationsgrad

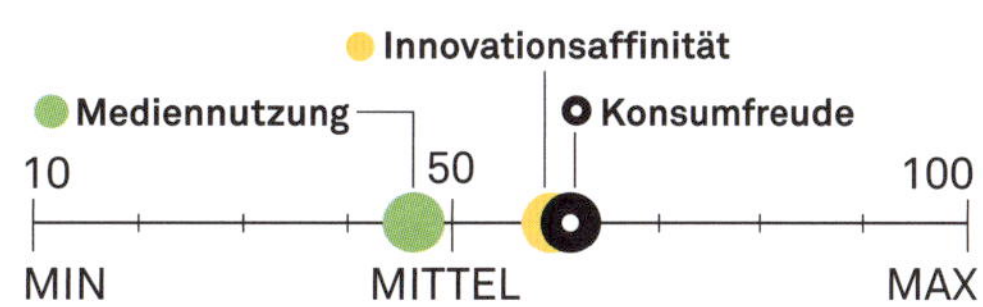

Mediennutzung im Vergleich

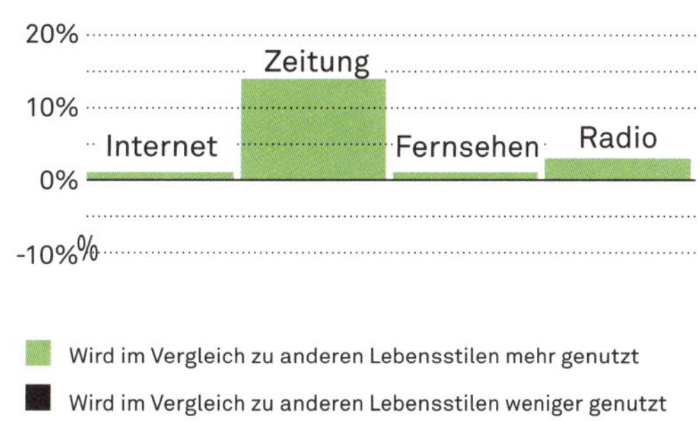

Impressum

zukunfts**Institut**

Herausgeber
Zukunftsinstitut GmbH
Kaiserstr. 53
60329 Frankfurt am Main
Deutschland

+49 (0)69 26 48 48 9-0
info@zukunftsinstitut.de
www.zukunftsinstitut.de

Autoren
Harry Gatterer, Verena Muntschick,
Philipp Hofstätter, Janine Seitz,
Lena Papasabbas, Christian Schuldt,
Cornelia Kelber, Mark Morrison,
Christoph Kristandl

Grafikdesign
Ksenia Pogorelova
Benedikt Eisenhardt

Illustrationen
Andreas Gaertner und Martin Markes,
Agentur „Die Zeichner Gaertner & Markes
Illustratoren PartG"

Lektorat
Franz Mayer

Redaktionelle Mitarbeit
Rebecca Breitenstein, Philippa Everz,
Leonie Miller-Aichholz,
Trusha Rolvering, Clara Schüttler

Lebensstile

Eine neue Sicht auf Kunden und ihre Bedürfnisse

Das Projekt-Team

Autoren

Harry Gatterer
ist Geschäftsführer des Zukunftsinstituts. Sein Schwerpunkt ist die Verknüpfung von gesellschaftlichen Trends mit unternehmerischen Entscheidungen, er arbeitet aber auch an der Vernetzung mit außergewöhnlichen Pionieren in führenden Zukunftsdisziplinen. Als Redner vermittelt er praktisches Wissen und provokante Prognosen.

Verena Muntschick
ist Autorin, Redakteurin und Projektmanagerin beim Zukunftsinstitut. Als Germanistin, Anthropologin und Biologin beschäftigt sie sich mit der Wechselwirkung von Mensch und Technik, sozialen Rollen, Gesundheit und dem demografischen Wandel.

Philipp Hofstätter
verbindet wissenschaftliche Theorie aus Philosophie, Soziologie und Ökonomie mit unternehmerischer Praxis. Er kombiniert Trend- und Zukunftsforschung mit systemischer Beratung und unterstützt Kunden in strategischen Entscheidungsprozessen.

Janine Seitz
leitet die Report-Publikationen beim Zukunftsinstitut und ist Co-Autorin des jährlich erscheinenden Retail Reports. Ihr Schwerpunkt liegt auf Trends in den Bereichen Digitalisierung, Online-Identität und Sicherheit.

Lena Papasabbas
arbeitet für das Zukunftsinstitut als Autorin, Social-Media-Managerin und Redakteurin. Als Kulturanthropologin beobachtet sie die Facetten der vernetzten Kultur und analysiert ihre zentralen Entwicklungsdynamiken.

Christian Schuldt
ist für das Zukunftsinstitut als Autor, Redakteur und Speaker tätig. In seinen Publikationen und Vorträgen beleuchtet der Experte für Systemtheorie die kommunikativen Muster der digitalisierten Gesellschaft.

Cornelia Kelber
ist leitende Redakteurin des Zukunftsinstituts. Sie schreibt und redigiert Studien und sonstige Publikationen seit 2010 und begeistert sich vor allem für die Zukunft von Medien, Kultur und den Wandel der Genderrollen.

Mark Morrison
ist im Bereich strategische Beratung und Projektmanagement tätig. Sein Schwerpunkt liegt auf der Beobachtung und Analyse von Trends sowie deren Übersetzung in kuratierte Beratungsstrategien für Unternehmen.

Christoph Kristandl
findet und entwickelt Storys: Fakten geben Geschichten Substanz, Geschichten geben Fakten ihre Bedeutung. Darin spiegelt sich die Komplexität der Zukunftsforschung. Denn ohne Kontext kann sich Wissen nicht entfalten.

Grafik

Ksenia Pogorelova
ist für Infografik und visuelle Gestaltung verantwortlich. In Zusammenarbeit mit Autoren und Kunden entwickelt die Informationsdesignerin Modelle und Methoden der Trendforschung grafisch weiter.

Benedikt Eisenhardt
arbeitet an der Schnittstelle von Inhalt und Gestaltung. Mit Blick aufs Ganze sorgt der Kommunikationsdesigner dafür, dass aus Texten, Daten und Bildern erfahrbare Geschichten werden.

Illustration

Andreas Gaertner & Martin Markes
In der Agentur „Die Zeichner Gaertner & Markes Illustratoren PartG“ sind die Illustratoren Andreas Gaertner und Martin Markes spezialisiert auf die Erstellung von Illustrationen als Kommunikationsmittel zur Visualisierung von Themen und Ideen.

Inhaltsverzeichnis

Eine neue Sicht auf die Gesellschaft ist notwendig, um Menschen und ihre Bedürfnisse zu verstehen. Denn mit der Individualisierung von Lebensläufen werden demografische Merkmale als Deutungsgrundlage unzuverlässig. Eine trendbasierte und datengestützte Lebensstil-Typologie eröffnet einen neuen Blick auf Zusammenhänge und Lebenssituationen.

Intro

Wo stehen wir heute?

Die Gesellschaft von heute ist hochdynamisch und komplex, Wertesets sind immer vielfältiger geworden, und es fällt immer schwerer, einen differenzierten Überblick über die Gesellschaft zu bekommen, Kundengruppen einzuschätzen und Marktpotenziale zu erforschen. Der Versuch, die Gesellschaft anhand demografischer Eckdaten der Individuen wie Alter, Geschlecht, Einkommen und Herkunft zu segmentieren, führt zu diffusen Ergebnissen. Menschen in der heutigen Gesellschaft sind keine auf Daten reduzierbaren Nummern im System mehr – der Big-Data-Ansatz, der eine Vermessung und Verortung der Menschen bis ins letzte Detail verspricht, führt nicht wirklich näher an die Menschen heran: Er fragmentiert und verstellt uns so die Sicht auf ein ganzheitliches Bild.

Woran liegt das? Lebensentwürfe können heute völlig individuell und frei gewählt und auch immer häufiger gewechselt werden – und zwar nicht nur nach ein paar Jahren, sondern manchmal auch je nach Alltagssituation. Allein die Anzahl an möglichen Lebensentwürfen, die ein Mensch führen kann, hat sich damit in den letzten Jahren vervielfacht. Um hier wieder Zusammenhänge und Muster in der Gesellschaft zu erkennen, müssen wir uns also auf eine andere Form der Beobachtung einlassen – um daraus zu verstehen, was Gemeinschaften in der heutigen Zeit bildet und zusammenhält und auf welcher Basis Individuen ihre Entscheidungen treffen.

Gesellschaft neu beobachten

Da die Gesellschaft derart dynamisch und vielfältig ist, müssen wir den Blickwinkel ändern. Mit dem Ansatz der Lebensstile bieten wir Ihnen ein Modell, das Muster im Handeln und Verhalten von Menschen erkennen lässt, individuelle Erklärungen liefert und diese Erkenntnis in den gesellschaftlichen Gesamtzusammenhang einbettet – und somit ein tieferes Verständnis erzeugt.

→ Auf gesamtgesellschaftlicher Ebene sind veränderte Verhaltensweisen und Bedürfnisse beobachtbar. Diese hängen mit veränderten Werten und Überzeugungen zusammen, die per Marktforschung erfragt werden können und in Daten erfassbar sind. Diese Werte und Verhaltensweisen sind als gesamtgesellschaftliche Trends beschreibbar und lassen verschiedene Muster der Lebensführung erkennen, die Menschen in Abhängigkeit von ihrer Lebens- und Handlungssituation an den Tag legen. Diese Muster können wir als Lebensstile beschreiben; sie bilden eine für die heutige Gesellschaft ideale Beobachtungsebene.

→ Lebensläufe von Menschen sind zwar extrem unterschiedlich und nonlinear geworden, werden aber nach wie vor durch Lebensereignisse geprägt. Sie bilden den Lebenskontext, der sich grob in Lebensphasen einteilen lässt, nicht aber an ein bestimmtes Alter gekoppelt ist. Diese lebenszyklischen Veränderungen haben einen Einfluss auf das Werte- und Verhaltensmuster und prägen die Art und Weise, wie Menschen ihr persönliches Leben gestalten und gestalten können. Lebensphasen können also als zusätzlicher Interpretationsgegenstand dienen.

Ein Verständnis von menschlichen Haltungen und Lebensweisen können wir nur über das Betrachten der großen gesellschaftlichen Sinnzusammenhänge und der individuellen Lebenssituationen erreichen. Über Bilder und Storys, die eine Berührtheit erzeugen. Und über das Empfinden der Beziehungen, die Menschen zu anderen Menschen oder Dingen in der Welt haben.

Unser trendbasierter und datengestützter Lebensstilansatz leistet einen detaillierten und lebensnahen Überblick über Geistesströmungen und Interessengruppen in der heutigen Gesellschaft. Und: Eine Einschätzung zur Zukunftsfähigkeit der einzelnen Gruppen und damit einen Blick auf die Gesellschaft der Zukunft. Wir bieten Unternehmen neue Inspiration und Erkenntnisse über die Gesellschaft, in der wir leben und in Zukunft leben werden. Und damit die Chance, nicht nur ihre Kunden von heute, sondern auch ihre Kunden von morgen kennenzulernen.

Wir bieten aber noch mehr: Wir machen unsere Lebensstile anwendbar und geben Ihnen eine präzise Anleitung an die Hand, wie Sie mit den Lebensstilen arbeiten können. Wir begleiten Sie dabei, die Lebensstile als Tool einzusetzen, um zu verstehen, zu welchen Gruppen Sie bereits in Beziehung stehen und zu welchen Sie leicht eine Beziehung aufbauen könnten. So können Sie sich Ihren Markt von heute und in Zukunft erschließen. Und Sicherheit über Entscheidungen gewinnen, die Sie in Zukunft treffen wollen.

Die Grundannahmen

Folgende Thesen liegen dem Modell der Lebensstile zugrunde:

1. Empirisches Beobachten, das Identifizieren von Mustern und ihre Interpretation muss jeglicher Datenanalyse vorangehen.

2. Für Zukunftskonzepte ist die Identifikation von Avantgarden und Early Adoptern ebenso wichtig wie das Beobachten der Mainstream-Lebensstile und Follower.

3. Um sich auf eine Kerngruppe fokussieren zu können, ist es wichtig, zunächst einen Überblick über das gesamte Alters- und Genderspektrum eines Lebensstils zu haben.

4. Weiche Eingrenzungen sind zielführender im Umgang mit volatilen Systemen als starre Abgrenzungen: Lebensstile sind offene, keine ausschließenden gedanklichen Konstrukte, die das Verständnis von Zusammenhängen erleichtern und gleichzeitig die Komplexität der Gesellschaft anerkennen.

5. Vergangene Lebensereignisse sowie die persönliche Lebensphase und -situation, in der sich die einzelnen Menschen befinden, beeinflussen die Art und Weise, wie sie einen Lebensstil leben.

1. Gesellschaft beobachten statt vermessen

Mit unserem trendforschungsbasierten Ansatz haben wir einen Zugang entwickelt, der den gesellschaftlichen Wandel, welcher die rein datenbasierte Analyse der Gesellschaft so schwierig macht, nicht nur berücksichtigt, sondern er ist bei diesem Zugang sogar elementar. Unsere Lebensstil-Typologie basiert auf den wichtigsten Trends unserer Zeit – und ist damit prognostisch: Denn Trends haben einen Impact auf die Gegenwart und werden die Gesellschaft der Zukunft deutlich mitprägen. Trends können aber genauso in den Mainstream eingehen und zur Normalität werden – auch diese Fälle haben wir berücksichtigt.

2. Ein Blick auf die gesamte Gesellschaft

Wer als Unternehmen mit Zielgruppen arbeitet, möchte nicht notwendigerweise nur die Early Adopter ansprechen, sondern auch diejenigen, die heute die breite Masse in der Mitte der Gesellschaft ausmachen. Als Trend- und Zukunftsforscher betrachten wir fokussiert die Trends und damit Trendsetter in der Gesellschaft. In unserer letzten Studie haben wir zehn solcher Trendsetter-Lebensstile benannt und damit 21 Prozent der Gesellschaft in Deutschland beschrieben.

Wir werfen aber stets auch einen ganzheitlichen Blick auf die Gesellschaft: In unserer neuen Studie haben wir uns daher entschlossen, neben Innovatoren und Early Adoptern auch die sogenannten Mehrheiten in der Gesellschaft aufzunehmen –

als Follower, die einen ebenso großen Einfluss in der Gesellschaft von heute und in Zukunft haben können wie die Innovatoren. Heute bilden wir mit unseren Lebensstilen den Großteil der Gesellschaft ab. Und wir erkennen mit unserer Typologie auch an, dass manche Menschen sich nicht trennscharf nur einem Lebensstil zuordnen lassen, sondern mitunter mehreren Lebensstilen zugeordnet werden können.

3. Lebensstile sind alters- und geschlechtsungebunden

In unserer Neuauflage der Lebensstile weiten wir den Blick: Wir öffnen die Perspektive auf den breiteren Gesellschaftskontext. Und wir geben den Blick frei auf die Verteilung eines Lebensstils über alle Altersklassen und über Geschlechtszuschreibungen hinweg, anstatt eine Alters- und Genderspezifik vorananzunehmen. Wir haben also bewusst auf eine präskriptive Alters- und Genderzuschreibung verzichtet. Warum? Weil wir beobachten, dass Menschen ihre Wahl, einen bestimmten Lebensstil zu führen, immer unabhängiger von ihrem Alter und ihrem Geschlecht treffen. Im Sinne der Lebensstil-Methodik, die genau auf dieser Loslösung von menschlichem Verhalten und Einstellungen von ihren demografischen Daten beruht, ist das nur konsequent.

Dennoch lässt sich für jeden Lebensstil-Typus eine Alterskerngruppe definieren: Und zwar nicht nach der absoluten Zahl der Menschen mit diesem Lebensstil in dieser Altersklasse, sondern danach, wie sich die Altersverteilung in der Lebensstil-Gruppe von der Altersverteilung in der Gesamtbevölkerung unterscheidet. Sprich, in welchen Altersklassen die Einstellungen und Verhaltensweisen, die den Lebensstil charakterisieren, stärker vertreten sind als in der durchschnittlichen Bevölkerung. Entsprechend sind diese Altersgruppen als Kernbereiche eines Lebensstils definiert.

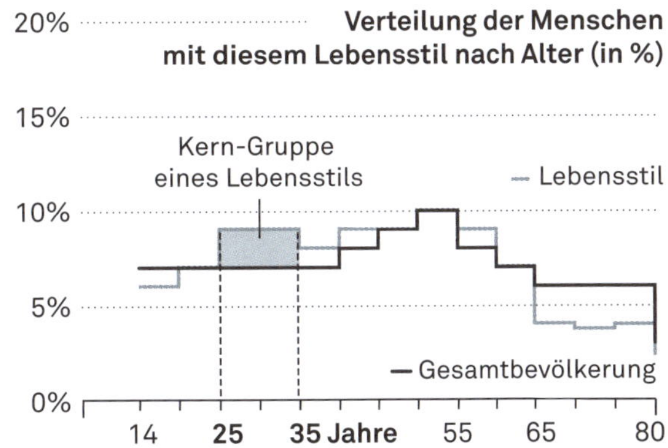

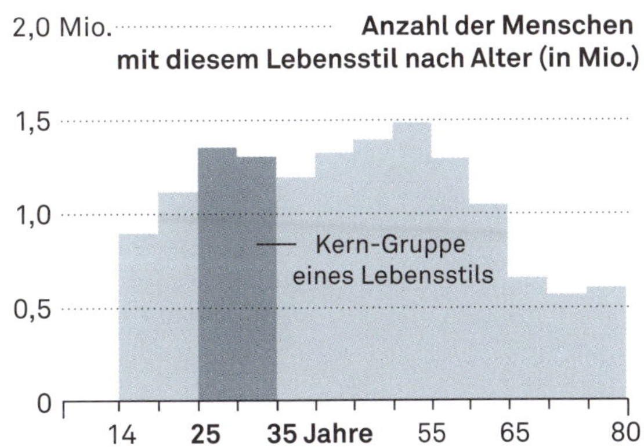

4. Lebensstil als hypothetischer Typus

In unserer aktuellen Studie beschreiben wir für einen Lebensstil charakteristische Situationen und Handlungsentscheidungen von Menschen in einer Art teilnehmender Beobachtung, die jeder in seinem Umfeld nachvollziehen kann, und machen sie besser verständlich, indem wir die Hintergründe erläutern. Wenn wir von „dem Gutbürger" reden, meinen wir damit den konstruierten Typus, in dem wir eine Reihe von Merkmalen vereint haben. Die Charakteristika sind hier idealtypisch zusammengestellt und zugespitzt, bilden aber nicht zwingend einen Menschen in der Realität ab.

Warum? Die psychologischen Forschungen der letzten Jahre haben im Detail herausgearbeitet, dass Menschen widersprüchlicher sind, als uns bewusst ist, und dass sie je nach Kontext der Situation unterschiedliche Einstellungen und Verhaltensweisen zeigen. Lebensstile können also situativ angenommen und wieder abgelegt werden. Ein Lebensstil repräsentiert als strukturelle Kategorie bestimmte Werte, Einstellungen, Eigenschaften und Handlungsmuster, die sich in der Gesellschaft manifestiert haben, seine individuelle Ausgestaltung aber hängt von der persönlichen Lebensbiografie jedes einzelnen Menschen ab. Wenn wir Menschen auf Basis von Umfragen einem Lebensstil zuordnen können, heißt das nicht, dass sie jede Sekunde ihres Lebens danach leben. Oder dass sie nicht gleichzeitig auch Merkmale erfüllen, die zu einem anderen Lebensstil passen. Überschneidungen von Lebensstil-Gruppen sind in der Realität daher erwartbar, ebenso wie Abweichungen im Detail, die nicht per Daten erfassbar sind, aber dennoch einen Menschen nicht direkt von einer Lebensstilzugehörigkeit ausschließen.

Lebensstile sind gedankliche Konstrukte, die es für uns einfacher machen, die Welt und die systematischen Zusammenhänge in ihr zu begreifen. Lebensstile illustrieren und quantifizieren Gesellschaftstrends. Ähnlich wie Trends dienen die Lebensstile dazu, sich mit der Zukunft auseinanderzusetzen, mit den Bildern, die man von der Gesellschaft hat, und mit den Grundströmungen an Werten und Verhaltensweisen, die wir unter den Menschen vorfinden können – und den entsprechenden Bedürfnissen der Menschen, die es zu adressieren gilt.

5. Soziale Realitäten und biografische Situation unterscheiden sich

Menschen wählen ihren Lebensstil frei. Ihr Alter und ihr Geschlecht kann zwar Präferenzen beeinflussen, ist aber kein Kriterium, das sie vom Führen eines bestimmten Lebensstils ausschließt. Eher kann das Alter und Geschlecht einen Einfluss darauf haben, auf welche Weise Menschen einen Lebensstil praktizieren (können): Männer und Frauen finden sich auch heute noch in einigen Lebenskontexten in verschiedenen sozialen Realitäten wieder und werden mit unterschiedlichen Vorurteilen und Erwartungen konfrontiert, die ihren individuellen Handlungen, Wünschen und Entscheidungen entgegenstehen können. Das haben wir in unserer Lebensstilbeschreibung berücksichtigt.

Auch ist es etwas anderes, ob man etwa den Lebensstil eines Forever Youngster im frühen Erwachsenen- oder aber im Rentenalter lebt: und zwar nicht nur, weil sich die sozialen Realitäten der Menschen unterscheiden, sondern auch ihre persönliche Lebenssituation. Diese ist geprägt von Erfahrungen – wer bestimmte Lebensereignisse hinter sich hat, hat ein anderes Bewusstsein und eine andere Weltwahrnehmung als jemand, der diese Erfahrungen nicht gemacht hat – Lebenszykluseffekte heißen sie in der Sozialwissenschaft. Der erste Job, das erste Kind oder der Eintritt in den Ruhestand sind solche Lebensereignisse.

Lebensphasen als lebensstilprägender Faktor

Lebensereignisse prägen Lebensphasen. Menschen mit demselben Lebensstil sind sich dann besonders ähnlich, wenn sie sich in derselben Lebensphase befinden. Lebensphasen sind nur lose an konkrete Altersvorgaben gekoppelt, so wie auch Lebensereignisse bei jedem Individuum in einem anderen Alter erlebt werden. Eine grobe Orientierung am chronologischen Alter ist über statistische Durchschnittswerte in der Gesellschaft möglich. Lebensereignisse formen die persönliche biografische Situation, jede Lebensphase provoziert bestimmte Lebensverhältnisse und Veränderungen in der Lebensweise. Um das individuelle Verhalten eines konkreten Menschen zu beurteilen, gilt es also, auch diese Dimension in der Betrachtung zu berücksichtigen.

Lebensstile, Lebensphasen und Lebensereignisse

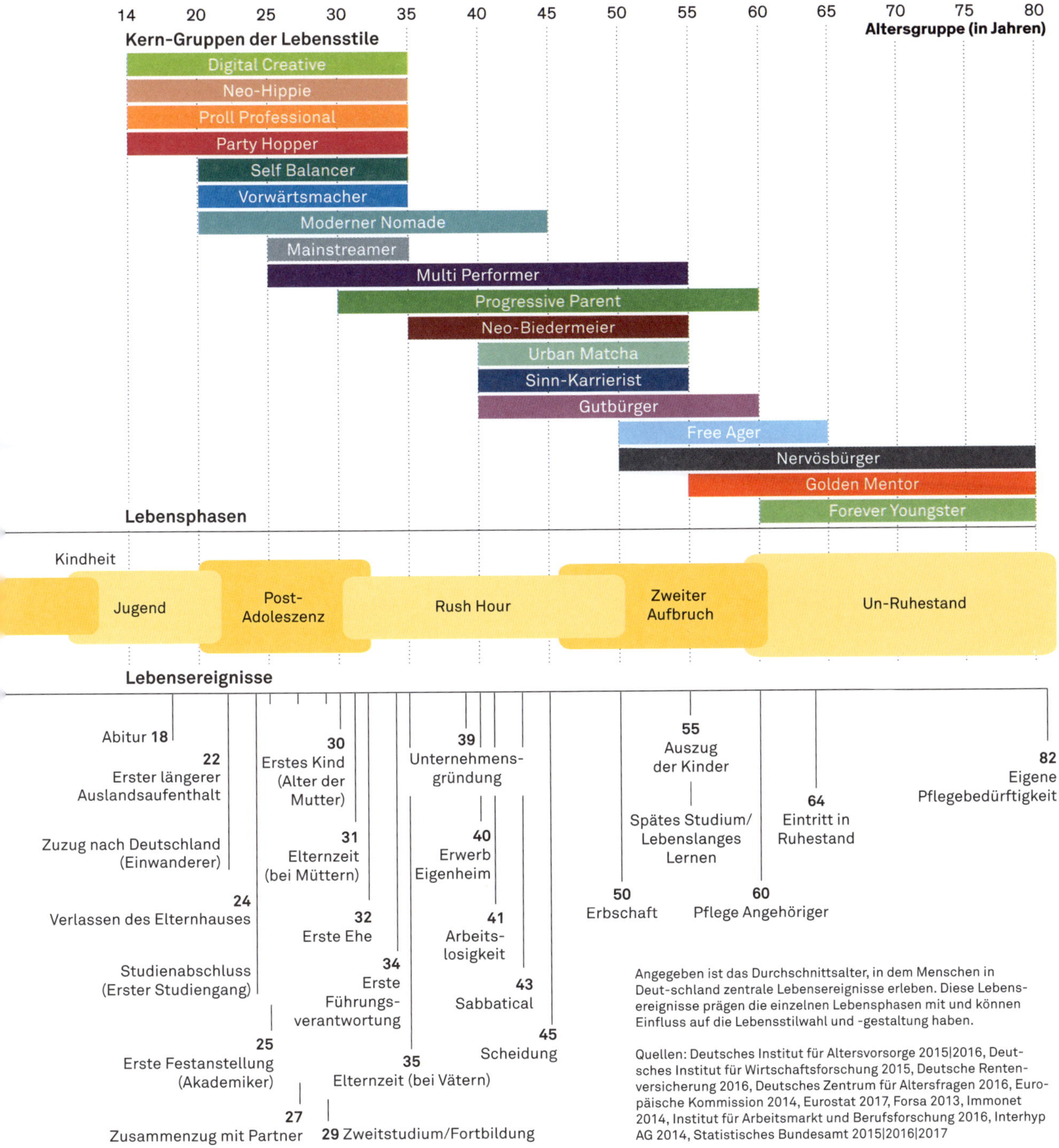

Angegeben ist das Durchschnittsalter, in dem Menschen in Deut-schland zentrale Lebensereignisse erleben. Diese Lebensereignisse prägen die einzelnen Lebensphasen mit und können Einfluss auf die Lebensstilwahl und -gestaltung haben.

Quellen: Deutsches Institut für Altersvorsorge 2015|2016, Deutsches Institut für Wirtschaftsforschung 2015, Deutsche Rentenversicherung 2016, Deutsches Zentrum für Altersfragen 2016, Europäische Kommission 2014, Eurostat 2017, Forsa 2013, Immonet 2014, Institut für Arbeitsmarkt und Berufsforschung 2016, Interhyp AG 2014, Statistisches Bundesamt 2015|2016|2017

Übersicht der Lebensstile

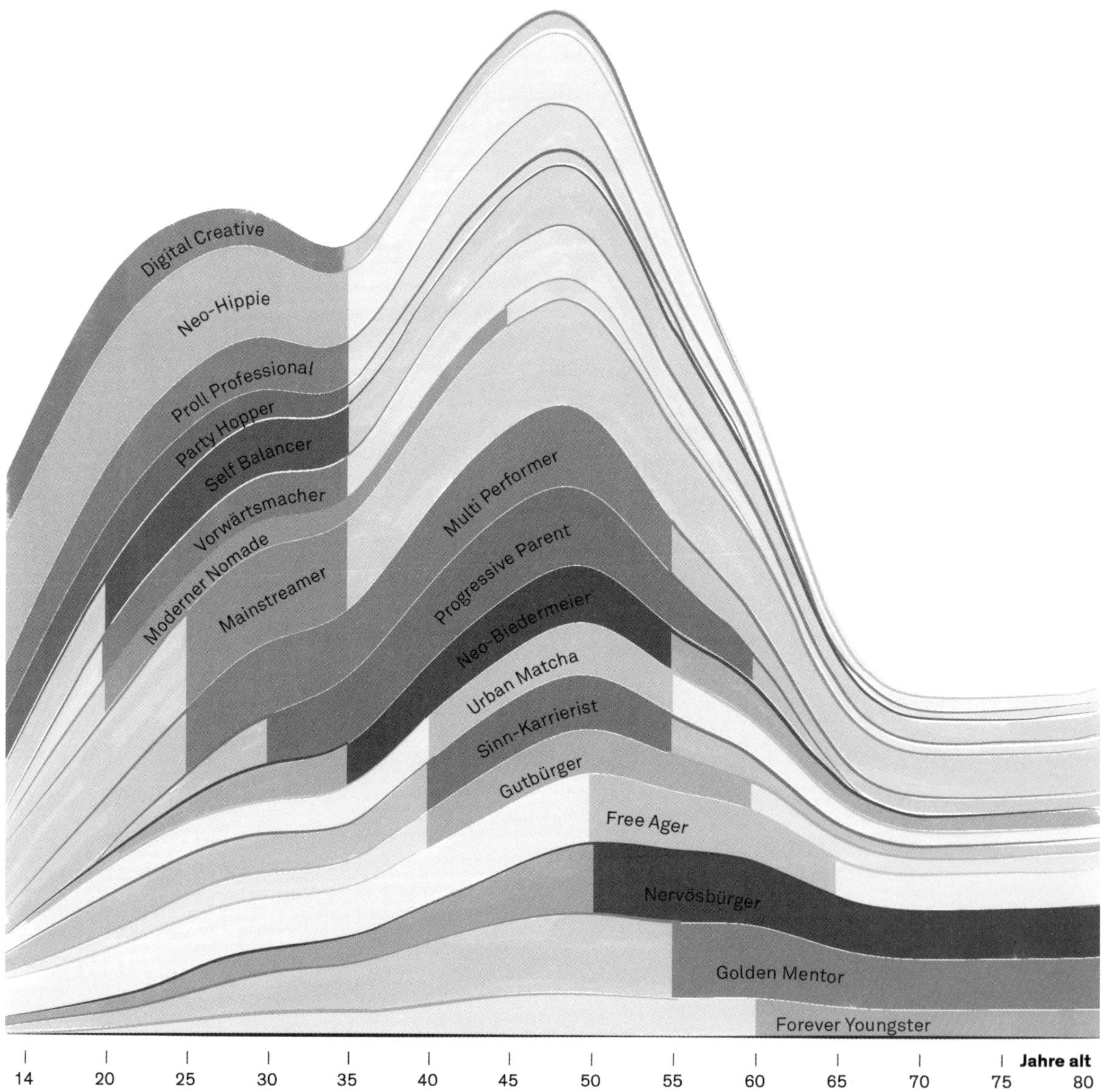

Evolution des Modells

Zehn Jahre Zukunftsinstitut-Lebensstile

Unseren Lebensstil-Ansatz haben wir vor zehn Jahren entwickelt. Seitdem haben wir ihn kontinuierlich weiterentwickelt und aktualisiert. In zwei Studien haben wir unsere aktuellen Forschungen und Erkenntnisse bereits festgehalten. Ausgehend von einem trendbasierten, qualitativen Ansatz in unserer ersten Studie aus dem Jahr 2007, unterstützen wir seit unserer Studie von 2014 unsere Lebensstil-Typologie quantitativ: mit einer umfangreichen Analyse von Marktforschungsdaten.

Parallel dazu haben wir nicht nur alternative Gesellschaftsanalyse-Tools wie das nach wie vor immer wieder aktualisierte Sinus-Milieu-Modell und Zielgruppendefinitionen aus der Marktforschung permanent beobachtet und geprüft, sondern auch den Lebensstile-Diskurs in der wissenschaftlichen soziologischen Forschung mitverfolgt. Bereits 2014 bestätigten uns die Experten aus den Universitätsbetrieben ein „Schweigen der Soziologie", das wir bereits vernommen haben, als wir uns entschieden, unseren eigenen Lebensstil-Ansatz zu entwickeln: Mit streng wissenschaftlich-empirischen Methoden und Indikatoren meist statischer Natur sind nicht die detaillierten Antworten zu erreichen, die Unternehmen für ihre Arbeit mit einer hochdynamischen Gesellschaft brauchen. Jegliche Modelle der Gesellschaftsvermessung reagieren folglich stets auf die Bedürfnisse der Beobachter.

→ **Ausführlichere Infos zu den Hintergründen des Lebensstil-Ansatzes und seiner Geschichte finden Sie im letzten Kapitel der Publikation (Seite 220).**

Was ist neu?

Unsere aktuelle Lebensstil-Studie knüpft an die Beobachtungen aus dem Jahre 2014 an. Die dort beschriebenen Lebensstile haben wir in ihrer Aktualität überprüft, die Typen überarbeitet oder weiterentwickelt. Besonders herausgearbeitet haben wir in unserer aktuellen Studie den gesamtgesellschaftlichen Kontext, in dem die einzelnen Lebensstile stehen: Denn ein Lebensstil-Typus muss stets als Teil von gesamtgesellschaftlichen Entwicklungen verstanden werden. Er ist sowohl Ausdruck als auch Treiber derjenigen großen gesellschaftlichen Veränderungen, die wir als Megatrends bezeichnen. Und in der Form, wie sich die Megatrends weiterentwickeln, sind auch Lebensstile in ständigem Wandel. Ein Kurzüberblick über das Werteset, das mit dem jeweiligen Lebensstil vertreten wird, liefert eine Grundorientierung: Er ermöglicht ein schnelles Grundverständnis des Lebensstils und eine einfache Vergleichbarkeit der Lebensstile untereinander. Die Daten aller Lebensstile wurden für diese Darstellung normiert, auf eine Skala von 10 bis 100 gebracht und in einem Netzdiagramm abgebildet.

Lebensstil-Werteset

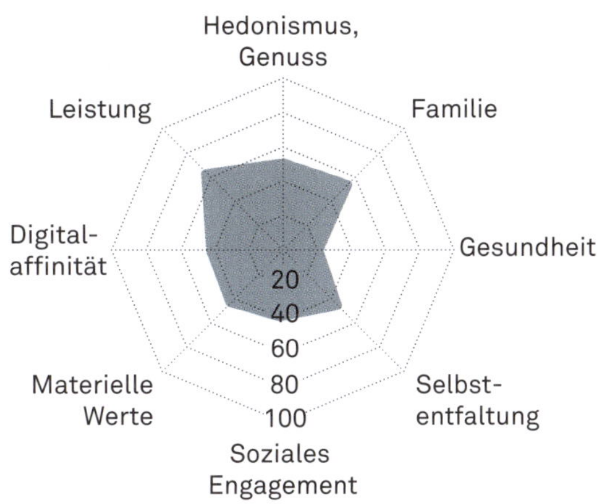

Einen weiteren Überblick geben die Indizes zum Thema Mediennutzung, Konsumfreude und Innovationsaffinität. Für den Mediennutzungsindex haben wir dabei die Diversität und Intensität des Medienkonsums zugrunde gelegt. Die Daten aller Lebensstile haben wir auf eine Skala von 10 bis 100 gebracht und in einer Medien-Vergleichsgrafik dargestellt.

Mediennutzung, Konsum und Innovationsgrad

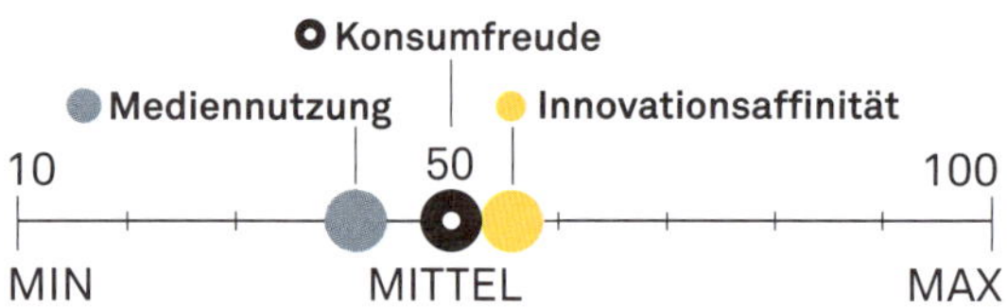

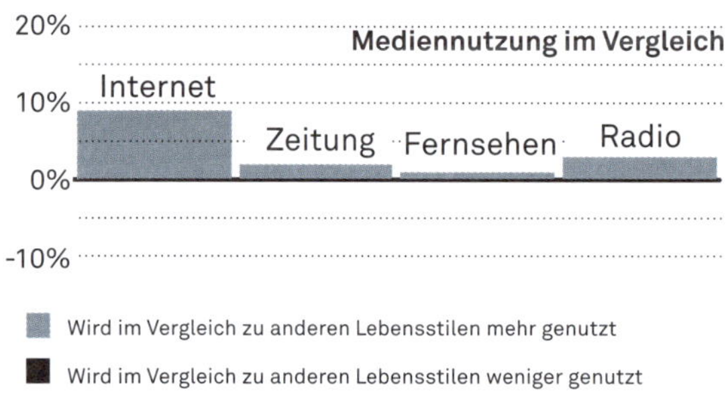

Darüber hinaus geben wir eine Einschätzung sowohl zur aktuellen Größe, zur Rolle und zum Einfluss der Menschen mit diesem Lebensstil innerhalb der Gesellschaft. Speziell für die Arbeit von Unternehmen liefern wir zudem ein Statement, warum wir diesen Lebensstil für wichtig und beachtenswert halten und wie man die Menschen aus den unterschiedlichen Lebensstilgruppen am besten erreicht, welche Grundbedürfnisse es also anzusprechen gilt. Für die Konzeption von Zukunftsszenarien geben wir einen Ausblick darauf, welchen Einfluss Menschen mit den jeweiligen Lebensstilen in Zukunft auf die Gesellschaft haben werden und mit welcher Größenentwicklung wir rechnen können.

Visualisierung – die Illustrationen als emotionaler Zugang

Lebensstile sind prototypische Kategorien. Darum haben wir für deren Visualisierung bewusst Illustrationen gewählt, die an den Cartoon-Stil angelehnt sind und von ihren Überzeichnungen leben. Diese Art der Darstellung ermöglicht einen intuitiven und auch emotionalen Zugang zu den Lebensstilen. Dies ist gerade für die Anwendung der Lebensstile im Relations Mapping (s. Workbook anbei) hilfreich, denn hier geht es darum, ein tiefes Verständnis für die Bedürfnisse der Lebensstile zu erreichen und ihre Beziehungen bzw. die Beziehungen zu ihnen zu erspüren – und dies tun wir nicht rational, sondern intuitiv und emotional.

Update – der Weg von Alt zu Neu

Die Lebensstiltypen, die wir vor zehn bzw. vor drei Jahren beschrieben haben, haben sich weiterentwickelt und verändert: Zum Teil sind sie in den Mainstream übergegangen, manche haben ihren Impact verloren und einige haben sich weiter ausdifferenziert. Hier sind folgende Entwicklungen spannend:

Der **Creativiteen**-Lebensstil aus unserer vorherigen Studie hat sich verändert: der **Digital Creative** von heute ist kein Nerd mehr, sondern das Digitale ist Teil und selbstverständliches Werkzeug in seiner Lebenswelt. Mit dem **Neo-Hippie**, dem **Party Hopper** und dem **Modernen Nomaden**, in dem sich Haltungen des ehemaligen **Business-Freestyler** wiederfinden, haben wir gänzlich neue Lebensstile beschrieben, deren Alterskerngruppe in der Phase der Post-Adoleszenz liegt. Der **Proll-Professional**-Lebensstil wird heute vermehrt von Jüngeren gelebt, ebenso wie der der ehemaligen **Mainstream-Stars**, die wir zum **Mainstreamer** als Follower-Lebensstil im Windschatten der Trends weiterentwickelt haben. Der Lebensstil des **Self Balancer** ist eine neue Avantgarde im Kontext der Achtsamkeits-Bewegung, während der **Vorwärtsmacher**-Lebensstil von einer Generation an Führungskräften gelebt wird, die die

Welt von morgen entscheidend mitprägen werden. Die **Tiger-Women** und **Superdaddys** von 2014 haben wir mit unserer Beobachtung, dass ein genderspezifischer Lebensstil-Ansatz heute unter dem Einfluss des Megatrends Gender Shift nicht mehr zeitgemäß ist (s.o.), zu den Lebensstilen **Multi Performer** und **Progressive Parent** weiterentwickelt. Beides sind Lebensstile, die zumeist die sogenannte Rush Hour des Lebens prägen und die verschiedene Ansätze von Menschen zeigen, Familien- und Berufsleben zu managen. Der Lebensstil **Neo-Biedermeier** hat sich im Kontext des Hygge-Trends herausgebildet, während die Lebensstile **Sinn-Karrierist** und **Gutbürger** sich seit 2014 weiterentwickelt haben. Im Lebensstil des **Urban Matcha** finden wir die aktuelle Variante der früheren **Latte-Macchiatos** – einer urbanen Trendsetter-Elite, die auch heute in abgewandelter Form die städtische Kultur prägt.

Neu ist weiterhin der Lebensstil des **Free Ager**, in dem sich eine bejahende Haltung zum Altern findet und der in Zeiten des demografischen Wandels zum Wegweiser für eine alternde Gesellschaft wird. Zugleich gibt es nach wie vor den Lebensstil des **Forever Youngster**, der das Ideal der Jugendlichkeit sein Leben lang anstrebt. Neu ist auch der Lebensstil des **Nervösbürgers**, in dem sich die latente Unsicherheit von Menschen in der Gesellschaft widerspiegelt, die Veränderungen nicht akzeptieren wollen und können. Im **Golden Mentor** findet sich der weiterentwickelte Lebensstil des **Silverpreneur** wieder, der das Thema Lebenserfahrung auf alle Bereiche des Lebens ausweitet.

Impact-Analyse

Welchen Impact hat die Arbeit mit den Lebensstilen im Unternehmen?

Wer mit den Lebensstilen arbeitet, kann auf vielen Ebenen des eigenen Unternehmens Impacts erzeugen. So gilt ein gut differenziertes Verständnis für die Gesellschaft als grundsätzlicher Vorteil: Wer die Gesellschaft nicht direkt als „Markt" betrachtet, sondern zuerst als „Menschen", tut sich leichter, mögliche Bedürfnisse zu identifizieren. Die Definition „Kunde" erscheint erst, wenn wir einen potenziellen Kaufakt voraussetzen. Neue Entwicklungen und mögliche Innovationen beobachtet man jedoch leichter, wenn man diese Vorannahme erst einmal weglässt.

Sind Märkte bereits definiert, ist es interessant, die Lebensstile darauf anzuwenden und die eigenen Beobachtungen zu überprüfen. Sie geben einen sowohl intuitiven wie auch empirischen Rückhalt in jeder Marktbeobachtung. Auch lassen die Lebensstile eine Einschätzung von Größenverhältnissen zu: Da wir die Lebensstile auch zahlenmäßig erfasst haben, können daraus auch quantitative Potenziale abgeleitet werden.

Im Sinne der eigenen Organisation macht die Beschäftigung mit Lebensstilen nicht nur mit Blick auf den Markt und die Kunden Sinn. Auch was das eigene Team, die Mitarbeiter, angeht, sind Lebensstile hilfreich. Denn jeder Mensch in Ihrem Unternehmen lebt auch in den Konturen der prototypischen Lebensstile: Oder einfach gesagt, jeder Ihrer Mitarbeiter ist einem der Lebensstile zugewandt. Daher können Sie recht schnell lernen, wer Sie umgibt. Dies ist deshalb wichtig, weil die Unternehmenskultur entscheidend dafür ist, ob das Unternehmen als Ganzes einen Zugang zu einer gewissen Lebensstil-Gruppe beziehungsweise zu einem spezifischen Markt erreichen kann. Wer keine Menschen mit dem Lebensstil des Neo-Hippies im Unternehmen hat, wird schwerlich für sie arbeiten können.

Die Lebensstile haben also mannigfaltige Impact-Optionen. Die Anwendung auf den Markt und die Kunden ist die naheliegendste und daher auch jene, auf die wir uns in jeglicher Beschreibung fokussiert haben. Es bleibt Ihnen aber offen, auch andere Fragen mittels dieser Lebensstil-Typologie zu erörtern.

Der Digital Creative ist in der real-digitalen Welt zuhause. Digitale Technologien sind sein Zugang zur Welt, und mit seinem proaktiven Umgang damit prägt er die Gesellschaft von morgen.

Grundüberzeugung

„Digitale Technologien sind das zentrale Tool der Zukunft. Mit ihnen können wir alles verändern, was wir wollen.“

Lebensmotto im Alltag

„Einfach mal ausprobieren, einfach mal schauen, was geht.“

Lebensziel

„Ich will die Welt, in der ich lebe, frei und eigenständig mitgestalten.“

DIGITAL CREATIVE

DIGITAL CREATIVE

Warum ist dieser Lebensstil wichtig?

Für den Digital Creative ist es eine Selbstverständlichkeit, Technik nicht nur passiv zu nutzen, sondern aktiv anzuwenden – es ist für ihn das zentrale Tool, mit dem er sein kreatives Potenzial entfaltet. Von ihrer Digitalkompetenz können Unternehmen für sich lernen. Und: Egal, welche neue Technologie auf den Markt kommt, bei dem Digital Creative findet sie ihren Early Adopter.

Wie viele Digital Creatives gibt es?

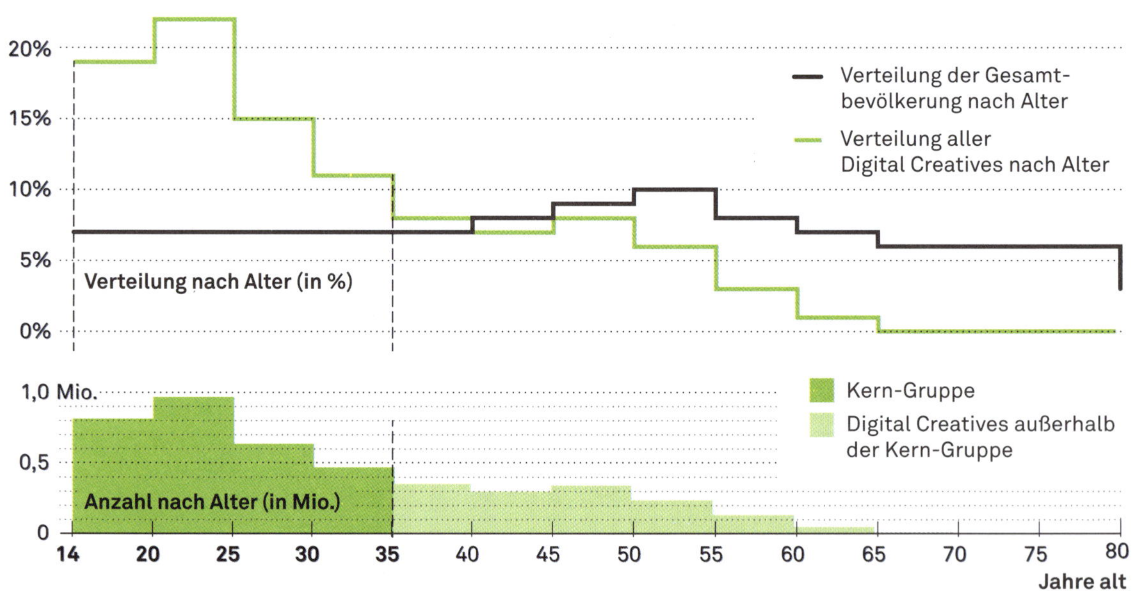

6% aller Deutschen (4,2 Mio.)

Kern-Gruppe: 2,8 Mio. (14 bis 34 Jahre alt)

Profil des Digital Creative

Der Digital Creative ist offen und neugierig, er probiert mit Begeisterung neue Produkte aus. Ihm ist klar, dass er in einem Wissenszeitalter lebt – deshalb steht bei ihm gute, vielseitige Bildung hoch im Kurs. Um mit Menschen in Kontakt zu kommen, die seine Interessen teilen, nutzt er lieber das Internet, als offline zu suchen – für ihn gilt die Trennung „Internet“ und „wirkliches Leben“ ohnehin nicht mehr. Wenn er jemanden schnell erreichen möchte, tut er das prinzipiell über soziale Netzwerke. Dort pflegen die Menschen mit diesem Lebensstil gute Kontakte zu sehr vielen Freunden und Bekannten. Darunter sind auch reine Online-Freundschaften, die für sie eine andere Qualität als Offline-Freundschaften haben. Vernetzt zu sein ist für den Digital Creative der Normalzustand. Er ist immer und überall online. Selbst während des Fernsehens erledigt er nebenbei mit dem Smartphone alltägliche Dinge, die nichts mit der Sendung zu tun haben.

Megatrend-Kontext

Wissenskultur Konnektivität

Anwenden statt nutzen

Der Lebensstil des Digital Creative ist Phänomen einer digitalisierten Welt. Mit dem Megatrend Konnektivität, unter dem wir diesen Wandel fassen, beschreiben wir jedoch mehr als nur die rein technische Vernetzung: Die rasante Verbreitung des Internets hat vor allem massive Auswirkungen auf soziale Strukturen und Handlungen sowie auf die Art der Kommunikation. Das Internet zu benutzen ist heute nichts Besonderes mehr. Auch bei den über 60-Jährigen ist inzwischen mehr als jeder Zweite im World Wide Web unterwegs, und es werden immer mehr. Für Menschen mit dem Lebensstil des Digital Creative, die fast alle zwischen 14 und 34 Jahre alt und mit dem Internet bereits aufgewachsen sind, ist es völlig normaler Bestandteil des Alltags. Dass Menschen mit dem Lebensstil des Digital Creative das Internet nutzen, ist nichts Erwähnenswertes mehr – dafür aber die Art, wie sie das tun: Der Digital Creative ist weit mehr als ein User. Natürlich nutzt er das Internet auch, um sich zu informieren, einzukaufen, Bankgeschäfte zu erledigen oder sich zu unterhalten. Für ihn sind vorhandene Digitaltechnologien aber vor allem ein Werkzeug, mit dessen Hilfe er selbst etwas erschafft, Ideen entwickelt und testet sowie seine Kreativität auslebt.

Wissen: Volatil, situativ, demokratisch

Menschen wie dem Digital Creative ist bewusst, dass sie in einem Zeitalter leben, in dem Information und Wissen besonders wertvoll ist. Sie prägen den Megatrend Wissenskultur maßgeblich mit: Wissen ist heute der Stoff, aus dem Erfolgsgeschichten entstehen. Permanentes Lernen gehört zum essentiellen Repertoire einer zukunftsfähigen Gesellschaft. Die Digitalisierung hat den Zugang zu Wissen radikal geöffnet. Die Möglichkeiten, sich in allen möglichen Bereichen weiterzubilden, sind damit so zahlreich wie nie. Allein auf YouTube findet man Tutorials zu allen erdenklichen Themen, von

Wer sind die Digital Creatives?

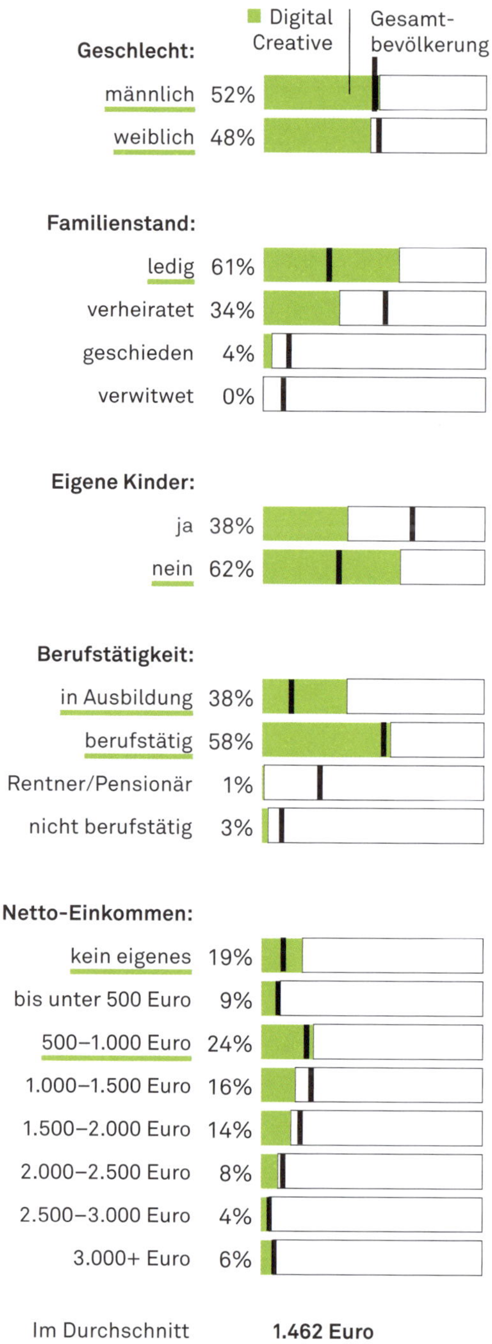

der Anleitung zu neuer Software über Rezepte-How-to's bis hin zu Sprachkursen oder Leitfäden zur Autoreparatur. Wissen ist überall, schnell zu haben und weltweit verfügbar.

Wissen bedeutet zwar immer noch Macht, doch kann heute durch die digitalen Möglichkeiten beinahe jeder auf dieses demokratische Gut zugreifen und es sich aneignen. Die neue Wissenskultur hütet Informationen nicht mehr wie einen Schatz, sondern ist transparent, zugänglich und dynamisch. Das bedeutet allerdings auch, dass Wissen sich schneller verändert oder seine Gültigkeit verliert, da viele Menschen mit Informationen arbeiten, Daten neu verknüpfen oder durch den Austausch neue Erkenntnisse generiert und sichtbar werden. Diese Volatilität des Wissens führt jedoch auch dazu, dass sich jedes Individuum ständig auf dem neuesten Stand halten muss – etwas, was für den Digital Creative ebenso eine Selbstverständlichkeit ist wie der Umgang mit dem Internet. Denn wer sich dem rasenden Informationsstrom verweigert, kann sehr schnell den Anschluss an den Rest der Gesellschaft verlieren. Menschen mit dem Lebensstil des Digital Creative besitzen gleichzeitig die Kompetenz, die zahlreichen Informationen nicht nur wahrzunehmen, sondern auch Fake News und Halbwahrheiten sicher zu umschiffen und die verlässlichen Quellen herauszufiltern.

Kreative Teamkämpfer

Lernen wird in einer vernetzten Welt auch immer mehr zum Gemeinschaftsprojekt. Strebsame Einzelkämpfer oder Nerds, die ohne sozialen Kontakt zur Außenwelt nur für sich lernen, gehören der Vergangenheit an. Künftig wird in selbstgewählten Communitys gelernt und Wissen angereichert. Communitys sind eine grundlegende Form des sozialen und kulturellen Austauschs in einer digitalisierten Gesellschaft. Sich mit Menschen zu umgeben, die ähnliche Interessen teilen, mit denen man sich auf Augenhöhe austauschen und mit denen man gemeinsam an Projekten wachsen kann, fördert Skills wie z.B. Teamfähigkeit, Flexibilität, Eigenständig-

Foto: Unsplash, CC0

91% besitzen ein Smartphone

62% filmen gern mit ihrer Handykamera

Foto: Unsplash, CC0

Foto: Flickr, U.S. Army RDECOM, CC BY

86% der Digital Creatives legen Wert auf einen großen Freundeskreis

keit, Problemlösungsorientierung – alles Fähigkeiten, die in der Kreativökonomie essentiell sind. Der Digital Creative verfügt über genau diese Skills, die zum durchschlagenden Erfolg der Kreativökonomie beitragen.

Im Gegenzug sind sie kaum mehr gewillt, Dienst nach Vorschrift abzuleisten oder sich von steilen Hierarchien und starren Strukturen beeindrucken zu lassen. Sie werden getrieben von ihrer unbändigen Neugier, von ihrer Sucht nach Wissen und ihrer Passion, unbequeme Fragen zu stellen – um letztendlich kognitiv zu wachsen. Stillstand gibt es in der Welt des Digital Creative nicht – er ist immer in Bewegung, auf der Suche nach Inspiration, Innovation und kreativen Herausforderungen. Menschen wie sie sind die, die das Silicon Valley von heute mitprägen.

Von der Nische in den Mainstream

In den letzten Jahren wurde die Medien- und Marketingwelt revolutioniert durch das Phänomen des Influencers in den sozialen Netzwerken, wie es beispielsweise YouTuber sind. Heutzutage experimentieren zahlreiche Teenager mit Laptopkamera und Mikro, um auf diesen Zug aufzuspringen. Sie zählen ebenso zum Lebensstil des Digital Creative wie die vielen Musiker, die über SoundCloud oder Mixcloud auf ihren Durchbruch hinarbeiten; genau wie die im Dunklen agierenden Hacker, die digitale Technik modifizieren – und sich damit meist außerhalb des Gesetzes bewegen, aber auch politische und gesellschaftliche Diskussionen anstoßen, wie der Chaos Computer Club oder das Kollektiv Anonymous.

Zu den Menschen, die den Lebensstil des Digital Creative leben, gehören auch die Tech-Visionäre. Sie benutzen Technik nicht nur um der Technik willen oder um ihr eigenes Leben zu verbessern, sondern sie wollen Technik benutzen, um die Welt zu verändern. Was Silicon-Valley-Größen sich gerne auf die Fahne schreiben, wird von einigen kleinen Start-ups, Social Businesses und Einzelpersonen durchaus ernst genommen. Exemplarisch für diesen Idealismus ist Elon Musk, der mit E-Mobilität-Lösungen, unterirdischen Überschallzügen und Terraforming-Missionen zum Mars die Welt in Atem hält.

Werteprofil des Digital Creative

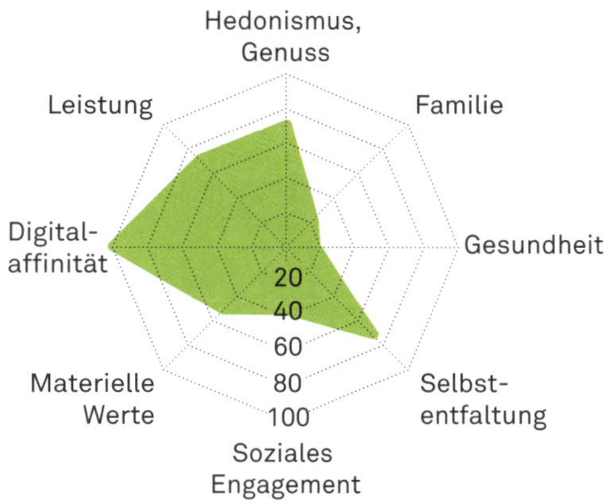

Der Digital Creative ist Vorreiter und Early Adopter für (digitale) Technologien – diese sind aber vor allem ein Werkzeug zum Ausleben ihrer Kreativität und zur Selbstentfaltung.

Konsum und Innovationsgrad

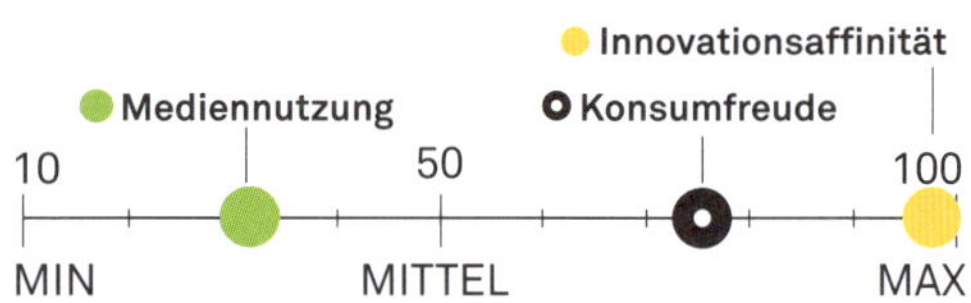

Mediennutzung im Vergleich

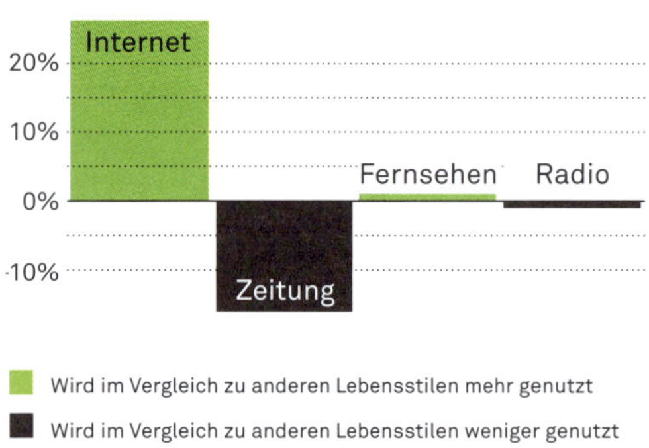

Rolle und Influence in der Gesellschaft

Menschen wie der Digital Creative treiben neue technologische Entwicklungen und ihre Akzeptanz in der Gesellschaft voran, denn sie haben keinerlei Scheu vor dem Neuen. Das macht sie zu Vorreitern, Pionieren und Early Adoptern für (digitale) Technologien. Aber nicht nur in Sachen Technik bilden sie die gesellschaftliche Avantgarde: Ihr Einfluss auch auf andere Lebensbereiche hält sich nur deshalb in Grenzen, weil sie noch jung sind und ihre Reichweite sich daher eher auf junge und Web-affine Communitys beschränkt. Der Schritt von der Nische in den Mainstream ist jedoch gerade in den Bereichen, in denen der Digital Creative sich bewegt, schnell gemacht. Menschen mit dem Lebensstil des Digital Creative begreifen komplexe Zusammenhänge, können neue Informationen schnell einordnen und sich rasch in neuer Software und digitalen Umgebungen zurechtfinden. Das macht sie zu begehrten Arbeitnehmern vieler aufstrebender Branchen.

Werteset und Lebensweise

Real-digital zuhause

Der frühere Typus des Computerfreaks hat sich weiterentwickelt, und mit dem Social Web geht die Zeit der sozialphobischen, technikaffinen Innovateure endgültig dem Ende zu. Wer heute online viele Freunde hat, pflegt häufig auch im „analogen" Leben einen großen Freundeskreis. Das zählt zumindest für den Digital Creative. Der Digital Creative ist mitnichten ein Einzelgänger, nur weil er viel Zeit hinter Bildschirmen verbringt. Und auch wenn sich ein Teil seines sozialen Lebens online abspielt, bedeutet das nicht, dass er sich nicht gern offline mit Freunden trifft. Er findet es lediglich leichter, mit Freunden und Bekannten, die er ansonsten nur selten sehen würde, über soziale Netzwerke in Kontakt zu bleiben. Auch andersherum können für ihn aus reinen Online-Kontakten Offline-Freunde werden. Eine Grenze zwischen real und digital existiert für Menschen wie den Digital Creative nur technisch: Ansonsten ist für ihn beides eine einzige Lebenswelt. Menschen wie der Digital Creative nutzen die Vorteile einer real-digitalen Welt voll aus. Im Internet beispielsweise findet er schneller als in seinem nicht-digitalen Alltag Menschen, die die eigenen Interessen teilen – etwas, was der Digital Creative sehr nützlich findet. Den jeweiligen Grundton der Beziehung bestimmt dabei das Medium, auf dem man sich bewegt. Diesen sollten Unternehmen genau kennen, die dem Digital Creative dort begegnen wollen. Auf 4Chan oder Reddit herrscht eine andere Tonalität als in den Chats bei League of Legends oder anderen Massively Multiplayer Online Games, oder auf den zahlreichen Portalen, Wikis und Kreativ-Communitys, in denen sich der Digital Creative aufhält.

Creative by Nature

Menschen mit dem Lebensstil des Digital Creative verbringen ihre Zeit gerne damit, Neues kennenzulernen und selbst zu schaffen – egal ob in ihrer beruflichen oder in ihrer freien Zeit. Kreativ sein ist für sie nichts, für das sie sich in Ruhe hinsetzen und erst einmal grübeln, sondern sie tun es einfach – nebenbei und mit einer spielerischen Art, mit der sie sich grundsätzlich die Welt erschließen. Sie suchen sich als junge Berufsein- oder -aufsteiger gerne Unternehmen als Arbeitgeber, die ihnen dafür den notwendigen Freiraum gewähren und sie nicht auf Basis von Abschlusszeugnissen, sondern aufgrund ihrer Neugier und Lernfähigkeit beurteilen. Häufig arbeiten sie in Start-ups oder kleineren Firmen, die eine flexible Arbeitskultur bieten und sich auf die individuellen Bedürfnisse und Fähigkeiten eines Digital Creative einstellen können.

Der Digital Creative hat eine Affinität zu allem, was mit Kunst und Kultur zu tun hat. Er ist sehr musikbegeistert und kennt sich hier gut aus. Es ist kein Zufall, dass eine hohe Affinität fürs Digitale und die Begeisterung für Musik zusammenfällt. Das Internet hat den Zugang zu Musik exorbitant geöffnet. Statt sich auf das beschränken zu müssen, was im Radio läuft und was es auf Tonträgern zu kaufen gibt, kann heute jeder, der über einen Internetzugang und das entsprechende Wissen verfügt, auf eine unbegrenzte Vielfalt an Audios zugreifen. Sei es in Form von Streaming-Anbietern, MP3-Käufen oder -Downloads, Podcasts, YouTube oder Internetradio. Dazu kommen unzählige Special-Interest-Portale und -Websites zu jedem Genre und Geschmack.

Doch nicht nur für Musikrezipienten, auch für Musikschaffende eröffnen die neuen Technologien Möglichkeiten, die vormals undenkbar waren: Noch nie war es so einfach, selbst musikalisch kreativ zu werden. Musste man früher über Jahre ein Instrument erlernen, inklusive Notensystem und Harmonielehre, um ernsthaft Musik zu produzieren, reichen heute ein Laptop und der Wille, sich in eine komplexe Software einzuarbeiten. Die digitale Revolution hat unzählige Hörer zu Schaffenden gemacht. Der Digital Creative ist mit seiner generellen Offenheit und Begeisterungsfähigkeit für neue Gadgets, Dienste und Software mit entsprechenden digitalen Tools in Kontakt gekommen und versucht sich nicht selten an den zahlreichen Möglichkeiten moderner Musikproduktion, stellt eigene Tracks auf SoundCloud oder Remixes auf Mixcloud online. Mit einer derart schnellen Entwicklung vom Rezipienten zum Produzenten kann und muss man beim Digital Creative jederzeit rechnen.

Lernen in der Community

Dabei helfen ihm nicht nur die neuen digitalen Möglichkeiten, sondern auch die neuen Formen, in denen das dazu notwendige Wissen vorliegt und konsumiert werden kann: Er benötigt keinen Privatlehrer oder Volkshochschulkurs, sondern eignet sich das dazu nötige Wissen über Tutorials, Manuals, Wikis und zahlreiche Portale einfach selbst an. Seine Lehrer sind seine Freunde, seine Community, mit der er sich über Probleme und Fortschritte austauscht und denen er seine eigenen Kreationen präsentiert, bevor er damit auf Musikevents, in Clubs oder auf Festivals geht. Ihnen vertraut er

Foto: Pexels, CC0

Die digitale Revolution hat unzählige Konsumenten zu Schaffenden gemacht – wie z.B. in der Musikbranche.

Foto: Flickr, Sergey Galyonkin, CC BY-SA

57% der Digital Creatives spielen gern Computerspiele.

mehr als irgendwelchen Experten, denn er weiß: Sie sind am Ende diejenigen, die seine Musik mögen sollen, und nicht die Kritiker. Hier kehren Menschen wie der Digital Creative ganze Hierarchien um: Die Deutungshoheit haben für sie nicht diejenigen, die sich in der gesellschaftlichen Wahrnehmung als Meinungsführer etabliert haben, sondern diejenigen, die sie als die entscheidenden Influencer, die Trendsetter für die Zukunft ansehen. Entsprechend schwer ist es für Unternehmen, ihr Vertrauen beispielsweise über die Marke zu gewinnen. Hier müssen andere Argumente überzeugen. Natürlich beschränkt sich die Kreativität des Digital Creative nicht auf das Musikmachen. Je nach Neigung und Phase lebt er seinen Drang, die technologischen Möglichkeiten für die Umsetzung seiner Ideen zu nutzen, anders aus. Manche tüfteln gerne an Programmcodes, manche texten für Online-Medien, andere lieben Fotografie oder Web-Design. Besonders viele Menschen, die diesen Lebensstil führen, begeistern sich für Games. Die Spielebranche war schon immer ein zentraler Technologietreiber: Nirgendwo sonst wird so offen und neugierig mit neuen technologischen Möglichkeiten experimentiert. Kein Wunder also, dass der innovationsfreudige Digital Creative sich hier wohlfühlt.

Dem Digital Creative geht es auch hier meist um mehr als das reine Spielen und Zuschauen. Er kreiert Wikis, Bilder, Videos und Fan-Fiction rund um beliebte Spielwelten. Als Blogger schreiben Menschen mit diesem Lebensstil über Spiele, Design und Events rund um Games, als Hobbyprogrammierer stellen sie kostenlose Erweiterungen für ihre Lieblingsspiele zur Verfügung. Von Festivals bis Conventions besuchen sie außerdem gerne auch passende Offline-Events.

Early Adopter: Überall vorne mit dabei

Der Digital Creative ist mit dem Internet aufgewachsen – so gehören die digitalen Technologien zu seinem natürlichen Alltag. Die Basisanwendungen kennt er in- und auswendig, und zudem wird er nicht müde, Neues auszuprobieren. Interessant wird es für ihn immer dort, wo seine Kreativität gefragt ist, seine Fähigkeit zur Problemlösung oder wo er sich neue Skills aneignen muss, um neue Funktionen, Software oder Hardware für seine Zwecke einsetzen zu können.

Neue Technologien empfangen Menschen mit dem Lebensstil des Digital Creative mit offenen Armen: Bei ihnen finden futuristisch anmutende Produkte wie 3D-Brillen oder Smart-Home-Anwendungen mit Spracherkennung ihre ersten Kunden. Sie zählen zu den Ersten, die mit Bitcoin bezahlt haben und in neue Kryptowährungen investieren. Gerne äußern sich Menschen, die diesen Lebensstil pflegen, zu diesen Produktinnovationen – auf Hilfeforen, Bewertungsplattformen oder in Video-Tutorials. Oder auf Entwicklerplattformen, wo sie mit anderen Ideen entwickeln, in welche Richtung technologische Entwicklungen weitergetrieben werden könnten. Hier kreieren sie eine Art Parallelwelt, in die es sich für Unternehmen einzutauchen lohnt, die auf die entsprechenden Technologien setzen oder ihre eigenen Anwendungen von ihnen beurteilt haben wollen.

Der Entdeckergeist des Digital Creative geht aber auch weit über das Technologische hinaus. Sie sind häufig mutig im Ausprobieren neuer Modetrends, können sich für exotisches Essen begeistern und haben keine Berührungsängste mit neuen Freizeitangeboten. Diese Experimentierfreude und ihr Hedonismus macht Menschen mit dem Lebensstil des Digital Creative zu idealen Kunden für avantgardistische Produkte – und gleichzeitig zu ihren härtesten Kritikern. Wenn sie sich jedoch einmal für ein neues Gadget, eine App oder einen Service begeistern, können sich Unternehmen mitunter auf einen großen Multiplikatoreneffekt einstellen – der sich im Netz natürlich jederzeit auch in eine unkontrollierbare Richtung verselbstständigen kann.

Grundbedürfnisse

Der Digital Creative ist auf der Suche. Er sucht nach neuen Ideen und Kontakten, um sich selbst und die Gesellschaft, in der er lebt, weiterentwickeln zu können. Sein Grundproblem ist Langeweile, seine große Hoffnung der Serendipity-Moment, in dem eine unerwartete Entdeckung eine neue Möglichkeit eröffnet, sich auszuprobieren. Die Menschen mit diesem Lebensstil wollen inspiriert und gefordert werden – und dabei ihren Möglichkeitsraum erweitern. Sie sind zufrieden, wenn sie sich kreativ verausgaben können. Die Resonanz aus ihren Communitys ist ihnen dabei wichtig, die Meinung der Experten oder der Mehrheitsgesellschaft zählt für sie kaum.

Welche Zukunft hat der Digital Creative?

Die Nerds sterben aus. Das liegt aber nicht daran, dass sie nicht erfolgreich wären, sondern eher daran, dass sie ihr Alleinstellungsmerkmal verlieren. Vernetzt zu sein, sich mit Technik auszukennen, den enormen Wissensschatz des Internets ausschöpfen und für das eigene kreative Schaffen nutzen zu können – das sind für die Welt der Gegenwart und der nahen Zukunft derart entscheidende Schlüsselkompetenzen, dass junge Menschen es sich im Grunde nicht leisten können, sie nicht auszubilden.

Denn nach wie vor entwickelt sich unsere Gesellschaft weiter in Richtung einer Wissens- und Kreativgesellschaft, in der nicht das Wissen selbst, sondern der Umgang damit zählt. Dem Digital Creative gehört die Zukunft.

Entwicklungsprognose der Gruppengröße

Der Neo-Hippie lebt im Zeitalter der Individualisierung ein neues Bewusstsein für Gemeinschaft als identitätsstiftende Kraft und treibt die Sharing- und Event-Kultur voran.

Grundüberzeugung

„Ich finde, Menschen sollten viel mehr Zeit in der Gemeinschaft verbringen und zusammen Spaß haben – nur so entstehen die großartigen Erinnerungen, die das Leben ausmachen."

Lebensmotto im Alltag

„Man lebt nur einmal – deshalb will ich so viel erleben wie möglich. Das Wertvollste im Leben sind die besonderen Momente."

Lebensziel

„Ich will das Leben in vollen Zügen genießen – und später einmal mit meinen langjährigen Freunden auf all die schönen Erlebnisse zurückblicken können."

NEO–HIPPIE

NEO–HIPPIE

Warum ist dieser Lebensstil wichtig?

Der Neo-Hippie ist der Hippie der Neuzeit. Er liebt den Exzess, genießt das Leben und ist stets auf der Suche nach Spaß – allerdings immer im Rahmen gemeinschaftlicher Events. Eigentlich gibt es den Neo-Hippie nur im Plural: Er ist selten ohne seine Crew unterwegs und ein echter Verfechter der neuen „Wir-Kultur". Menschen, die den Lebensstil des Neo-Hippies verkörpern, lieben kunterbunte Events. Steht mal keine Party an, zelebrieren sie Alltägliches: Sie sind Meister in der Verspaßung der Alltags.

Wie viele Neo-Hippies gibt es?

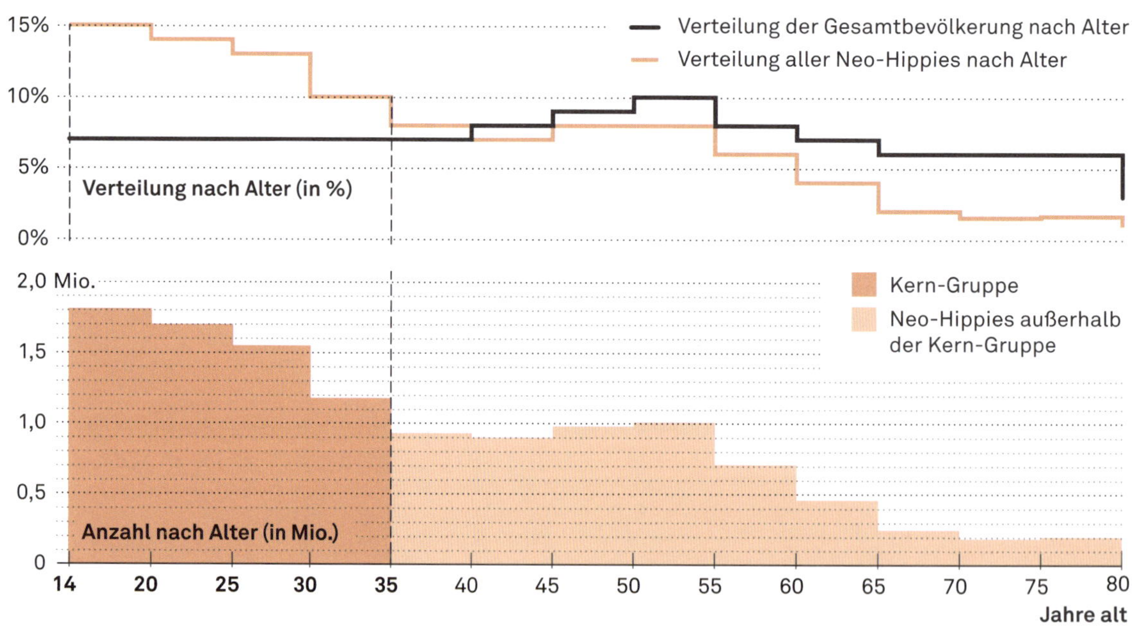

17,4% aller Deutschen (12,1 Mio.)

Kern-Gruppe: 6,2 Mio. (14 bis 34 Jahre alt)

Profil des Neo-Hippies

Der Neo-Hippie verbringt seine Zeit damit, das Leben zu genießen, Spaß zu haben, sich spontan etwas zu leisten und sich einfach treiben zu lassen – immer auf der Suche nach der nächsten Party, nach Abwechslung und Unterhaltung, immer bedacht darauf, gut dabei auszusehen. Dabei ist er jedoch nicht oberflächlich, sondern legt besonderen Wert auf Gemeinschaft: Es geht ihm nicht um das hedonistische Erlebnis an sich, sondern um das gemeinsame Erleben mit seinem Freundeskreis, den er auch gern zu sich nach Hause einlädt und in den er viel Zeit und Energie investiert.

Megatrend-Kontext

Individualisierung

Konnektivität

Zwischen Spätindividualismus und Neukollektivismus

Der Lebensstil des Neo-Hippies ist geprägt durch das sich zunehmend wandelnde Verständnis von Individualisierung. Individualität bedeutete viele Jahre lang, seinen eigenen Weg zu finden, sich von vorgefertigten Werte- und Lebensvorstellungen zu lösen und sich selbst möglichst deutlich vom eigenen Umfeld abzugrenzen. In dieser Art des Ego-Individualismus finden jedoch immer weniger Menschen Erfüllung. Die ständige Abgrenzung und Betonung der eigenen Individualität, oftmals gekoppelt an materielle Statussymbole wie Kleidung, hat ihren Reiz bereits größtenteils verloren. Es hat sich eine neue, softere Variante des Individualismus herausgebildet, die geprägt ist durch die Orientierung an der Gruppe und die Auseinandersetzung mit der Community. Das Grundprinzip der Individualisierung hat sich gewandelt – weg vom Fokus auf Ich-Abgrenzung, hin zum Streben nach Wir-Bindung. Dieser große Shift innerhalb des Megatrends Individualisierung wird unter dem Subtrend „Wir-Kultur" zusammengefasst.

Beigetragen zu dieser Entwicklung hat nicht nur die historisch einmalige Freiheit des Individuums, sich zu entscheiden, zu wem oder was es gehören möchte. Vor allem sind durch die fortschreitende Vernetzung die Möglichkeiten des Austausches und des In-Kontakt-Tretens mit Gleichgesinnten exorbitant angestiegen. Diese Kombination aus Wahlfreiheit und schier unendlicher Optionenvielfalt schafft eine neue soziale Struktur und Dynamik, in der die selbstgewählte Gruppe zum zentralen identitätsstiftenden Element wird. Wurden Menschen früher in Gemeinschaften hineingeboren und mussten dann ihre Individualität finden, ist es heute umgekehrt: Man wird als Individuum geboren und muss seine Gemeinschaften finden. Der Lebensstil des Neo-Hippies steht dafür exemplarisch – in einer dezidiert spaßorientierten Ausprägung.

Die neue Wir-Kultur

Die Entstehung der neuen Wir-Gruppen bedeutet keinesfalls eine Abkehr vom Individualismus: Vielmehr handelt es sich um eine gesellschaftliche Reaktion auf die erweiterten Möglichkeiten von Zugehörigkeit und die Erkenntnis, dass sich echte Individualisierung erst in und durch die Gruppe entfalten kann. Der Neo-Hippie verkörpert diesen neuen Individualismus besonders stark. Menschen, die diesen Lebensstil repräsentieren, suchen, leben

Wer sind die Neo-Hippies?

Neo-Hippie | Gesamtbevölkerung

Geschlecht:	
männlich	55%
weiblich	45%

Familienstand:	
ledig	50%
verheiratet	41%
geschieden	7%
verwitwet	2%

Eigene Kinder:	
ja	47%
nein	53%

Berufstätigkeit:	
in Ausbildung	25%
berufstätig	61%
Rentner/Pensionär	8%
nicht berufstätig	5%

Netto-Einkommen:	
kein eigenes	15%
bis unter 500 Euro	8%
500–1.000 Euro	18%
1.000–1.500 Euro	20%
1.500–2.000 Euro	18%
2.000–2.500 Euro	10%
2.500–3.000 Euro	5%
3.000+ Euro	8%

Im Durchschnitt **1.602 Euro**

81% der Neo-Hippies beschreiben sich selbst als ziemlich spontan

82% haben oft den Drang, etwas Starkes und Neues zu erleben

Foto: Unsplash, CC0

und erschaffen Gemeinschaft. Dies bedeutet allerdings nicht, dass sie sich vollständig und dauerhaft mit einer Gruppe identifizieren. Im Gegensatz zu den großen Kollektiven des 20. Jahrhunderts, wie Kirche oder Staat, sind die Gruppen, denen sich der Neo-Hippie anschließt, frei gewählt, flexibel, offen und je nach Bedürfnis temporär begrenzt. Die Kerngruppe und wichtigste Referenz stellt meist der engere Freundeskreis dar, inklusive Partner, falls vorhanden. Daneben werden je nach Lebensphase weitere, aber wechselnde Gruppen relevant, deren Bedeutung in ihrem Leben sich temporär verschieben kann und deren Konstellationen sich sowohl teils überlappen, als auch von Mal zu Mal verändern. Mal gehören Bekannte dazu, mal Kommilitonen oder Kollegen, mal Mitglieder aus dem Sportverein oder der eigenen Band, mal wird die Instagram-Followerschaft wichtiger.

Der neue Stellenwert des Wir zeigt sich in der Gesellschaft auch durch die Entstehung neuer Formen von Gemeinschaften, Kollaborationen und Kooperationen. Teilen, tauschen und gemeinsam nutzen, Kollaboration und Gemeinschaft – all das hat in der vernetzten Gesellschaft des 21. Jahrhunderts Konjunktur. Der Neo-Hippie ist Treiber dieser neuen Sharing-Kultur: Individuen schließen sich zusammen in Gruppengefügen, um als Gemeinschaft Neues zu erleben, Veränderung zu bewirken und von den Erfahrungen des Kollektivs zu profitieren. Dazu zählt das Teilen von privaten Gütern, etwa auf Kleidertauschpartys oder in Form von allgemein zugänglichen Bücherschränken. Es umfasst aber auch das Teilen von Erfahrungen im Internet. Die neuen Wirs verweisen auf einen Phasensprung: Im Sinne der Trendlogik verkörpern sie die Umorientierung und Ausrichtung auf etwas, das als Leerstelle, Mangel oder Sehnsuchtsfeld empfunden wird.

Vernetzte Identität

Die infrastrukturelle Basis für die Entstehung und Verbreitung der neuen Wir-Konstellationen bildet die technologische Vernetzung. Sie erzeugt die Not-

Werteprofil des Neo-Hippies

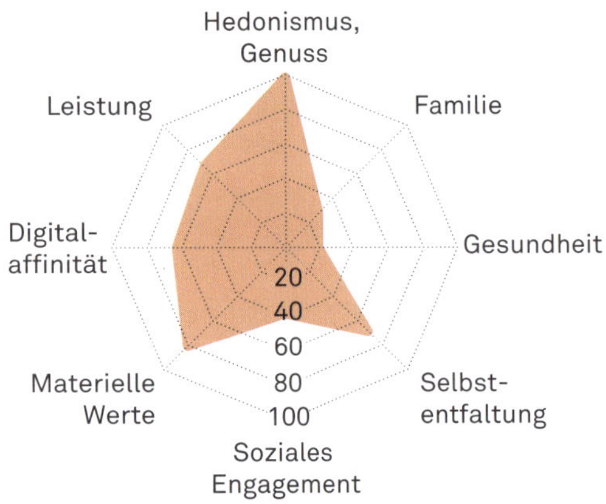

Genuss und Selbstentfaltung – allerdings innerhalb einer Peergroup – stehen für den Neo-Hippie ganz oben.

Konsum und Innovationsgrad

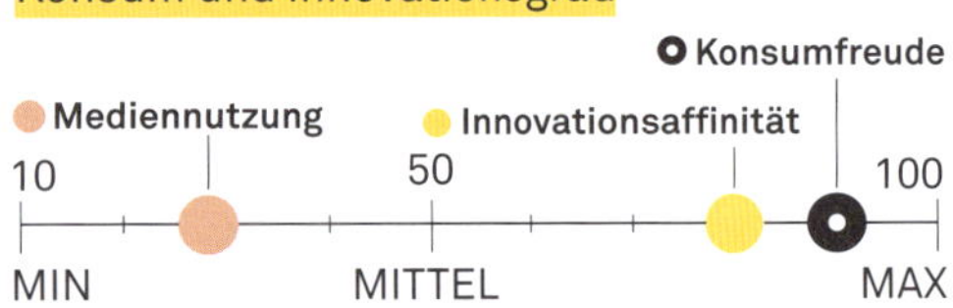

Mediennutzung im Vergleich

Der Neo-Hippie ist rund um die Uhr online und ständig mit Freunden, Partnern oder der Familie in Kontakt.

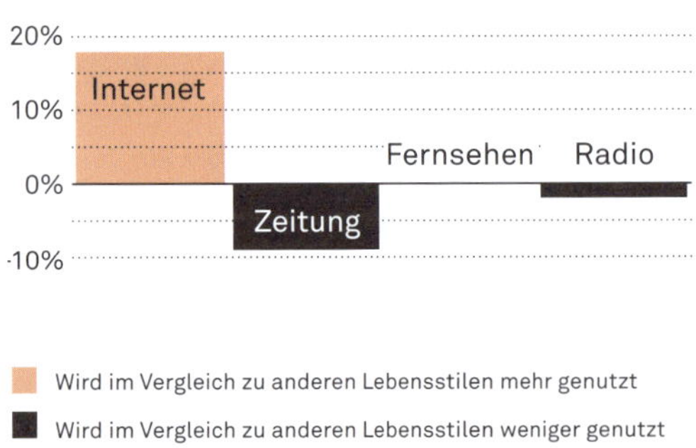

Der Neo-Hippie liebt es auszugehen: 70% gehen gerne tanzen

wendigkeit, sich in einer hochkomplexen Welt neu und sinnvoll zu organisieren – und verändert dabei auch den Umgang mit Identität und Individualität. In einer Gesellschaft voller autonomer Individuen gewinnt daher die selbstgewählte Gruppenzugehörigkeit stark an Bedeutung für das eigene Selbstverständnis und die eigene Lebensweise.

Der Lebensstil des Neo-Hippies verweist somit auch darauf, dass der Wandel, der durch die Digitalisierung ins Rollen gebracht wurde, nur vordergründig ein technischer ist: Der wahre Impact liegt im Sozialen. Denn die digitale Vernetzung bedient unmittelbar das Bedürfnis nach Austausch und Feedback – und schraubt es zugleich stark in die Höhe. Moderne Kommunikationstechnologien ermöglichen einen neuen Zugang zu Wissen, Kompetenzen und Kommunikation und wirken damit wie ein Katalysator für Individualität. Auch der Megatrend Konnektivität spielt also eine zentrale Rolle für den Lebensstil des Neo-Hippies: Er legt die Grundlage für die neuen Formen der Individua-

Foto: Pixabay, CC0

lität und Gemeinschaft, des Austauschs, aber auch der Selbstdarstellung und des Self Designs, die Menschen mit diesem Lebensstil in hohem Maße ausleben.

Rolle und Influence in der Gesellschaft

Der Neo-Hippie steht für die pragmatische Vereinbarkeit von jugendlichem Hedonismus und erwachsener Verantwortung. Er ist der neue Hippie im Zeitalter der Digitalisierung, mit hohem Anspruch an sein soziales Umfeld. Mit dem Verschwimmen der Grenzen einzelner Lebensabschnitte und der zunehmenden Verlagerung der Familiengründung in spätere Lebensphasen streben immer mehr Menschen den Lebensstil des Neo-Hippies an – oder genießen die Freundschaft zu ihm. Denn der Neo-Hippie und seine Peergroup lösen sich schon in der Jugend von herkömmlichen Lebenswegen und Traditionen und erschaffen gemeinsam eigene, individuelle Rituale und soziokulturelle Formen, die vom Streben nach Genuss, Spaß und gemeinsamen Erlebnissen geprägt sind. Häufig nimmt der Neo-Hippie dabei eine Vorreiterrolle ein und bringt auch andere dazu, Neues auszuprobieren. Durch die Kombination der Werte „Gemeinschaft" und „Hedonismus" wirkt er attraktiv auf andere Menschen, die gern teilhaben an seinem Leben und Erleben.

Werteset und Lebensweise

Party Peers, online wie offline

Von außen betrachtet wirkt das Leben des Neo-Hippies wie eine Aneinanderreihung verrückter Partys und Exzesse. Kontinuierlich postet er Fotos, Snaps und Videos von wilden Nächten in den angesagten Clubs der Stadt, von der Full-Moon-Party im letzten Backpacker-Urlaub, vom spontanen Gartenfest mit Freunden oder dem gemeinsamen Singen und Herumalbern am Lagerfeuer. Der hedonistische Neo-Hippie ist rund um die Uhr online und ständig

Der Neo-Hippie will gut aussehen, aber nicht wie der Mainstream.

Der Neo-Hippie möchte immer und überall Spaß haben – innerhalb seiner Gemeinschaft.

Foto: Unsplash, CC0

Foto: Unsplash, CC0

mit Freunden, Partnern oder Familienmitgliedern in Kontakt. Auf sozialen Medien berichtet er gern von Erlebnissen, die einmalig, ungewöhnlich oder exotisch scheinen: das spontane Tattoo, das er sich zeitgleich mit der besten Freundin stechen ließ, die verrückte Nachtwanderung im Dschungel mit der Clique, der Bootsausflug mit Freunden oder der Trip zum „Burning Man"-Festival mit dem Partner – seine moderne Interpretation eines romantischen Ausflugs.

Diese ständige Suche nach Spaß und der Hang zur Selbstdarstellung führen dazu, dass Menschen wie der Neo-Hippie von vielen auf den ersten Blick als oberflächlich und selbstbezüglich beurteilt werden. Tatsächlich jedoch befindet der Neo-Hippie sich bei allem, was er tut, in Begleitung seines höchsten Gutes – seiner Peergroup. Und genau das macht den Lebensstil des Neo-Hippies aus: Er möchte immer und überall Spaß haben und viel erleben – aber nur innerhalb einer Gemeinschaft, die mit viel Liebe und Energie gepflegt und gelebt wird. Wer den Neo-Hippie also für Partys oder Events begeistern will, sollte ihn niemals alleine, sondern immer im Kontext seiner Gruppe ansprechen.

Ein großer Freundeskreis und das Erleben in der Gruppe sind Teil seines Verständnisses von Selbstverwirklichung. Gemeinsam mit seinen Freunden zelebriert der Neo-Hippie seine Erlebnisse und Abenteuer auf Instagram & Co., so verstärken sie das Wir-Gefühl innerhalb der Gruppe – und lassen gleichzeitig eine noch größere Community an ihrem Leben teilhaben. Diese Posts sind nicht selten selbstironischer Natur: Oft nehmen diese Menschen ihr eigenes Posertum auf die Schippe und sich selbst nicht so ernst. Humor stellt generell ein zentrales Element in ihrer Peergroup dar. Für Außenstehende ist dieser Humor häufig nicht gleich verständlich, da er auf einem oft über Jahre gemeinsam entwickelten Bezugsrahmen basiert und von gemeinsamen Erlebnissen gefüttert wird. Man kennt sich im Freundeskreis gut, inklusive der individuellen Schwächen, und weiß, worüber man sich hemmungslos lustig machen darf – und worüber man auf Facebook oder Snapchat besser schweigt. Dadurch wird Gruppenzugehörigkeit demonstriert und definiert.

Grundsätzlich geht es jedoch nicht darum, nach außen geschlossen zu wirken. Der Neo-Hippie ist generell offen für neue Mitglieder in seinen Wir-Konstellationen. Denn Selbstentfaltung ist ihm wichtig – und die findet für Menschen wie ihn in Auseinandersetzung mit neuen Menschen statt. Dennoch bildet die Peergroup eine Konstante im Leben des Neo-Hippies, der ansonsten ein sehr abwechslungsreiches und schillerndes Leben führt. Spontanität, Spaß, Genuss und Abenteuer sind zentrale Aspekte seines Lebens, er genießt sie jedoch am liebsten in langjährigen, stabilen Freundschaften und Beziehungen.

Routine und Tradition langweilen den Neo-Hippie. Er sucht nach Erfahrungen und Erlebnissen jenseits des Alltagstrotts. Mit dieser Lebensauffassung eckt er manchmal an. Die scheinbare Rastlosigkeit ist Ausdruck seines Bedürfnisses, möglichst viel aus seinem Leben herauszuholen. Für den Neo-Hippie zählt das Leben im Hier und Jetzt. Er ist grundlegend lebensbejahend, optimistisch und will sein Leben mit allen Sinnen genießen. Als aufgeschlossener und kommunikativer Typus kommt er schnell mit Menschen in Kontakt, tauscht sich gern aus und steht auch gern mal im Mittelpunkt – mit seiner Crew als Sicherheitsnetz im Rücken.

Die Internetkultur stellt für den Neo-Hippie einen Spielplatz der Möglichkeiten dar. Hier findet nicht nur seine Selbstinszenierung ein dankbares Zuhause, sondern Snapchat und Whatsapp sind auch wichtige Kommunikationskanäle für seine Peergroups. Facebook erfüllt für den Party-Hopper meist die Funktion eines Eventkalenders inklusive Geburtstagserinnerungen. Im Vergleich zu anderen Lebensstilen nutzt der Neo-Hippie das Internet intensiver, um mit Partner, Freunden und Bekannten in Kontakt zu bleiben. Getrieben durch seinen Gemeinschaftssinn, postet er nicht nur selbst Inhalte, sondern teilt seine Erfahrungen auch mit Web-Communitys auf Yelp, Tripadvisor oder Amazon. Zusätzlich bietet das Netz dem Neo-Hippie eine Welt der Unterhaltung, in der er sich treiben lassen kann. Nachrichten oder kulturelle Inhalte interessieren ihn folglich weniger als Pranks und Memes.

Die Eventisierung des Lebens

Das Event ist ein zentraler Pfeiler dieses Lebensstils. Dabei stellt der Neo-Hippie das eigene Erleben und Empfinden in den Mittelpunkt der Weltwahrnehmung. Er ist ebenso in der urbanen Clubszene zuhause wie auf Festivals und Konzerten, geht gern in Bars, auf Straßenfeste und ähnliche Veranstaltungen. Besonders die wachsende Festivalkultur bietet ihm die Möglichkeit, über mehrere Tage zusammen mit seiner Crew einmalige Erinnerungen zu sammeln. Festivals bilden eine Parallelwelt fernab vom Alltag, ein Spaß- und Spielparadies mit dem einzigen Zweck, eine gute Zeit zu haben – das ideale Umfeld für diesen Lebensstil. Der Boom der Festivalbranche und die generell voranschreitende Eventisierung sind nicht zuletzt dieser wachsenden Lebensstilgruppe geschuldet.

Das Leben des Neo-Hippies ist frei von Langeweile – und wird im Zweifelsfall einfach spaßig und erlebnisreich inszeniert. Er versteht sich ausgezeichnet darin, seinen Alltag zu eventisieren. Ob es um einen geheimen Rave als Geburtstagsfeier, das „Game of Thrones“-Finale oder nur um den Wochenendeinkauf geht – der Neo-Hippie weiß, wie er unspektakuläre Dinge in Events verwandeln kann. Die Etablierung des „Netflixens“ als gemeinsame Freizeitgestaltung ist sicherlich auf diesen Typus zurückzuführen. Der Neo-Hippie hat es geschafft, aus etwas, das früher als klassisches Serien-Schauen keine besondere Beachtung gefunden hat, ein Event zu kreieren. Die Neuerscheinung von Episoden verschiedenster Serien ist damit zu einem Hype transformiert worden, der mittlerweile sogar Events wie den Superbowl oder Bundesliga-Spiele in den Schatten stellt.

Wichtig ist dem Neo-Hippie auch eine Ästhetisierung des Alltags – insbesondere die YouTuber unter den Neo-Hippies sind Meister darin, aus alltäglichen Verrichtungen, etwa einem Einkauf in der Drogerie, ein erzählenswertes Erlebnis zu machen. Im Kern geht es aber auch dabei um eine „Verspaßung" aller Lebensbereiche: Warum etwas einfach so erledigen, wenn man es auch mit Spaß machen kann? So kann alles, von der Körperpflege bis hin zum Frischkäsetoast, mit einem Hauch von Glitzer und Farbe zu einem kleinen Alltagsevent umgewandelt werden. Der Neo-Hippie zählt zu den Ersten, die sich für den Unicorn-Spread, das Glitzerbadeöl oder das bunte Feder-Haarband entscheiden. Diese Lust an der Selbstdarstellung sowie an der Eventisierung und Verschönerung des Alltags macht ihn zu einem exzellenten Brand Manager seiner selbst.

Immaterielle Statussymbole

Kein Wunder, dass der Neo-Hippie großen Wert auf sein Aussehen legt – auch hier zählen die Prinzipien Individualität und Spaß. Der Neo-Hippie will gut aussehen, aber nicht wie der Mainstream. Er experimentiert gern mit alternativen Looks und lässt sich von vergangenen Subkulturen, etwa der alten Hippie-Kultur, inspirieren – ohne sich selbst dabei allzu ernst zu nehmen. Ästhetik muss für ihn eben vor allem Spaß machen. So ist der Neo-Hippie ein zentraler Treiber der Vintage- und Retro-Modetrends, der Hipster-Vollbärte, der wachsenden Tattookunst-Szene, des Undercut-Erfolgszugs und der wachsenden Popularität der kunterbunten Einhorn-Designs.

Auf ungewöhnliche Art gut auszusehen gehört zum Statusverständnis dieses Lebensstils: Natürlich denkt man zweimal über das eigene Outfit nach, wenn man weiß, dass es später auf Instagram auftaucht. Daher ist der Lebensstil des Neo-Hippies auch vom Konsum geprägt. Klassische materielle Statussymbole wie Autos, Markenkleidung oder Uhren haben für ihn jedoch kaum eine Bedeutung. Sein Motto lautet eher: „Collect moments, not things." Im Zentrum stehen immaterielle Statussymbole wie Events, Erlebnisse, coole Outfits und lustige Erinnerungsfotos. Weil auch die aber reales Geld kosten – das der Neo-Hippie generell gern ausgibt –, ist ihm finanzielle Unabhängigkeit wichtig. Lebensqualität bedeutet für den Neo-Hippie deshalb auch: sich außergewöhnliche Erfahrungen leisten zu können.

Grundbedürfnisse

Der Neo-Hippie sucht nach Spaß und Genuss und legt viel Wert darauf, Teil eines sozialen Gefüges zu sein. Gemeinsam mit seinen Freunden ist er viel unterwegs und entdeckt immer wieder neue urbane Trend-Spots. Er ist auf verschiedensten sozialen Events anzutreffen, vor allem wenn sie zur Eventisierung seines Alltags beitragen – oder zur Erweiterung seiner Instagram-Story. Mit dem Smartphone als ständigem Begleiter lässt er nicht nur seinen Freundeskreis, sondern auch seine Fan-Community an seinem Leben teilhaben. Der Neo-Hippie ist ein hochgradig effizienter Content-Produzent seiner eigenen Lifestory und versteht es, sich selbst und seine Crew ästhetisch und unterhaltsam zu inszenieren. Nicht selten hat er sogar einen gewissen Influencer-Status. Online erreicht man ihn mit außergewöhnlichen, lustigen oder noch nie gesehenen Inhalten sowie mit Angeboten, die zu seiner Mission der „Verspaßung des Alltags" beitragen. Offline ist er am besten auf großen und kleinen Events adressierbar. Aufgrund seines hohen Gemeinschaftssinns legt der Neo-Hippie außerdem viel Gewicht auf die Meinung seiner Peers. Unternehmen, die Zugang zu diesem Lebensstil suchen, setzen am besten auch auf Word-of-Mouth-Strategien und eine Ansprache der Gruppe als Ganzes.

Foto: Pixabay, CC0

Welche Zukunft hat der Neo-Hippie?

Der Lebensstil des Neo-Hippies ist eine treibende Kraft im Wandlungsprozess des Megatrends Individualisierung hin zu einer individualistischen Wir-Kultur. Als Knotenpunkt der vernetzten Gesellschaft verfügt der Lebensstil des Neo-Hippies zusätzlich über die nötige Reichweite, um weitere Lebensstile mitzureißen oder zu inspirieren.

Die Kombination aus Hedonismus, Wir-Kultur und dem hohen Grad an Vernetzung macht den Typus des Neo-Hippies zu einem Lebensstil mit Zukunft, der über die aktuell eher jugendliche Altersgruppe hinaus weiter wachsen wird. Denn auch wenn der zur Schau gestellte Hedonismus des Neo-Hippies bei bodenständigeren Lebensstilen Missmut erregen mag: Auf viele wirkt er wie ein Magnet – und erregt in jedem Fall Aufmerksamkeit.

Darüber hinaus gelten jugendliche Lebensstile generell, über alle Altersgruppen hinweg, als Maßstab für einen attraktiven Lebensstil. Auch das macht den Neo-Hippie zur Inspirationsquelle für andere, auch ältere Menschen – und sichert seine künftige Popularität.

↗ Entwicklungsprognose der Gruppengröße

Der Proll Professional ist Individualist und Einzelkämpfer. Diese Menschen wollen finanziell unabhängig sein und legen hohen Wert auf gesellschaftliches Ansehen. Leistung, Luxus und Lebenslust stehen für sie im Fokus.

Grundüberzeugung

„Jeder kann sich anstrengen und dafür sorgen, dass er sich die schönen Dinge des Lebens leisten kann."

Lebensmotto im Alltag

„Meine Regel Nummer eins: Wer gut aussieht, der kann alles im Leben erreichen."

Lebensziel

„Mein Lebensziel ist ganz klar: Erfolg haben, in Luxus leben und einfach Spaß haben. Hierfür setze ich mir ehrgeizige Ziele und arbeite hart."

PROLL PROFESSIONAL

PROLL PROFESSIONAL

Warum ist dieser Lebensstil wichtig?

Der Proll Professional wird mit seinem ausgeprägten Bedürfnis nach Spaß und seinem Drang nach Selbstinszenierung oftmals belächelt. Doch er ist kein blind agierender Konsumjunkie, sondern er legt ein feines Gespür für Zeitgeist und Luxus an den Tag. Hinzu kommt, dass er gerne im Mittelpunkt steht, immens gut vernetzt ist und es zugleich schafft, die Aufmerksamkeit auf sich zu ziehen. Die Menschen dieses Lebensstils sind ein starker Benchmark für alle Unternehmen, die sich dem Attribut „Premium" verschrieben haben oder dort Fuß fassen wollen.

Wie viele Proll Professionals gibt es?

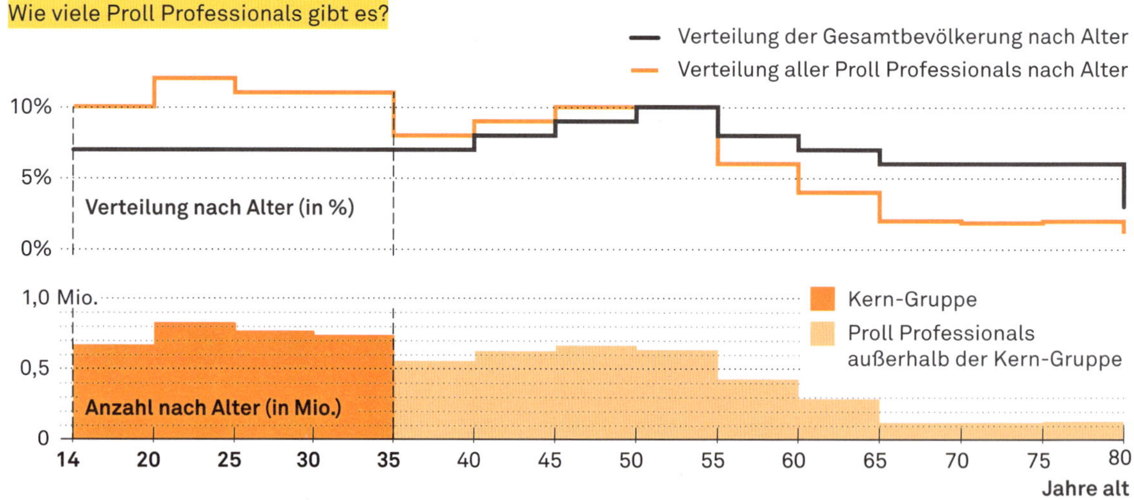

9,7% aller Deutschen (6,8 Mio.)

Kern-Gruppe: 3 Mio. (14 bis 34 Jahre alt)

Profil des Proll Professionals

Dem Proll Professional ist es das Wichtigste, eine anerkannte Stellung in der Gesellschaft zu erreichen. Er legt großen Wert auf Außenwirkung, immer gut auszusehen ist für ihn ein Muss. Mit Luxus gestaltet er sich ein schönes Leben, dessen Sinn für ihn darin besteht, Spaß zu haben und sich das einfach leisten zu können, was ihm gefällt. Er liebt die Abwechslung und Unterhaltung, deshalb ist ihm auch ein großer Freundeskreis sehr wichtig. Gleichzeitig ist der Proll Professional aber auch sehr strebsam: Er ist überzeugt davon, dass sich jeder hocharbeiten kann, der sich genügend anstrengt. Entsprechend hat er sich ehrgeizige Pläne und Ziele im Leben gesteckt, um im Leben weiterzukommen. Erfolg im Beruf ist für ihn ein wichtiges Ziel, denn damit kann er sich nicht nur Anerkennung in der Gesellschaft, sondern auch die entsprechende finanzielle Unabhängigkeit verschaffen, die für seinen aufwändigen Lebensstil notwendig ist.

Megatrend-Kontext

Individualisierung

Hedonismus und Individualismus

Der Lebensstil des Proll Professionals ist die prägnanteste Verkörperung des gesellschaftlichen Wandels, den wir unter dem Megatrend Individualisierung zusammengefasst haben: der Ausdifferenzierung von Lebensstilen unter dem Einfluss von zunehmendem Wohlstand in der Gesellschaft. Mit dem Mehr an Möglichkeiten, mit denen sich Menschen in ihrer Persönlichkeit ausdrücken und erleben können, ist auch die Bedeutung, die der Individualität beigemessen wird, gewachsen. Der Proll Professional ist Teil einer gesellschaftlichen Gruppe, die sich über die Fokussierung auf Leistung, materiellen Luxus und ausgeprägte Lebenslust vom Mainstream absetzen will und sehr ich-fokussiert agiert. Selbstinszenierung gehört zum Handwerk eines Proll Professionals. Der Anteil von Männern und Frauen als Repräsentanten dieses Lebensstils in der Gesellschaft ist ungefähr gleich verteilt, mit einer leichten Mehrheit der Männer. In ihrem Weltbild sehen sich Menschen mit dem Lebensstil des Proll Professionals durch die Verbindung von Cleverness, hoher Leistungsbereitschaft und ehrlicher Freude an primitiven Vergnügungen, materiellem Luxus und gestylter Körperlichkeit als eine „Elite" in der Gesellschaft, deren anerkannte gesellschaftliche Stellung grundsätzlich von jedem hart erarbeitet werden kann – wenn er es ebenso geschickt anpackt wie sie. Dieses Werteset, das auf das eigene Ich als Projekt, auf Außenwirkung und Leistung fokussiert, wurde innerhalb der ersten Phase der Individualisierung geprägt. Mittlerweile ist es jedoch in den gesellschaftlichen Mainstream eingegangen und zählt nicht mehr zu den zukunftsweisenden Werten.

Wer sind die Proll Professionals?

	Proll Professional	Gesamtbevölkerung
Geschlecht:		
männlich	57%	
weiblich	43%	
Familienstand:		
ledig	44%	
verheiratet	46%	
geschieden	7%	
verwitwet	3%	
Eigene Kinder:		
ja	52%	
nein	48%	
Berufstätigkeit:		
in Ausbildung	20%	
berufstätig	68%	
Rentner/Pensionär	8%	
nicht berufstätig	4%	
Netto-Einkommen:		
kein eigenes	9%	
bis unter 500 Euro	7%	
500–1.000 Euro	19%	
1.000–1.500 Euro	19%	
1.500–2.000 Euro	20%	
2.000–2.500 Euro	11%	
2.500–3.000 Euro	5%	
3.000+ Euro	10%	
Im Durchschnitt	**1.706 Euro**	

Der Proll Professional sieht sich als eine „Elite“ in der Gesellschaft, von der er sich durch die Verbindung von Cleverness, hoher Leistungsbereitschaft, materiellem Luxus und gestylter Körperlichkeit unterscheidet.

61% der Proll Professionals leisten sich gerne teure Sachen

35% kaufen sich oft Dinge, ohne lange darüber nachzudenken, ob sie sich das leisten können

Unabhängig vom Zeitgeist entspricht dieses Lebensstilprofil aber auch dem, was Menschen in jedem Zeitalter in der Selbstfindungsphase der Jugend in verschiedenen Formen durchmachen: Mancher Proll Professional ist auch noch in dieser Lebensphase, andere verlängern sie bis in ihre Dreißigerjahre, also bis in die Phase der Postadoleszenz hinein. Die Hälfte von ihnen ist auch noch ledig, darunter auch zahlreiche überzeugte Singles, für die jemand, auf den sie Rücksicht nehmen müssten – und erst recht eine Familie –, nicht in ihr Lebenskonzept und zu ihren ehrgeizigen Plänen passt.

Der Lebensstil des Proll Professionals fordert ein Publikum ein: Er will gesehen werden. Und er will Bestätigung. Hier teilt er das wachsende Grundbedürfnis der meisten Menschen in unserer heutigen Gesellschaft: echte Resonanz in der eigenen Peergroup zu erfahren. Menschen mit dem Lebensstil des Proll Professionals haben einen großen Freundeskreis, in dem ihr gutes Aussehen und ihr beruflicher Erfolg etwas gilt. Je nachdem, welcher Unternehmung sie gerade nachgehen, wählen sie ihre Crowd aus, mit der sie Spaß haben und Erlebnisse teilen, die sie sich danach noch lange erzählen können.

Gesellschaftlicher Trendverweigerer, zeitgeistnaher Produkt-Trendsetter

Der Typus des Proll Professionals ist überdurchschnittlich stark konsumorientiert. Menschen mit diesem Lebensstil sind sehr materialistisch eingestellt und setzen auf Luxus, Qualität und Design – ganz nach der Devise: Luxus macht das Leben einfach schöner. Ethische Werte sind für ihn dabei kaum relevant. Er interessiert sich wenig für die Herstellungsbedingungen von Produkten und setzt sich weder für politische, ökologische noch für soziale Themen auffällig ein. Damit bildet er einen Gegenpol zum gut-bürgerlichen Mainstream, zur Political Correctness und zum angesagten Sinn-Konsum.

Werteprofil des Proll Professionals

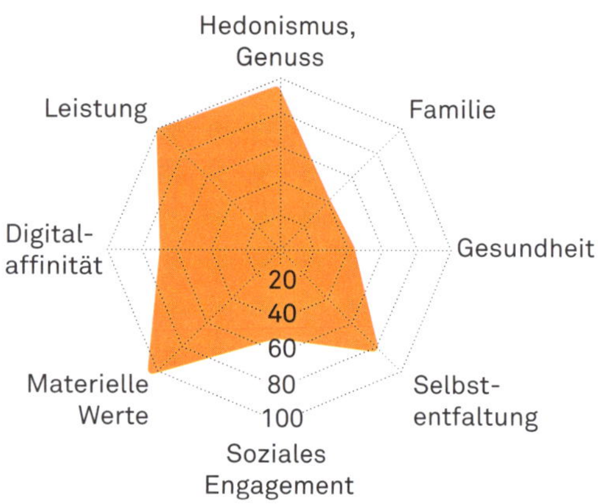

Hedonismus, Leistung und Luxus stehen für den Proll Professional im Vordergrund.

Konsum und Innovationsgrad

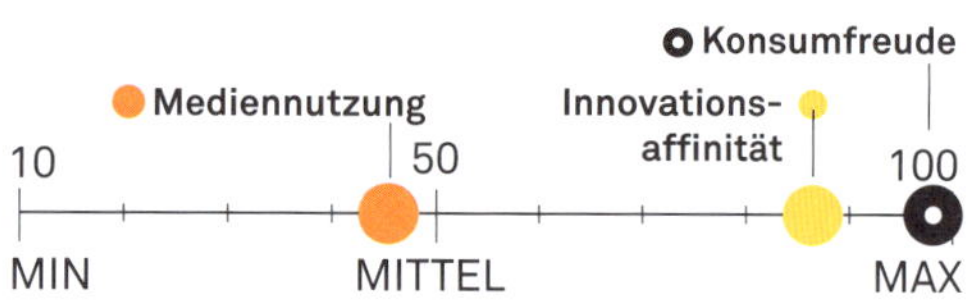

Der Proll Professional ist überdurchschnittlich stark konsumorientiert: Er handelt impulsiv und kauft dann ganz spontan, wenn ihm etwas gefällt.

Mediennutzung im Vergleich

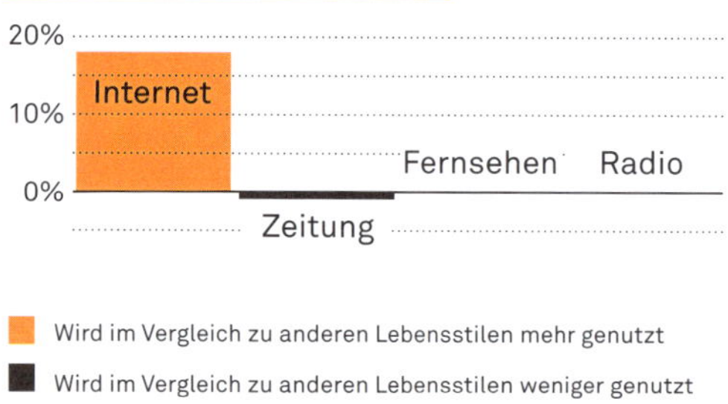

Auch mit den Gender-Diskursen in der Öffentlichkeit kann er wenig anfangen, stereotype Geschlechterklischees werden vom Proll Professional kultiviert und mittels ästhetischer Inszenierung überzeichnet. Körperkult und der hohe Stellenwert des guten Aussehens stehen im Fokus – Bizeps und Botox sind hier Programm. Ein Gesundheitseffekt ihres Körperprogramms wird dankend mitgenommen, aber nicht primär angestrebt. In der gesamtgesellschaftlichen Perspektive bilden sie provokante, aber nicht kämpferische Antipole zu allen avantgardistischen Bewegungen.

In Sachen Konsum dagegen sind die Menschen, die dem Typus des Proll Professionals zugerechnet werden können, absolute Trendsetter für den gesellschaftlichen Mainstream jenseits des klassischen Bürgertums. Sie sind bei Neuem und bei Innovationen gerne immer an vorderster Front dabei, sie suchen stets nach neuen Produkten und Services, die ihren starken Drang nach Selbstentfaltung, Erlebnis und Leistung adressieren. Der hohe Drang, etwas zu erleben und auszuprobieren, macht sie sehr trendaffin. Sie fordern und fördern für sich selbst zeitgemäße Spielwiesen der Spaßgesellschaft – mit maximalem Erlebnisfaktor für sich selbst und den eigenen Freundeskreis. Diese Lust auf Innovation macht sie zu optimalen Early Adopters für die Erlebnisbranche, für Premium-Angebote, personalisierte Produkte und Dienstleistungen sowie Lifestyle-Services.

Rolle und Influence in der Gesellschaft

Der Proll Professional hat keine gesellschaftlichen oder gar politischen Gestaltungsambitionen, er agiert rein egozentriert. Die bedingungslose Fokussierung auf die Selbstverwirklichung im Sinne von finanziellem und materiellem Wohlstand entstammt dabei einer alten, überholt wirkenden kapitalistischen Steigerungslogik, die heute den Gegenpol zum gutbürgerlichen Mainstream darstellt. Hier geht es aber nur um Darstellung, nicht um Kampf. Der starke Fokus auf sich selbst, die ausgeprägte Konsumlust und das Streben nach gesellschaftli-

Der Proll Professional hat keine gesellschaftlichen oder gar politischen Gestaltungsambitionen, er agiert rein egozentriert. Auch beim Medienkonsum sind ihm Fakten erstmal nicht so wichtig.

cher Anerkennung macht einige Vertreter auch zu relevanten Akteuren im Sinne des Influencer-Potenzials für das Marketing von Unternehmen. So verstehen es einige Proll Professionals, die Ökonomie des Geldes radikal mit der Ökonomie der Aufmerksamkeit zu verknüpfen. Die Ware, mit der sie handeln, sind dabei sie selbst.

Werteset und Lebensweise

Voller Einsatz und Überzeugung für das eigene Ich

Menschen wie der Proll Professional haben ihr Leben im Griff – streben jedoch danach, dieses ständig auszuweiten und ehrgeizige Ziele zu erreichen. Dafür strengen sie sich an, zeigen sich von ihrer professionellen und disziplinierten Seite, sind aber auch kompromisslos und egoistisch. Leistung und ambitionierte Zielsetzungen prägen ihren Aufstieg auf der Karriereleiter – oder zumindest auf der Gehaltsleiter. Ihre optimistische Einstellung zum Leben hilft dabei. Sie wissen genau, dass sich ohne Anstrengung im Leben nichts erreichen lässt. Wer es krachen lassen will, muss eben vorher etwas dafür tun. Dann macht ihnen die Arbeit auch Spaß. Nahezu die Hälfte aller Menschen mit dem Lebensstil des Proll Professionals ist ledig und hat keine Kinder. Der Proll Professional ist entweder Single oder lebt in einer Beziehung mit jemandem, der seine Werte mit ihm teilt und ihm Anerkennung entgegenbringt. Bei aller Ego-Fokussierung legen sie dennoch einen hohen Wert auf ihren Freundeskreis – Freunde reichen ihm oft auch als Zuschauer seines Lebens. Familie ist für ihn nur sekundär und manchmal vielleicht sogar störend, weil sie die eigenen Schwachpunkte offenlegt.

Der Proll Professional lädt gerne Gäste ein oder trifft sich mit Freunden und Bekannten, um gemeinsam den eigenen Erfolg zu feiern, Spaß zu haben und die Selbstinszenierung im luxuriösen Setting auszuleben. Dies geschieht oft auch mit einem Augenzwinkern: Denn seinen Drang zur Selbstdarstellung, zum Narzissmus und Luxus trägt er mit einer gewissen Koketterie zur Schau.

Ihre impulsive und optimistische Weltanschauung vertreten Menschen wie der Proll Professional stark und laut, aber sie lassen sich nicht auf Diskussionen darüber ein und sind auch nicht am Missionieren interessiert. Denn sie sind absolut davon überzeugt, dass ihr Weltbild das richtige ist. Und wer das nicht glaubt, hat eben Pech gehabt. Andersherum gilt: Alles, was sich außerhalb seines Wertesets und engeren Lebenskosmos abspielt, interessiert den Proll Professional genauso wenig. Weder das Interesse an medialer Berichterstattung zu politischen Themen noch an gesellschaftlichen Fragen ist stark ausgeprägt. Fakten sind ihm erst einmal nicht so wichtig. Am besten erreicht man ihn über lustig-provokante Aussagen, an denen er seinen Spaß haben kann.

Raus aus der Komfortzone – mit Vollgas durchs Leben

Im Proll-Professional-Lebensstil bündeln sich klassische Adrenalin-Junkies und High-Performer. Sie suchen das Abenteuer und werden unruhig, wenn sich nichts am Horizont ihrer Freizeit- und Urlaubsplanung tut. Sie sind gerne und häufig auch spontan unterwegs, auf Events oder auf einem Erlebnisurlaub. Extremsportarten oder Outdoor Survival

Körperkult und gutes Aussehen im Rahmen klassischer Geschlechterklischees stehen im Fokus – Bizeps und Botox sind hier Programm.

Luxus und traditionelle Statussymbole sind dem Proll Professional sehr wichtig – auch wenn es „nur" Premium-Produkte sind.

Camps ziehen sie besonders an und wecken ihren Ehrgeiz und ihre Wettbewerbsfreude, auch wenn es dabei manchmal gefährlich wird. Hier geht es nicht um die eigene Gesundheit oder die sportliche Betätigung an sich, sondern um den Fun-Faktor. Sie pfeifen auf Sicherheit, und heimlich lieben sie den Nervenkitzel, dass auch mal etwas schiefgehen könnte – auf jeden Fall hat man so immer etwas zu erzählen.

Das Schlagwort „Action" steht auch im Fokus, wenn es darum geht, am Wohnort etwas zu unternehmen. Entweder man schaut die neuesten Blockbuster im Kino, streamt die coolsten Action-Klassiker oder Abenteuerserien auf Amazon Prime und Netflix über die Home-Cinema-Anlage oder verliert sich für Stunden in einem Massively Multiplayer Online Game. Und auch bei der Wahl des TV-Programms steht der Thrill im Fokus. Bevorzugte Genres sind Science-Fiction, Action und Horror. Hauptsache, beste Unterhaltung ist geboten und es wird nie langweilig.

Konsumlust statt Sparfrust

Wenn es um die Umsetzung ihres stark ausgeprägten Selbstverwirklichungsdrangs geht, sind Menschen mit diesem Lebensstil niemals mit angezogener Handbremse unterwegs. Sie handeln situativ und impulsiv, wenn es um Konsum und die Ausgestaltung des eigenen Handelns geht, Vorratskäufe stehen nicht auf ihrer Agenda. Oft denken sie vorher gar nicht darüber nach, ob sie sich Dinge überhaupt leisten können. Sie lassen sich einfach durch die Geschäfte treiben und kaufen dann ganz spontan, wenn ihnen etwas gefällt. Powershopping mit einem exklusiven Habitus lautet das Rezept.

Dass dann am Ende des Monats das doch nicht so üppige Gehalt etwas knapp wird, nehmen sie mit heiterer Gelassenheit. Lieber das Leben in vollen Zügen genießen und lediglich kurz innehalten, als die ganze Zeit einfach und bescheiden zu leben. Die Flaniermeilen der Innenstädte mit exklusiven Boutiquen üben einen starken Reiz auf den Proll

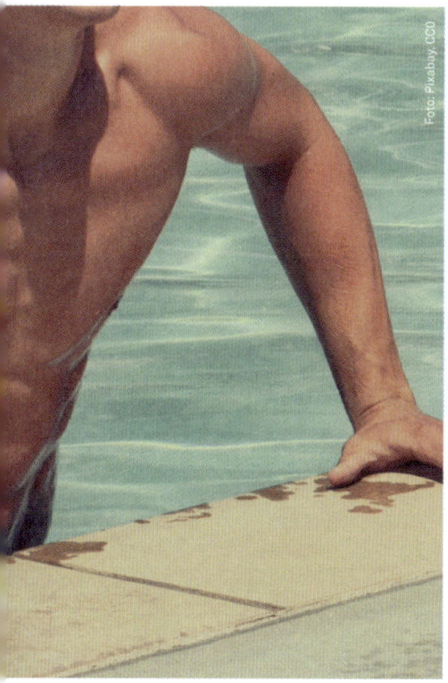

65% finden Fertiggerichte eine hilfreiche Ergänzung in der Küche

Professional aus. „Luxus macht das Leben schöner", dieses Motto gilt für ihn immer – und wenn es dann doch „nur" Premium ist, spielt das für ihn eigentlich keine Rolle. Produkte, die aus fairem Handel stammen oder nachhaltig produziert wurden, üben einen schwachen Reiz auf den Proll Professional aus. Gute Qualität verbindet er zwar generell mit Markenartikeln, allerdings darf das nicht mit ewiger Markentreue verwechselt werden: Diese Menschen können im einen Moment von einem Produkt hochüberzeugt sein, im nächsten Moment aber dennoch zu einem neueren bzw. innovativeren Produkt einer anderen Marke greifen. Der Reiz des Neuen ist stets stärker als jede Verbindlichkeit – darauf müssen Unternehmen sich in ihrer Markenkommunikation einstellen.

Wenn dann neue Dinge ausprobiert werden, spart der Proll Professional auch hier nicht mit der öffentlichen Kundgebung seiner starken Meinung. So berichten Menschen wie er öfter im Internet über die eigenen Erfahrungen mit Produkten oder Dienstleistungen. Hier werden sie allein durch ihre Präsenz zu Multiplikatoren und möglicherweise auch zu Botschaftern einer Marke oder eines Produkts, wenn Unternehmen ihren Impuls aufnehmen.

Der Proll Professional tut gerne Dinge, die ihm Spaß machen – doch viele Alltagstätigkeiten empfindet er nur als langweilig oder überflüssig. So isst er zwar gerne gut und abwechslungsreich, probiert gerne neue Gerichte aus und geht auch gerne essen, sich selbst zu bekochen dagegen ist ihm eher lästig. Er gehört zu den Menschen, die unkomplizierte Fertiggerichte sehr schätzen und die sich regelmäßig Essen liefern lassen. Überhaupt: Wo es geht, greifen sie lieber auf Services zurück, anstatt sich selbst mit ungeliebten Arbeiten abzumühen. Auch dem notwendigen Alltagseinkauf gehen sie gerne aus dem Weg und lassen sich lieber ihren online zusammengestellten Einkauf direkt nach Hause bringen. Outsourcing ist ihre Strategie, die von Unternehmen mit personalisierten Angeboten gut bedient werden kann.

Foto: Pexels, CC0

Dort, wo Action ist und das Leben pulsiert, fühlt der Proll Professional sich wohl.

Unterwegs im digitalen Stream

Inspiration für Neues zieht der Proll Professional unter anderem aus dem Internet. Hier fühlt er sich am Puls der Zeit, surft täglich, um mitzubekommen, was so auf der Welt passiert – egal, ob es um die neuesten Modetrends oder innovative technische Produkte geht. Hier pflegt er in den sozialen Netzwerken seinen erweiterten Freundeskreis und begibt sich auch einmal auf die Suche nach neuen Kontakten mit Menschen, die seine Interessen teilen und die ihm spannend erscheinen. Wenn man den Proll Professional fesseln und begeistern möchte, sollte der präsentierte Content einen hohen Unterhaltungsfaktor aufweisen, denn er surft nicht nur viel, sondern auch schnell und flüchtig.

Das Smartphone ist sein verlässlicher Begleiter, denn so kann er sich leicht jederzeit und überall updaten. Generell ist er mit seinen technischen Geräten selbstverständlich immer auf dem aktuellsten Stand – nichts findet er peinlicher als ein lahmes Handy. Auch hier bleibt er sich selbst treu: Gutes Aussehen und Design ist und bleibt bei allem stets Kriterium Nummer eins.

Grundbedürfnisse

Der Proll Professional steht gerne im Mittelpunkt des Geschehens. Dort, wo Action ist und das Leben pulsiert, fühlt er sich wohl: sei es in der Disco, beim Besuch eines Fußballspiels oder auf Konzerten. Neues auszuprobieren übt eine starke Faszination auf ihn aus. Dies gilt für aktuellste Modetrends und technische Innovationen gleichermaßen. Hauptsache, es lässt ihn und sein Leben luxuriöser und eindrucksvoller erscheinen. Sein Leben folgt dem Leistungsprinzip und dient der Selbstverwirklichung. Alles, was nach Routine und Beschaulichkeit klingt oder sich so anfühlt, liegt ihm fern. Optimistisch schreitet der Proll Professional gern zielgerichtet auf seinem ambitionierten Lebensweg voran.

Welche Zukunft hat der Proll Professional?

Der Lebensstil des Proll Professionals wird in Zukunft auch weiterhin von denjenigen Menschen gelebt werden, die auf der Suche nach Identität und Bestätigung sind. Unter ihnen werden auch künftig typischerweise junge Menschen sein, die gerade auch die entsprechende Lebensphase in ihrem Lebenslauf durchleben.

Zwar ist der Proll Professional heute ein Trendsetter für den Mainstream und wird auch in den nächsten Jahren noch ein Early Adopter für die Luxus-, Erlebnis- und Dienstleistungsbranche sein.

Langfristig gesehen wird jedoch sein Werteset nicht mehr in eine Welt passen, die sich zunehmend an sozialem Gemeinschaftssinn, Nachhaltigkeit und Gleichberechtigung als Werten orientiert.

↘ Entwicklungsprognose der Gruppengröße

Der Party Hopper ist ein radikaler Hedonist, dem das Wichtigste ist, seine eigenen Bedürfnisse zu befriedigen. Auf Verbindlichkeiten gibt er nichts – egal, ob es um Menschen oder um Regeln geht.

Grundüberzeugung

„Jeder sollte zusehen, dass er sich um sich selbst kümmert, denn niemand ist für das Leben eines anderen verantwortlich."

Lebensmotto im Alltag

„Ich tue, was mir gefällt – kein Mensch und keine Konvention soll mir dabei im Weg stehen!"

Lebensziel

„Ich will mich durchs Leben treiben lassen und es voll und ganz ausschöpfen, ohne mich von irgendjemandem oder irgendetwas bestimmen zu lassen."

PARTY HOPPER

PARTY HOPPER

Warum ist dieser Lebensstil wichtig?

Der Party Hopper hat das Prinzip der Individualisierung auf die Spitze getrieben. Durch ihre selbstdarstellerische Art ziehen Menschen wie er stets Aufmerksamkeit auf sich, in ihren Präferenzen sind sie allerdings extrem anpassungsbereit, aber wenig verbindlich. Sie gehören überall und nirgendwo dazu, sind zugleich Meister der Zugehörigkeit und der Unabhängigkeit. Das macht sie zu einem anspruchsvollen Arbeitnehmer und einem spontanen, experimentierfreudigen Konsumenten.

Wie viele Party Hopper gibt es?

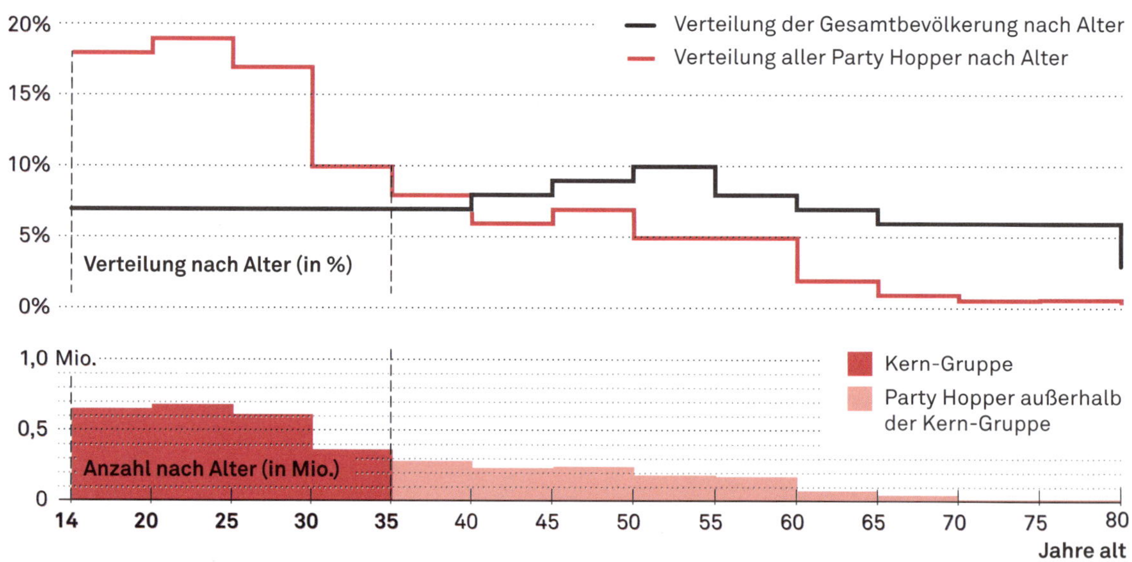

5,3% aller Deutschen (3,7 Mio.)

Kern-Gruppe: 2,3 Mio. (14 bis 34 Jahre alt)

Profil des Party Hopper

Getrieben von dem Drang, etwas Starkes und Neues zu erleben, sucht der Party Hopper gezielt nach abenteuerlichen Erlebnissen. Menschen wie er sind nicht nur oft sehr spontan, sondern auch extrem risikobereit. Sie gehen als Optimisten durch die Welt und machen sich nicht viele Gedanken, sondern genießen das Leben und sehen die Dinge eher locker. Ihr Fokus liegt auf ihnen selbst, denn sie suchen nach Selbstverwirklichung und fordern für ihre Individualität sehr viel Raum ein.

Megatrend-Kontext

Individualisierung Urbanisierung

Individuelle Selbstentfaltung

Der Party Hopper führt einen Lebensstil, der Ausdruck ist des zentralen soziokulturellen Werts und gleichzeitig Megatrends der westlichen Welt, der heute Gesellschaften über den ganzen Globus prägt: Individualisierung. Mit ihm kristallisiert sich alles um die wichtigste Einheit dieser Kultur herum, das Individuum. In westlichen Industrienationen hat dieser Megatrend seinen Zenit bereits erreicht und es zeichnen sich bereits alternative Lebenskonzepte und Wertemuster am Horizont ab. Die Individualisierung selbst mit ihrem Fokus auf das einzelne Subjekt ist damit jedoch gerade erst in der Mitte der Gesellschaft angekommen.

Klassischerweise bedeutet der Trend zur Individualisierung die Abkehr von vorgefertigten Lebensentwürfen und Biografien sowie von fixen lebensbestimmenden Wertesystemen und Kollektiven wie Kirche oder Staat. In diesem Sinne bedeutet „Individuum sein“ schon immer: Freiheit der Wahl – die Freiheit, aus einer scheinbar unendlichen Vielfalt an Möglichkeiten das herauszupicken, was einem selbst das Richtige scheint. Und nie war die Freiheit des Individuums größer als heute: Was möchte ich essen? Wie möchte ich leben, arbeiten, wohnen, lieben? Wie möchte ich aussehen? Welche Musik, welche Medien konsumieren?

Für viele führt diese Freiheit der Wahl in eine Überforderung – die Optionenvielfalt wirkt geradezu erdrückend und motiviert zu einem Rückzug. Der Party Hopper hingegen genießt gerade diese maximierten Möglichkeiten in vollen Zügen. Er sieht die Vorteile der hyperindividualisierten Gesellschaft – und macht sich selbst zum wichtigsten Gestaltungsprojekt seines Lebens.

Digitales Identitätsmanagement

Das Projekt der individuellen Selbstentfaltung geht für den Party Hopper Hand in Hand mit der Technik der Selbstoptimierung: Er managt, pflegt und entwickelt seine Identität, ist sich der Wandelbarkeit des Projekts „Ich“, der ständigen Option zur Verbesserung bewusst – und ebenso der zahlreichen Tools, die dafür zur Verfügung stehen. Die Vorstellung der eigenen Optimierbarkeit ist eine charakteristische Grundidee, die mit dem Fokus einer Gesellschaft auf Individualisierung in den Vordergrund tritt und Eingang in ein entsprechendes Werteset gefunden hat. Menschen, die diesen Lebensstil führen, achten nicht nur auf ihre äußere Erscheinung und ihren Kleidungsstil, sondern sind auch bewusste Gestalter ihrer Online-Identitäten in sozialen Medien.

Wer sind die Party Hopper?

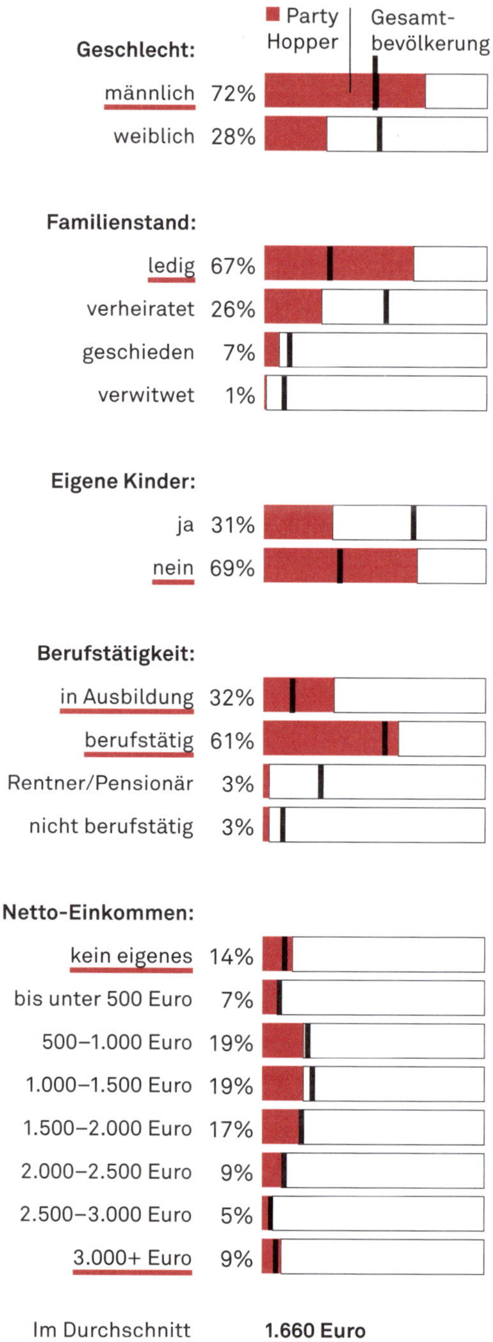

Die digitale Welt ist für den Party Hopper selbstverständlicher Teil seiner Lebenswelt und des Alltags. Er nimmt an einer auf Unterhaltung fokussierten Internetkultur teil. Auch soziale Plattformen und Messenger sind für ihn ein alltäglicher Umgang. Hier verliert er sich gerne und verwendet sie für Selbstdarstellungszwecke. Zugleich ist er aber kein Vorreiter des digitalen Wandels: Er nutzt vorhandene Strukturen und fühlt sich wohl in seinen Netzwerken, ohne jedoch die Entwicklung der Netz-Communities oder -Formate selbst zu reflektieren oder gar voranzutreiben. Die digitale Welt ist hier reines Werkzeug der Selbstdarstellung.

Urbanes Gruppenhopping

Der Party Hopper befindet sich auf einem andauernden Selbstfindungstrip – ein Symptom einer Gesellschaft, in der heute in der Masse nach Individualität und Selbstentfaltung gefragt wird, die aber nie voll erreicht werden kann, wenn nach dem heute noch vorherrschenden Leistungsprinzip geurteilt wird: denn dann geht immer noch mehr. Statt sich in die für dieses Zeitalter klassische Selbsterschöpfung zu arbeiten, betreibt der Party Hopper die Arbeit am Ich vielmehr mit sehr viel Spaß und Leichtigkeit – Regeln und gesellschaftliche Erwartungshaltungen interessieren ihn dabei wenig. Seine Suche nach Abenteuern, mit denen er seine Identität weiter formen kann, ist nicht von Zwang geprägt, sondern von Optimismus. Ähnliches gilt für seine Ansprüche ans Arbeitsleben. Der Party Hopper ist Teil der vieldiskutierten Generation Y, die durch ihre radikalen Ansprüche an Spaß und Sinnhaftigkeit im Arbeitsleben auffällt. Routinen sind generell nichts für den Party Hopper, er braucht viel Abwechslung – sei es in Beziehungen, im Konsum oder eben im Job.

Der Party Hopper ist fast immer im urbanen Raum zu finden. Er ist Nutznießer einer Unverbindlichkeit und Anonymität, die im Zuge der Urbanisierung vor allem in Großstädten entstanden ist. Sein Fokus auf die eigenen Bedürfnisse und seine Tendenz, sich

Party Hopper sind meistens jung, männlich, urban.

Foto: StockSnap, CC0

68% der Party Hopper pfeifen auf Sicherheit

unverbindlich und vorübergehend vielen verschiedenen Gruppen anzuschließen und diese genauso schnell auch wieder zu verlassen, passen nicht in den ländlichen Raum, wo ihm die Gemeinschaft zu eng und die Möglichkeiten der Freizeitgestaltung zu übersichtlich erscheinen. Auch innerhalb der Stadt ist der Party Hopper gern unterwegs, wobei das Motorrad meist sein Fortbewegungsmittel erster Wahl ist. Menschen, die diesen Lebensstil kultivieren, treiben in den Städten die Unterwegs-Märkte voran, die sich um aktive und mobile Lebensstile wie den des Party Hopper formieren.

Rolle und Influence in der Gesellschaft

Der Party Hopper hat nicht selten einen gewissen Influencer-Status. Oft handelt es sich bei Menschen, die diesem Lebensstil folgen, um schillernde Persönlichkeiten und Meister der Selbstdarstellung, die jede Party-Runde bereichern. Sie sind Impulsgeber für das Ausbrechen aus dem Alltag und für das Eingehen von Risiken – mit dem einfachen Zweck, Spaß zu haben. Generell ist der Party Hopper ein Mensch, der viel ausprobiert. In den Gruppen, in denen er sich bewegt, übt er häufig – oft auch ungewollt – einen hohen Einfluss auf andere aus. Denn seine Abenteuerlust und seine oft progressive Lebensweise wirkt auf viele anziehend und faszinierend.

Werteset und Lebensweise

Das Projekt „Ich“

Der Party Hopper ist ein radikaler Individualist. Er nimmt seine eigenen Wünsche, Bedürfnisse und Neigungen sehr ernst und stellt das Projekt „Selbstverwirklichung“ über gemeinschaftsorientierte Werte wie soziales Engagement oder Familie. Dabei wandelt er auf einem schmalen Grat: Oftmals verschwimmen die Grenzen zwischen Selbstentfaltung und Selbstoptimierung – und ebenso zwischen einer gesunden Autonomie, die Selbstsorge beinhaltet, und einer egoistischen oder gar rücksichtslosen Haltung sich selbst und anderen gegenüber.

Werteprofil des Party Hopper

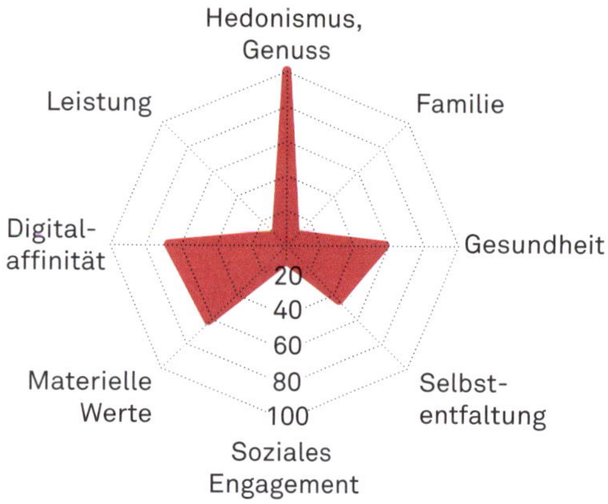

Konsum und Innovationsgrad

Der Party Hopper experimentiert gern und hat einen starken Drang, Neues zu erleben und auszuprobieren.

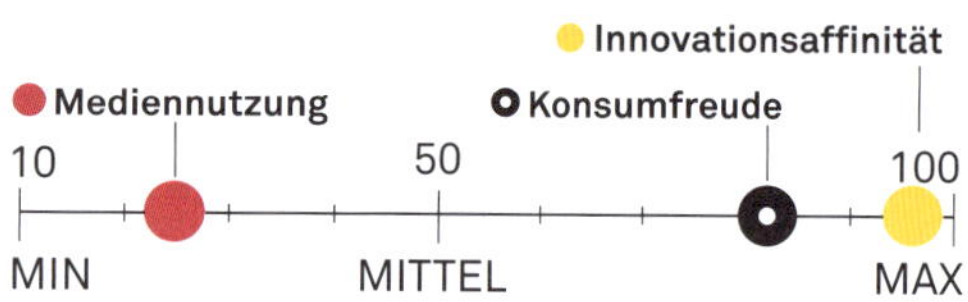

Mediennutzung im Vergleich

Der Party Hopper nutzt die sozialen Netzwerke zur Selbstdarstellung – die Inhalte von anderen interessieren ihn eher weniger.

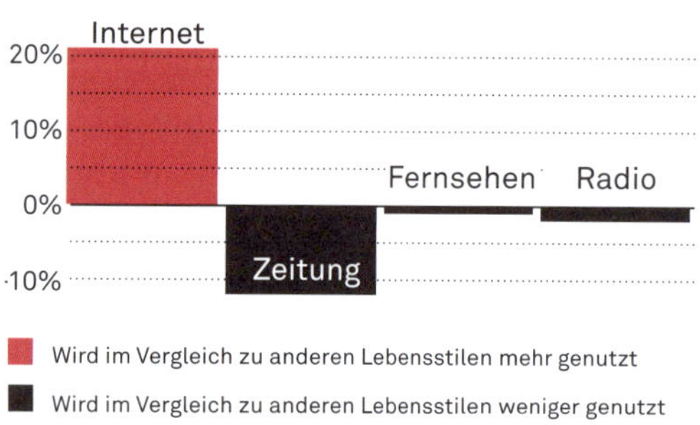

Menschen, die den Lebensstil des Party Hopper pflegen, sind sich der Gestaltbarkeit des eigenen Lebens in jedem Moment sehr bewusst. Sie stecken viel Energie und Zeit in das eigene Life Design und sehen sich selbst in der Verantwortung, einen Alltag zu schaffen, der für sie unterhaltsam genug ist. Die gleiche Eigenverantwortlichkeit erwartet der Party Hopper auch von anderen: Er möchte nicht derjenige sein, der sich um jemand anderen kümmern muss. Er hat nur begrenzt Verständnis für Menschen, denen es nicht gelingt, ihr Leben nach ihren eigenen Vorstellungen zu gestalten, oder die anderen die Schuld für ihre Unzufriedenheit geben. Jeder ist nur für sich verantwortlich und muss nur nach sich selbst schauen – das ist die Grundhaltung des Party Hopper.

Der Party Hopper ist gut darin, Stress zu vermeiden, sich Zeit für sich und seine Hobbys zu nehmen und Freiräume für seine Aktivitäten zu schaffen – er macht, was ihm spontan in den Sinn kommt. Bei allem, was er tut, ist er extrem risikobereit; er rast auch mal in waghalsigen Manövern mit 180 km/h auf dem Motorrad durch die Stadt, wenn ihn das gerade reizt. Auf Sicherheit gibt er nicht viel, sich Sorgen machen kann man auch noch dann, wenn man tot ist. Der Party Hopper fühlt sich nichts und niemandem verpflichtet außer sich selbst. Menschen mit diesem Lebensstil sind häufig noch sehr jung, und eine deutliche Mehrheit von ihnen ist männlich. Den Party Hopper erreicht man nicht mit moralischen Predigten, sondern mit einer fokussierten Ansprache seiner Bedürfnisse nach Abenteuer, Nervenkitzel und Individualität.

Memes, GIFs und Selfie-Kult

Der Party Hopper betreibt einen exzessiven Selfie-Kult. Sein Erlebnishunger und seine generelle digitale Affinität lassen ihn bei jeder Gelegenheit zum Handy greifen und den Moment festhalten. Sei es auf Partys, auf Reisen oder in skurrilen Alltagssituationen. Selbst bei einer Klettertour am Berg zieht er noch das Handy hervor – lieber ein bisschen Risiko eingegangen, als ein gutes Foto verpasst.

Selfies, lustige Fotos, schöne Momentaufnahmen oder auch Bilder von besonders lecker – oder auch eklig – aussehenden Lebensmitteln präsentiert der Party Hopper gern und spontan über Whatsapp, postet sie auf Facebook-Eventseiten oder lädt sie auf Instagram hoch. Menschen wie er sind es gewöhnt, ihre Erfahrungen zum Teil ihrer Selbstdarstellung zu machen. Was nicht auf Instagram ist, ist auch nicht passiert.

Der Party Hopper ist Teil einer lebendigen Internetkultur. Er liebt das Surfen im Netz und legt viel Wert darauf, mit vorne dabei zu sein bei dem, was im Internet passiert. Der Party Hopper ist sowohl Treiber als auch Leidtragender des Phänomens, das unter der Bezeichnung FOMO (Fear of Missing Out) bekannt geworden ist. Soziale Medien sind für den Party Hopper zentraler Bestandteil seines Lebens, sie sind Präsentationsfläche und Unterhaltungsmedium: Der Party Hopper ist viel unterwegs auf Portalen wie Reddit oder 4Chan, vor allem aber in sozialen Netzwerken und Messengern wie Facebook, Whatsapp, SnapChat oder Instagram und hat nicht selten eine hohe Followerzahl. Dort verbreitet er Fotos, Memes und GIFs, vor allem um zu unterhalten. Posts von anderen Menschen interessieren ihn dagegen eher weniger. Manche seiner Postings erlangen einen gewissen Kultstatus oder avancieren sogar zu einem eigenen Genre mit beachtlichem Vermarktungspotenzial. Auf manche seiner Kreationen sind bereits die Marketingabteilungen großer Unternehmen aufgesprungen. Unternehmen, die sich auf eine solche internetspezifische Bild- und Symbolsprache beziehen, haben gute Chancen, das Interesse des Party Hopper zu wecken.

Sozial und konsumtechnisch ungebunden

Obwohl der Party Hopper nach Autonomie strebt, ist er jedoch kein Sozialphobiker. Menschen mit dem Lebensstil des Party Hopper bewegen sich gerne im Flair der Großstädte, in denen man sehr schnell zu einer Gruppe dazugehören, aber genauso schnell auch wieder gehen kann. Er schätzt die generelle Anonymität in den urbanen Räumen und die Unverbindlichkeit, die hier herrscht. Hier tritt er aber nicht als graue Stadtmaus auf, sondern mit seiner exzessiven Art zieht er schnell Aufmerksamkeit auf sich. Auf Partys ist er ein gern gesehener Gast, nicht selten trägt er selbst zur guten Stimmung bei, spielt Gitarre, legt Platten auf oder initiiert eine Karaoke-Session. Man findet ihn in Clubs, Bars und Restaurants, auf Straßenfesten, Food Festivals und Nachtflohmärkten.

Menschen wie der Party Hopper genießen diese Aufmerksamkeit der Menge, sind auf eine feste Peergroup aber nicht angewiesen. Vielmehr erlebt er ein gemeinsames Flow-Erlebnis auf Events, Festivals oder Abenteuerreisen als etwas Vorübergehendes und Austauschbares. Es geht ihm weniger darum, über Jahre hinweg stabile Bindungen zu anderen aufzubauen, als den Moment im Hier und Jetzt zu genießen mit den Menschen, die zufällig da sind. Und dann wieder seiner Wege zu gehen.

Das macht den Party Hopper auch zu einem Chamäleon der Subkulturen. Menschen, die diesen Lebensstil pflegen, sind nicht festgefahren in ihren Präferenzen, sie würden auch als Rockmusik-Fan mit zu einem Techno-Rave gehen, auch als Liebhaber von Fastfood ein exklusives Gourmet-Restaurant besuchen, auch als begeisterte Wintersportler einen Strandurlaub ausprobieren. Das bedeutet nicht, dass der Party Hopper in seinem Geschmack leicht zu beeinflussen ist: Er kennt seine Präferenzen genau und weiß, wo er sich am wohlsten fühlt – ist aber für den Reiz des Neuen sehr bereit, sich ins Risiko des Unbekannten zu stürzen. Zum einen, weil er den hohen Anspruch an sich selbst hat, sich ständig weiterzuentwickeln und das eigene Profil zu erweitern. Zum anderen aus der Motivation, das Leben in vollen Zügen zu genießen. Dabei gönnt sich der Party Hopper auch gern mal etwas, wenn es ihm denn spontan Spaß bereitet.

Generell treiben den Party Hopper zwei große Bedürfnisse an: Spontanität und Genuss. Party Hopper kaufen sich gern mal Dinge, ohne lange darüber nachzudenken, ob sie es sich überhaupt leisten

Foto: Wiki Commons, DeusXFlorida, CC BY-SA

Der Party Hopper ist extrem risikobereit, das Motorrad ist meist sein Fortbewegungsmittel erster Wahl.

Foto: Pexels, CC0

75% der Party Hopper gehen gern aus

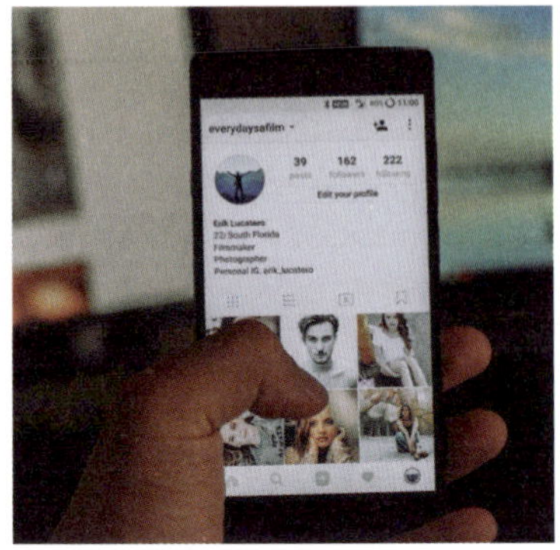

Foto: Unsplash, CC0

Dating-Apps kommen dem Party Hopper gerade recht: keine Verpflichtungen, maximale Möglichkeiten.

können. Doch der Party Hopper bereut nichts: Jede Erfahrung ist für ihn wertvoll, und auch negative Erlebnisse sind für ihn stets eine Chance, um zu lernen und zu wachsen. So geht der Party Hopper wesentlich leichtfüßiger und optimistischer durchs Leben als die meisten anderen Menschen.

Polylove – aktiv gegen Konventionen und Traditionen

Selbstverwirklichung, Autonomie und Individualität sind das höchste Gut des Party Hopper, alles andere wird diesen Werten untergeordnet. Romantische Liebe bis zur Selbstaufgabe? Das ist für Menschen mit diesem Lebensstil ein ungesundes Relikt aus dem letzten Jahrhundert. So wie der Party Hopper es generell als Herausforderung in der eigenen Persönlichkeitsentwicklung sieht, alte Konzepte mutig zu durchbrechen, hinterfragt er auch das romantische Liebesideal kritisch. Diese progressive Einstellung spiegelt sich in seiner grundsätzlich unverbindlichen Haltung zu sozialen und intimen Beziehungen wider. Unter den Menschen, die den Lebensstil des Party Hopper repräsentieren, findet man überdurchschnittlich häufig Beziehungsformen, die nicht dem klassischen Ideal der monogamen Zweierbeziehung entsprechen. Fernbeziehungen, Friends with Benefits, Polygamie – der Party Hopper experimentiert gern mit alternativen Beziehungsmodellen, an Familie und Kinder verschwendet er kaum einen Gedanken. Besonders hoch im Kurs steht dabei das Liebeskonzept der Polyamorie. Natürlich geht es ihm hier stark um das, was dem Party Hopper am meisten am Herzen liegt: das Ausleben der eigenen Abenteuerlust und das Spiel mit Risiko und Feuer.

Party Hopper experimentieren gern und haben einen starken Drang, Neues zu erleben – auch sexuell. Unverbindliche und unkomplizierte Dating-Apps wie Tinder kommen dem Party Hopper dabei gerade recht und spiegeln für ihn den modernen Zeitgeist wider: keine Verpflichtungen, aber maximale Möglichkeiten. Das Austesten mitunter anstrengender und fordernder neuer Beziehungsformen ist für viele gleichzeitig ein Selbsterfahrungstrip. Denn nicht-monogame Verhältnisse sind oft auch Grenzerfahrungen in der eigenen Persönlichkeitsentwicklung: Wie weit kann ich gehen? Wie viel sexuelle Exklusivität brauche ich? Was erwarte ich von einer Partnerschaft, was bin ich bereit zu geben? Und was macht das mit mir? Im Zentrum steht also auch hier: die Gestaltung des eigenen Ich. Das ist allerdings noch nicht alles: Menschen mit dem Lebensstil des Party Hopper wollen nicht einfach nur willkürlich und verantwortungslos intime Beziehungen mit allen möglichen Menschen eingehen, sondern sie möchten damit auch bewusst das Prinzip der monogamen Zweierbeziehung aufbrechen. Schließlich steht hinter der Polylove-Bewegung auch der Anspruch, unhinterfragte Werte auszutesten, zu hintergehen und mit alten Konventionen zu brechen. Der Party Hopper ist überzeugt, dass Traditionen die Menschen in ihrer Entfaltung eher behindern denn unterstützen – und begeistert sich für alle, die den Mut aufbringen, ebendies zu tun.

Grundbedürfnisse

Der Party Hopper fühlt sich am wohlsten abseits alltäglicher Routinen. Er langweilt sich schnell und ist stets leicht zu begeistern für Abwechslung und Abenteuer. Menschen, die diesen Lebensstil pflegen, sind viel alleine unterwegs, soziale Verpflichtungen mögen sie nicht und mit Menschen gehen sie nur temporäre und unverbindliche Beziehungen ein. Sie gönnen sich gern den kleinen Luxus im Alltag, etwa mit einem spannenden Menü im Restaurant, einem spontan gebuchten Flug in eine europäische Metropole oder einem teuren Outfit für die nächste Party. Der Party Hopper umgibt sich gern mit ästhetischen Dingen, die einen progressiven und innovativen Stil verkörpern, und fühlt sich auch nicht an einen bestimmten Stil gebunden. Für Marken mit einem spießigen Image, die auf Tradition und Beständigkeit setzen, ist er dagegen nicht zu begeistern.

Welche Zukunft hat der Party Hopper?

Der Lebensstil des Party Hopper wird meist in jungen Jahren gelebt, nach dem Abitur oder der Ausbildung, während des Studiums oder in den ersten Jahren im Arbeitsleben. Häufig endet diese Lebensphase, sobald eine neue Lebenssituation eintritt, etwa eine Familiengründung oder eine verantwortungsvolle Arbeitsstelle. Beginnt der Party Hopper dann, Verantwortung für andere zu übernehmen, wechselt er meist den Lebensstil.

Ausschlaggebend für die künftige Entwicklung dieses Lebensstils ist die Entwicklung des Megatrends Individualisierung: Eine heute bereits aufkommende „Wir-Kultur" wird stark ichbezogene Lebensstile an den Rand der Gesellschaft drängen.

Dieser Prozess wird den Lebensstil des Party Hopper künftig tendenziell für weniger Menschen attraktiv machen. Verschwinden wird er in den nächsten Jahrzehnten jedoch noch nicht, denn auch das ich-orientierte Grundbedürfnis nach Selbstfindung und Selbstentfaltung wird relevant bleiben.

Entwicklungsprognose der Gruppengröße

Der Self Balancer stellt das eigene Wohlergehen in den Mittelpunkt: Er achtet auf ein ausgeglichenes Verhältnis von Berufs- und Privatleben und fokussiert sich auf die essenziellen Dinge des Lebens.

Grundüberzeugung

„Das Wichtigste im Leben ist, dass es einem gut geht."

Lebensmotto im Alltag

„Ich möchte mich beruflich verwirklichen und gleichzeitig mit mir selbst im Reinen sein und niemals meine Lebensenergie durch Stress oder Kummer verlieren."

Lebensziel

„Um wahres Glück zu erfahren, bringe ich Körper und Geist täglich in Einklang."

SELF BALANCER

SELF BALANCER

Warum ist dieser Lebensstil wichtig?

Der Self Balancer ist ein Vorbild darin, innere Ausgeglichenheit zu leben und sich nicht durch äußere Einflüsse von seinem Weg abbringen zu lassen. Diese feste innere Überzeugung versteckt er häufig unter einer Leichtigkeit und Gelassenheit, mit der er sein Leben gestaltet.

Wie viele Self Balancer gibt es?

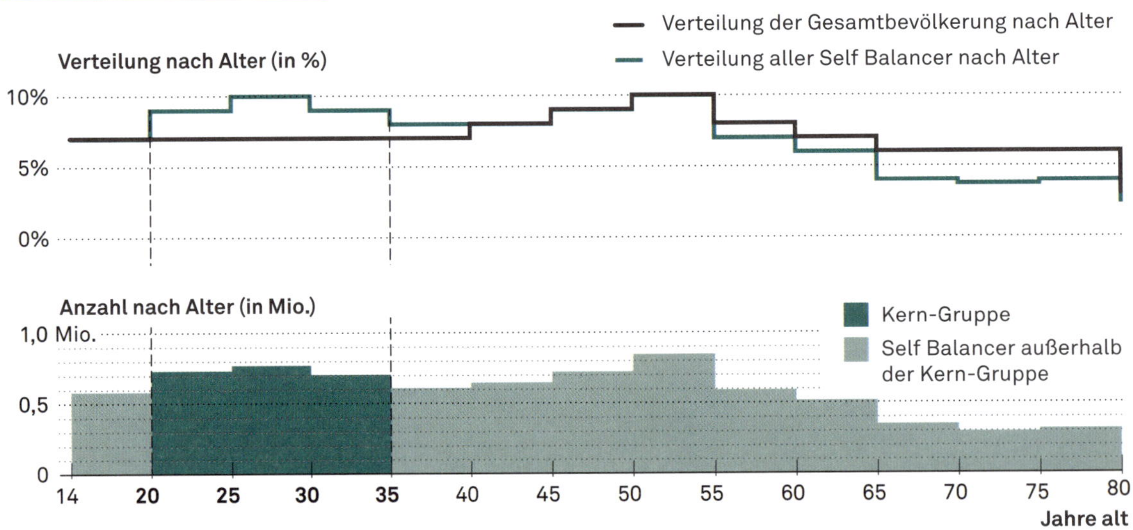

12,3% aller Deutschen (8,5 Mio.)

Kern-Gruppe: 2,4 Mio. (20 bis 34 Jahre alt)

Profil des Self Balancer

Der Self Balancer möchte sich selbst verwirklichen und dabei viel erleben. Er legt sehr viel Wert auf Erfolg im Beruf, doch das bedeutet nicht, dass er einen gestressten Lebensstil führt – ganz im Gegenteil, der Self Balancer nimmt die Dinge gleichzeitig relativ locker und möchte das Leben genießen. In diesem Sinne bezeichnet er sein Leben auch als einfach und bescheiden statt kompliziert. Wichtig ist für ihn, dass Körper und Seele im Einklang sind – daher ist er stets darauf bedacht, etwas für sein körperliches und seelisches Wohlbefinden zu tun.

Megatrend-Kontext

Gesundheit   New Work

Gesundheit ganzheitlich gedacht

Im Lebensstilentwurf des Self Balancers spiegeln sich zwei gesellschaftliche Veränderungen wider: Erstens die Entwicklung von Gesundheit zum dominierenden Lebensthema der Menschen. Zweitens der Wunsch nach einer Arbeitswelt, in der Leistung als Wert nicht über das Wohlbefinden des Einzelnen gestellt und Kreativität zum Ausgangspunkt für neue Formen und Kulturen des Arbeitens wird. Diese gesellschaftlichen Bewegungen werden in den Megatrends Gesundheit und New Work erfasst. Der Self Balancer vereint in sich beide Grundströmungen: Für ihn hat ein gesunder und ausgeglichener Lebensstil oberste Priorität – im privaten genauso wie im beruflichen Umfeld. Beeinflusst wird sein Lebensstil zudem durch einen hohen Individualisierungsgrad: Ihm liegt vor allem sein persönliches Wohlbefinden und seine Selbstwirksamkeit am Herzen.

Forderungen nach einer gesunden Lebenswelt

Gesundheit ist ein gesellschaftlicher Wert, der den Alltag der Menschen nachhaltig verändert. Gesundheit ist dabei von einer Aufgabe des Staats zu einer privaten Angelegenheit geworden, die selbstverantwortlich in die Hand genommen wird. Menschen kümmern sich zunehmend eigenständig darum, möglichst gesund zu leben. Dabei geht es längst nicht mehr lediglich um physische Unversehrtheit. „Gesund sein" bedeutet nicht einfach das Gegenteil von „krank sein", sondern spiegelt ein Lebensgefühl wider, bei dem ein ganzheitliches Wohlbefinden im Vordergrund steht.

Psychische und physische Dimensionen werden beim Verständnis von Gesundheit immer enger verknüpft – körperliche Gesundheit und individuelle Zufriedenheit sind für die Menschen zwei Seiten derselben Medaille. Die aktive Gesunderhaltung von Körper und Geist ist für viele Menschen nicht nur wichtig, um sich aktuell gut zu fühlen, sondern auch im Hinblick auf ihre Zukunft im Alter: Bis ins hohe Alter körperlich und geistig fit zu sein – das ist das Lebensziel, das es zu erreichen und auf das es hinzuarbeiten gilt. Hierfür werden schon in jungen Jahren die Werte rund um die eigene körperliche Konstitution beobachtet und verglichen sowie

Wer sind die Self Balancer?

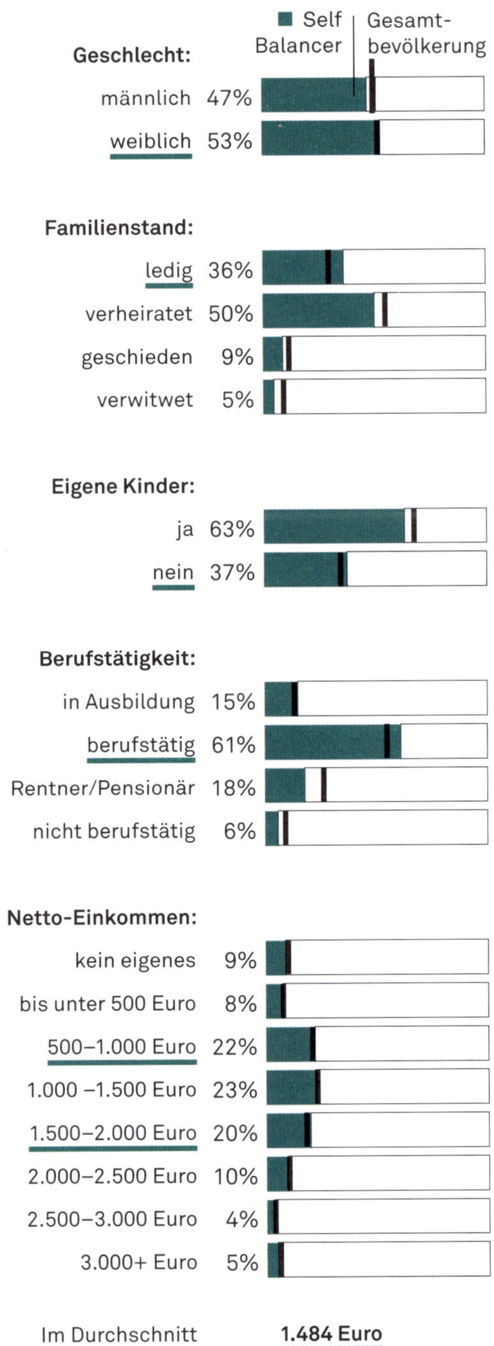

Informationen und Ratschläge zur Verbesserung gesucht. Während viele noch auf die Optimierung von Gesundheitsdaten mithilfe von Wearables und Selftracking bedacht sind, gehen Menschen wie die Self Balancer einen Schritt weiter: Sie läuten das Zeitalter eines ganzheitlichen Gesundheitsverständnisses ein.

Mit diesem ganzheitlichen Blick schauen die Menschen nicht nur auf sich, sondern bewusst darauf, welche Umgebungsqualität ihnen ihr Lebensraum bietet: Lärm, hektischer Verkehr sowie Smog sind typische gesundheitsbeeinflussende Umweltfaktoren, die besonders in Städten wirksam sind und Einfluss auf die Gesundheit der Bewohner nehmen. Auch enge Häuserschluchten und wenig Grünflächen führen dazu, dass Menschen an ihrem Wohnort psychisch beeinträchtigt werden. Menschen wie der Self Balancer nehmen dies stärker als andere wahr. Aus diesem Grund ziehen sie auch die Konsequenzen, wenn sich ihr Lebensumfeld nicht zum Besseren entwickelt, und wechseln den Standort: nicht aus beruflichen oder familiären, sondern aus Gründen der Gesundzufriedenheit.

Neue Rahmenbedingungen für gesundzufriedenes Arbeiten

In Zeiten von flexiblen Jobmodellen, in denen Arbeit immer und von überall ausgeführt werden kann, achtet der Self Balancer auch im Berufsleben auf ein gesundes Umfeld. Ein Arbeitsumfeld, in dem ungesunde Verhaltensweisen und Stress eher befördert denn vermieden werden, ist ihm unverständlich. Wo Arbeitszeit als Teil von Lebenszeit gilt und daher ebenso wertvoll empfunden wird, muss der Job für Menschen wie sie in Zukunft noch stärker einen Mehrwert über das Monetäre hinaus bieten: Spaß, Selbstentfaltung, Sinn.

Der Self Balancer ist damit Treiber einer Gruppe von vorwiegend jungen Menschen, die die Rahmenbedingungen des Arbeitens grundlegend hinterfragen und an ihre individuellen Bedürfnisse anpassen möchten. Ihnen widerstreben Arbeitsbedingungen,

95% der Self Balancer entspannen in ihrer Freizeit gerne zuhause

94% möchten zuhause Glück und Geborgenheit empfinden

Foto: Unsplash, CC0

Werteprofil des Self Balancer

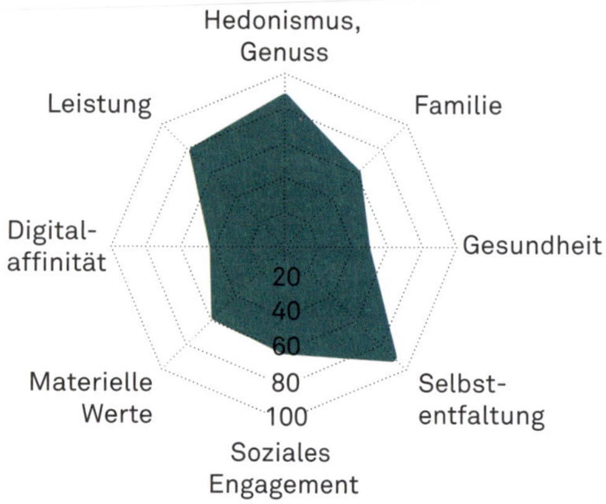

Konsum und Innovationsgrad

Der Self Balancer verzichtet auf Selbstausbeutung und wählt alternative Arten des Arbeitens und Lebens, bei dem weniger Arbeit und mehr freie Zeit für Arbeitnehmer nicht ein Verlust, sondern ein Gewinn sein kann.

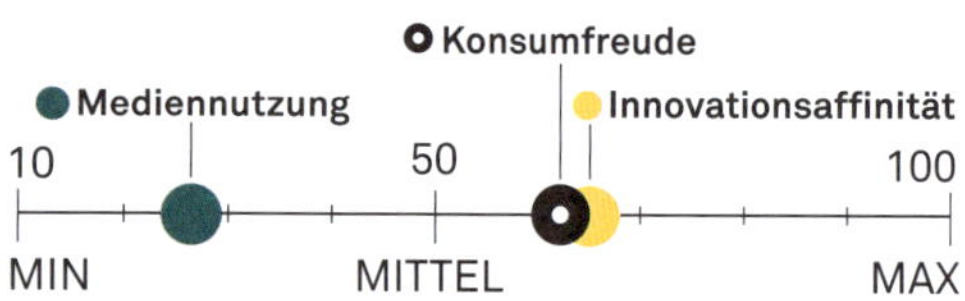

Mediennutzung im Vergleich

Die Selbstdarstellung in sozialen Medien ist dem Self Balancer fremd: Er setzt eher auf Digital Detox.

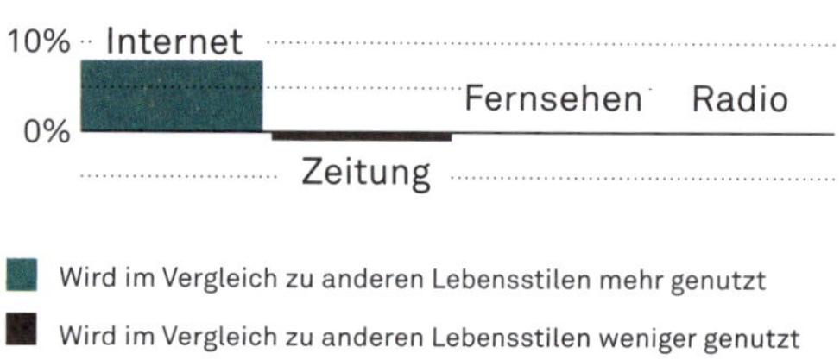

die permanente Stresssituationen hervorrufen; sie schützen sich bewusst vor Selbsterschöpfung und Selbstausbeutung. Sie fordern dies zwar nicht immer lauthals ein, ihre Abneigung gegen entsprechende Arbeitskulturen sorgt jedoch dafür, dass Unternehmen ohne flexible Arbeitszeitmodelle und eine gesundheitsfördernde Arbeitskultur künftig massiv an Attraktivität als Arbeitgeber verlieren. Der Self Balancer steht für ein neues Work-Life-Konzept der Kreativen, bei dem weniger Arbeit und mehr freie Zeit für Arbeitnehmer nicht ein Verlust, sondern ein wirtschaftlicher Gewinn sein kann.

Rolle und Influence in der Gesellschaft

Der Self Balancer gehört einer Avantgarde an, die einen alternativen Lebensentwurf zur Leistungs- und Optimierungsgesellschaft praktiziert. Diese Menschen vertreten ein neues Verhältnis von Job und Freizeit und wählen alternative Arten des Arbeitens und Lebens. Da ihr Fokus jedoch auf dem individuellen Wohlergehen und der persönlichen Selbstverwirklichung liegt und viele von ihnen noch nicht in Entscheiderpositionen sind, ist ihr Einfluss auf die Gesamtgesellschaft und auf die Wirtschaft nur ein indirekter: Durch ihre Lebensentscheidungen verändern sie die Arbeitswelt schleichend. Der Self Balancer sucht seine Balance zum persönlichen Wohlbefinden – dieser Balanceakt ist jedoch ein höchst individueller und bringt somit für jeden Menschen andere Gewichtungen mit sich. Er bietet der Gesellschaft kein Erfolgsrezept für ein besseres Leben, jedoch verkörpert er eine neue Selbstverantwortung der eigenen Gestaltung eines guten Lebens gegenüber.

Werteset und Lebensweise

Einfach zu mehr Lebensqualität

Das Lebenskonzept des Self Balancers ist vor allem durch sein Streben nach Selbstverwirklichung geprägt. Dies hat für den Self Balancer nichts mit übermotiviertem Aktionismus oder einer gesellschaftlichen Erwartungshaltung der Selbstentfal-

Foto: Pexels, CC0

71% meinen: Ich bin ziemlich spontan

64% meinen: Viele Entscheidungen treffe ich mehr mit dem Gefühl als mit dem Verstand

tung zu tun, sondern bedeutet für ihn primär, im Inneren ausgeglichen und bei sich zu sein. Er führt ein bewusst einfaches und bescheidenes Leben. Geld ist für ihn nicht alles, sondern eher ein Mittel zum Zweck. Damit meint er nicht, dass er sich nicht gerne auch das gönnt, was ihm Spaß macht. Aber Spaß bedeutet für ihn nicht gleich Konsum und Einfachheit nicht gleich Verzicht. Menschen wie er verstehen unter einem bescheidenen Lebensstil vor allem, dass sie die Dinge einfach halten und sich lieber in Gelassenheit üben, als in Hektik und Stress zu verfallen.

Entscheidungen treffen viele von ihnen daher auch mehr aus dem Bauch heraus als mit dem Verstand, denn sie haben die Erfahrung gemacht, dass ein unmittelbares Gefühl häufig besser ist als ein mühsam ausdiskutiertes Ergebnis. Sie konzentrieren sich lieber auf die Dinge, die ihnen wirklich wichtig sind. Zentraler Antrieb ihres Handelns ist die Frage: „Was tut mir gut?“ Mit diesem Streben nach Zufriedenheit gestaltet der Self Balancer auch sein Leben. Dabei geht es jedoch nie um Extreme, sondern um angenehme, zumeist kleine Adaptionen im Alltag, um diesen lebenswerter zu gestalten. Hierbei verfolgt er jederzeit das Mantra „besser statt mehr“. Mit diesem Motto können auch Unternehmen bei ihm punkten.

Gesund sein bedeutet für den Self Balancer, ein achtsames Leben zu führen und proaktiv etwas für die Gesundzufriedenheit zu tun – also ein physisches und psychisches Wohlgefühl. In Harmonie mit sich selbst und seiner Umwelt zu leben, dieses Ziel lässt ihn häufig auch unnötigen Ballast abwerfen, indem er sich darauf besinnt, was er im Leben

Der Self Balancer verzichtet auf Status-Symbole - und experimentiert auch mal mit Kleidertausch anstatt neue Kleidung zu kaufen

wirklich braucht. Das zeigt sich in einer eher auf Funktionalität eingerichteten Wohnung und in dem Verzicht auf Statussymbole wie ein eigenes Auto oder Designerkleidung. Manche Menschen, die diesem Lebensstil zugerechnet werden können, wagen auch das Experiment, für einen gewissen Zeitraum keine neue Kleidung zu kaufen, sondern Kleidungsstücke, die sie bereits besitzen, aufzutragen. Für sie hat das nichts mit Konsumverweigerung zu tun, sondern es ist eine Form der Simplifizierung und der Rückbesinnung auf ein bewusstes Leben.

Arbeitszeit als Qualitätszeit für Körper und Seele

Dieses Selbstverständnis beschränkt sich nicht nur auf einen bestimmten Bereich seines Lebens, sondern betrifft alle Facetten. Durch ein klug ausbalanciertes Verhältnis von Job und Privatleben meistert er seinen Alltag mit Leichtigkeit. Die fokussierte und lösungsorientierte Herangehensweise dieser Menschen an Dinge verhilft ihnen auch beruflich zu Erfolg. Jedoch ist möglichst schnell die Karriereleiter zu erklimmen für sie kein Ziel, das sie als Erfolg werten würden. Beruflicher Erfolg bedeutet für den Self Balancer, sich im Job zu verwirklichen und dort ein Umfeld zu genießen, in dem er sich persönlich entfalten kann. Obwohl dem Self Balancer finanzielle Unabhängigkeit – und somit Sicherheit im Alltag – wichtig ist, ist das Gehalt dennoch kein ausschlaggebender Grund, einen Job anzunehmen. Kaum verwunderlich, dass er im Vergleich zur Gesamtbevölkerung ein durchschnittliches Einkommen vorweist. Sinnstiftende Arbeit, ein sympathisches Team und ein gutes Arbeitsklima sind Dinge, die diese Menschen eher dazu bringen, sich langfristig an ein Unternehmen zu binden.

Der Self Balancer ist ein Repräsentant der sich entwickelnden Wissensökonomie und einer werteorientierten Wirtschaft. Die erforderlichen Fähigkeiten wie ganzheitliches Denken, Empathie, Problemlösungskompetenzen und Kreativität bringt er somit selbstverständlich mit – im Gegenzug erwartet er jedoch auch etwas von Unternehmen: Flexibilität. Er möchte von zu Hause arbeiten können, falls ihm das einmal besser tut, oder die Möglichkeit haben, eine temporäre Auszeit zu nehmen oder Arbeitszeit zu

Der Self Balancer ist keinesfalls bereit, sich für die Arbeit auszubeuten; Flexibilität ist ihm wichtiger als Geld oder Karriere

Der Self Balancer führt ein bewusst einfaches Leben; seine Wohnung ist eher funktional eingerichtet

Foto: Pexels, CC0

reduzieren. Wissensarbeit – davon ist er überzeugt – ist keine Fließbandarbeit, die zu geregelten Zeiten abrufbar ist. Der Self Balancer weiß ganz genau, unter welchen Bedingungen er produktiv ist – und auch ganz genau, wann er eine Auszeit benötigt. Multitasking versucht er zu vermeiden, weil er sich fokussiert voll und ganz einer Sache widmen möchte. Denn er ist überzeugt: „Jedes Mal, wenn ich unterbrochen werde und mich einem anderen Kontext widme, entsteht durch das Umschalten ein geistiger Leerlauf." Dabei ist es nicht lediglich die Arbeit, die in das Privatleben hineindiffundiert, sondern das Privatleben, das sich auf Arbeitszeiten und -motivation auswirkt. Diese mehr oder weniger zwangsläufige Verflechtung von Arbeit und Privatleben hat handfeste Auswirkungen auf die Art und Weise, wie Menschen zu ihrer Arbeit stehen.

Menschen mit dem Lebensstil des Self Balancers sind keinesfalls bereit, gesundheitliche Einbußen für den Job hinzunehmen und sich in eine Arbeitskultur zu begeben, die selbst auferlegte ungesunde Verhaltensweisen und Stress fördert. Sehen sie dies als Gefahr, versuchen sie um jeden Preis, sich selbst Rahmenbedingungen und Konditionen zu schaffen, um ein entspanntes Umfeld zu erzeugen. Da der Self Balancer sich im Zweifelsfall nicht laut beschwert, sondern lieber leise geht, heißt das für Arbeitgeber, besonders aufmerksam zu sein, Stressfaktoren innerhalb des eigenen Unternehmens aufzuspüren, ernst zu nehmen und auf die Bedürfnisse der Arbeitnehmer bewusst einzugehen. Nur so können wertvolle Mitarbeiter wie der Self Balancer ans Unternehmen gebunden werden.

Lebensbalance zwischen zu viel und zu wenig

Der Self Balancer versteht es perfekt, eine kluge Verbindung zwischen Privat- und Berufsleben zu schaffen. Auf der stetigen Suche nach Inspiration, Entschleunigung, Selbstverwirklichung und vollkommener Zufriedenheit in allen Lebensbereichen versucht er ein Work-Life-Konzept zu entwickeln, bei dem „always on" genauso eine Option ist wie das Betätigen des „Aus"-Schalters. Begründet wird dies hauptsächlich durch die Erkenntnis, dass Gesundheit kein fixierter Zustand, sondern ein gestaltbares System ist, das stets neu ausbalanciert und definiert werden muss.

Für ihn ist das gute Gefühl und das eigene Wohlbefinden wichtiger als der Gedanke, um jeden Preis gesundes Essen zu sich zu nehmen oder sich für eine sportliche Tätigkeit zu motivieren. Die Menschen mit diesem Lebensstil verbringen einen Abend auch gerne mal gemütlich auf der Couch und lassen sich vom Fernsehprogramm berieseln – statt wie geplant im Park joggen zu gehen. Sie ernähren sich gerne bewusst und ausgewogen, hierfür leisten sie sich auch Produkte aus der Region. Doch zugleich sind sie nicht diejenigen, die sich stundenlang in die Küche stellen und ein aufwändiges Menü zubereiten – hingegen bevorzugen sie Gerichte, die schnell gehen, und Lebensmittel, die lange haltbar sind. Dem Self Balancer geht es immer zuerst um sein eigenes Wohlbefinden, danach kommt das Streben, auch etwas Gutes für die Umwelt zu tun. Er achtet auf ausreichend Bewegung und geht gerne

Foto: Pexels, CC0

spazieren, ohne sich sportfanatisch im Fitnessstudio auszupowern oder leistungsorientiert für einen Halbmarathon zu trainieren. Auch hier geht er es lieber entspannt an und stellt Lebensqualität und innere Balance in den Vordergrund. Der Self Balancer versucht die Grundgedanken des Yoga in die moderne, vernetzte Welt zu tragen und somit sich selbst und seine Welt zu erden. Es geht ihm vor allem um die individuelle Bereicherung und persönliche Weiterentwicklung – weniger um die religiöse Weltanschauung. Er nutzt lediglich den Gedanken der Balance, um möglichst erfolgreich und zufrieden seinen Alltag zu meistern.

Seine Gesundheitsorientierung ist ein tiefes inneres Bedürfnis, Selbstdarstellung ist ihm völlig fremd. Auch wenn man meinen könnte, dass er ein erfülltes, vorzeigbares Leben führt, verspürt er nicht das Bedürfnis, dieses tagtäglich auf Instagram und Co. in Szene zu setzen. Ganz im Gegenteil: Es ist dieser Mensch, der auf Digital Detox setzt: den temporären Verzicht auf Social Networks und Internet oder das bewusste Ausschalten des Smartphones für eine digitale Selbstreinigung. Daher wählt er auch gerne solche Restaurants und Hotels aus, die ihm bei diesem Bedürfnis zur Seite stehen.

Glück und Zufriedenheit statt Luxus

Der Self Balancer kann die kleinen Dinge im Leben wahrnehmen und schätzen und benötigt daher keinen Luxus. Er bezeichnet sich auch eher als Schnäppchenjäger. Er ist davon überzeugt, dass Gutes nicht teuer sein muss, und sucht deshalb gerne nach günstigen Produkten mit einem guten Preis-Leistungs-Verhältnis oder kauft beim Discounter ein. Nichtsdestotrotz genießt er sein Leben und gönnt sich ab und zu Dinge, die ihm gut tun. Gesundheit als Verkaufsargument bringt den Self Balancer noch am ehesten dazu, das Portemonnaie zu zücken. Auch Genuss in Maßen schafft für ihn die nötige Entspannung. Auf der Suche nach Quellen und Möglichkeiten, um nicht dauergestresst und dauererschöpft durchs Leben zu hetzen, geht es ihm nicht einfach um Wellness, Selbstverwöhnung und Entspannung. Er nimmt auch aktiv am kulturellen Leben teil, indem er sich gerne mit Freunden trifft, gerne ausgeht oder auch Veranstaltungen besucht, um sich weiterzubilden. Um viel zu erleben, folgt er gerne spontan seinem Bauchgefühl: Spaß, Abwechslung und Unterhaltung sind ihm wichtig. Doch trotz dieser Spontaneität ist es nicht das Neue, das ihn reizt, sondern sein Gefühl, in diesem Moment das Richtige für sich zu tun. Ansonsten ist der Self Balancer ein Mensch, der das Gewohnte und Vertraute durchaus zu schätzen weiß und sich hier völlig entspannt fallen lassen kann. Familie und Freunde bedeuten für ihn Glück und Geborgenheit – die Momente mit ihnen erlebt er bewusst. Der Self Balancer schafft es, für sich ganz klar die Prioritäten in seinem Leben zu setzen, ist aus diesem Grund aber auch für Unternehmen nur schwer einzufangen, da das Urteil über das, was einem gut tut, ein höchst individuelles ist.

Grundbedürfnisse

Das Bewusstsein, dass er alles in Einklang bringen kann, macht den Self Balancer glücklich. Er möchte sich selbst verwirklichen und benötigt dafür nicht viel. Er ist kein Konsumverweigerer, sondern ein Mensch, der mit wenig zufrieden ist: Er lässt sich mit Qualität zu einem günstigen Preis begeistern. Er handelt jederzeit nach eigenem Maßstab: Er entscheidet selbstständig, was ihm im Berufs- und Privatleben gut tut und fügt sich nicht oder nur widerwillig in Vorgaben oder Strukturen ein, die von außen auf ihn einwirken. Fokussierung ist ihm wichtiger als Zerstreuung. Wellness-Angebote, Seminare zur Selbstwirksamkeit oder Meditations- und Yogakurse gehören für ihn selbstverständlich dazu, um seine innere Mitte zu finden bzw. zu bewahren. Obwohl er offen und aufgeschlossen ist, fühlt er sich in seinem direkten Umfeld am wohlsten. Seine Komfortzone ist seine Konstante, dort kennt er Strukturen und Rituale und weiß genau, wie er Balance schaffen kann.

Welche Zukunft hat der Self Balancer?

Mit dem zunehmenden Bedürfnis nach Selbstwirksamkeit wird sich der Wunsch nach Balance, Fokus und Konzentration immer mehr in der Gesellschaft festigen. Der Self Balancer hat das Prinzip verstanden, sich in dieser schnelllebigen Welt einen Hafen und eine gewisse Beständigkeit zu schaffen, ohne dabei stehen zu bleiben. Auch wenn er kein Typus von weitreichendem Einfluss ist, wird sich diese Lebensweise zunehmend – vor allem in den Städten – etablieren.

Der Lebensstil des Self Balancers kann nicht ausschließlich als innovativ betitelt werden, dennoch muss diesem Lebensstil in Zukunft mehr Beachtung geschenkt werden. Vor allem Arbeitgeber müssen sich zunehmend auf die Bedürfnisse des Self Balancers einstellen. Sie profitieren vor allem durch ein Geben und Nehmen, da Menschen wie diese in der Wissenskultur und Kreativ-Ökonomie genau die Hauptfiguren sind, die auf subtile, aber beständige Art und Weise die Arbeitswelt von morgen schaffen. Gesundheit ganzheitlich denken heißt in Zukunft, global gesunde Lebenswelten zu schaffen, die Optionen und Räume für gesundheitsförderliches Verhalten bieten, ohne das Recht auf ungesundes Verhalten abzuschaffen.

↗ Entwicklungsprognose der Gruppengröße

Der Vorwärtsmacher ist der Gestalter der Zukunft: Als Führungspersönlichkeit von morgen treibt er mit enormem Durchsetzungswillen, sozialer Kompetenz und einer gleichzeitig spielerischen Leichtigkeit den Wandel der Gesellschaft voran.

Grundüberzeugung

„Wer keine Visionen hat, sollte zum Arzt gehen! Nur mit Visionen kann man etwas verändern."

Lebensmotto im Alltag

„Ich lasse mich niemals von anderen bestimmen, denn ich weiß genau, was ich erreichen will."

Lebensziel

„Ich will etwas Besseres für mich und meine Mitmenschen schaffen und es der Nachwelt hinterlassen."

VORWÄRTS-MACHER

VORWÄRTS-MACHER

Warum ist dieser Lebensstil wichtig?

Der Vorwärtsmacher wirkt wie ein klassischer Karrieretyp, tatsächlich nutzt er seine Durchsetzungskraft und sein gestalterisches Wissen aber auch dafür, etwas für seine Mitmenschen und die Umwelt zu tun. Seine Eigensinnigkeit macht es Unternehmen nicht gerade leicht. Doch der gut ausgebildete Vorwärtsmacher ist nicht zuletzt wegen seiner sozialen Skills als Führungskraft attraktiv und unabkömmlich für proaktive Unternehmen.

Wie viele Vorwärtsmacher gibt es?

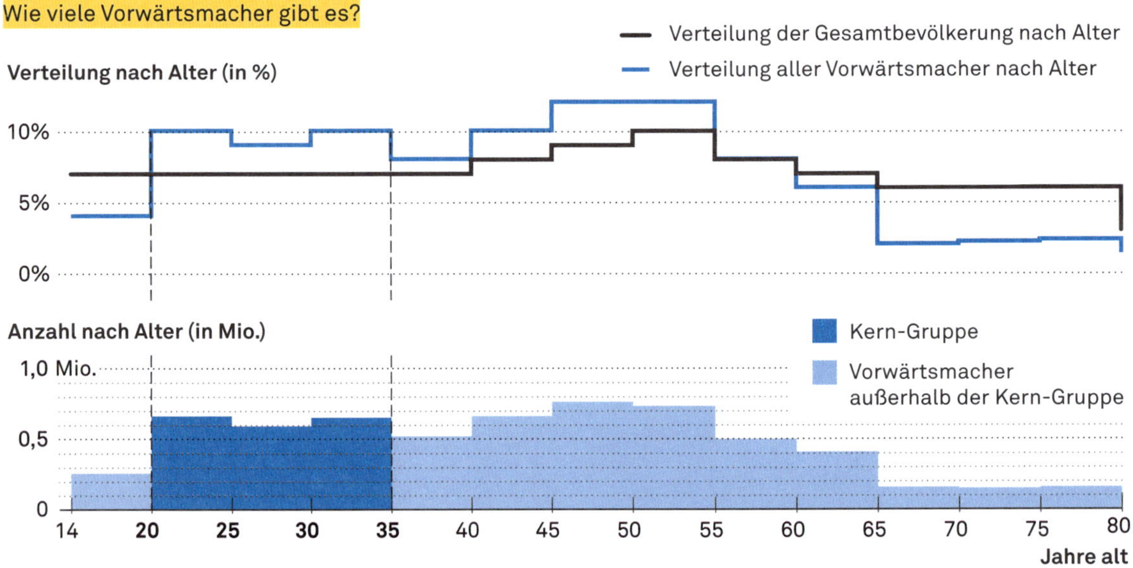

9% aller Deutschen (6,3 Mio.)

Kern-Gruppe: 1,9 Mio. (20 bis 34 Jahre alt)

Profil des Vorwärtsmachers

Der Vorwärtsmacher hat ehrgeizige Pläne: Er will im Leben weiterkommen. Erfolg im Beruf steht auf seiner Prioritätenliste ganz oben. Dabei scheut er sich nicht vor Verantwortung oder vor neuen Herausforderungen. Die Basis dafür bildet für ihn eine gute und vielseitige Bildung. Bei seinem Streben nach beruflichem Erfolg geht es ihm jedoch nicht um sich selbst, sondern um die Gesellschaft und eine gesunde Umwelt: Er hat an sich den Anspruch, sich aktiv für die Veränderung der Gesellschaft einzusetzen, und engagiert sich dafür auch sozial und politisch, z.B. um Unterdrückung und Ausbeutung in unserer Gesellschaft zu bekämpfen. Seine optimistische Grundeinstellung hilft ihm dabei, seine ehrgeizigen Pläne Realität werden zu lassen und sich gleichzeitig Spaß und Freude an vielen Erlebnissen im Leben zu gönnen.

Megatrend-Kontext

Wissenskultur New Work

Der Kampf um Talente

Talent, Kreativität und Innovationskraft geben in der Zukunft den Ton an: In der sich wandelnden Wirtschaftswelt zeichnet sich bereits ab, dass die besten Chancen auf Erfolg künftig diejenigen Unternehmen haben werden, die sich als offene Plattform und Labor der besten Ideen verstehen und den Einzelnen den Freiraum bieten, ihre Kreativität zu entfalten. Diese Entwicklung beschreiben wir mit dem Megatrend Wissenskultur. Kreative und soziale Kompetenzen, die den Vorwärtsmacher mit auszeichnen, helfen den Unternehmen, durch die Kraft des Neuen Wettbewerbsgewinner zu werden oder zu bleiben. Die entsprechenden Menschen zu finden und anzuwerben ist dabei eine essentielle Herausforderung für Unternehmen, die ihre Zukunftsfähigkeit sichern wollen.

Zu den Auswirkungen des Wandels, den der Megatrend Wissenskultur beschreibt, gehört eine Veränderung der Arbeitswelt: Der Megatrend New Work umfasst die neuen Dynamiken rund um neue Arbeitskulturen, Führungsstile und Unternehmensstrukturen. Menschen mit dem Lebensstil des Vorwärtsmachers befinden sich im Zentrum des „War for Talents", des Kampfes um Talente: Die jungen Menschen in dieser Lebensstilgruppe mit Führungskompetenzen und der Fähigkeit, quer zu denken, sind heute begehrte Arbeitskräfte. Arbeit nicht einfach als Pflicht sehen, sondern sie als ein Instrument zur Selbstentfaltung und zur Umsetzung der eigenen Werte nutzen: Mit dieser intrinsischen Motivation und einem entsprechenden Engagement stehen sie für ein neues Verständnis der Rolle, die Arbeit im Leben spielt.

Diejenigen, die den Lebensstil des Vorwärtsmachers führen, wollen und können, ausgestattet mit den besten Voraussetzungen, viel leisten und bewegen – jedoch zu ihren eigenen Konditionen, die sie selbstbewusst einzufordern wissen. Sie wollen selbstständig wirken können und halten nicht viel von starren Hierarchien. Sie wissen, dass sie begehrt sind, und bringen ihre Forderungen daher ohne Zögern in jede Form von Organisation ein. Diese Haltung trifft mittlerweile auf Männer und Frauen gleichermaßen zu,

Wer sind die Vorwärtsmacher?

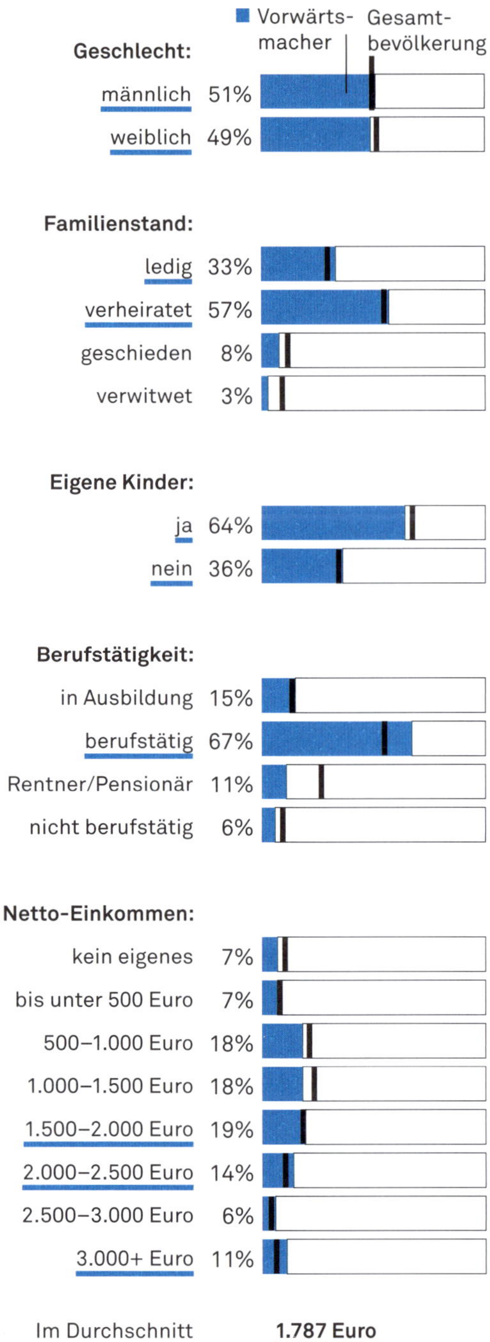

denn Letztere haben hier in den letzten Jahren deutlich an Selbstbewusstsein gewonnen. Unter ihrem Einfluss werden sich auch die Rahmenbedingungen des Arbeitens hin zu flexiblem Arbeiten in Co-Working-Spaces oder im Home-Office verändern, aber auch die Art und Weise, wie Menschen gemeinsam miteinander arbeiten: ohne Hierarchien, projektbasiert und wertschätzend.

Menschen mit dem Lebensstil des Vorwärtsmachers treiben auch den Wandel hin zu einem neuen Verständnis von Bildung an: Sie haben in ihren jungen Jahren nicht nur auf eine gute Ausbildung geachtet und sich im Kreativ- und Querdenken geübt, sie behalten diese Haltung auch in ihrer Berufszeit bei: „Aus-Bildung" ist für sie nicht etwas, das irgendwann „aus", also abgeschlossen ist, sondern ein ständiger Prozess, der das ganze Leben begleitet. Aus der Ausbildung wird ein Life-long-Learning – ein wichtiger Skill im Zeitalter der Kreativwirtschaft.

Engagiert für Gesellschaft und Umwelt

Der Vorwärtsmacher sieht die Ausbildung seiner Fähigkeiten und Kompetenzen nicht nur als reinen Selbstzweck für sich selbst, sondern er setzt sich sowohl privat als auch beruflich für eine gesunde Umwelt und für gesellschaftliche Veränderungen ein. Dieses Verantwortungsbewusstsein für seine Umwelt paart der Vorwärtsmacher mit der Überzeugung einer Ganzheitlichkeit der Welt: Ihm ist es nicht nur wichtig, dass es ihm und den Menschen und Lebewesen in seiner nächsten Umgebung – in seiner Stadt, in seiner Region oder in seinem Land – gut geht, sondern es soll allen Lebewesen auch auf der anderen Seite des Globus gut gehen. Menschen, die diesen Lebensstil führen, denken bereits europäisch, viele von ihnen sind mit offenen Grenzen und einer gemeinsamen Währung aufgewachsen. Übertriebener Nationalstolz ist ihnen völlig fremd. Ihnen ist vollkommen klar, dass ihr aktuelles Handeln im Hier und Jetzt immense Auswirkungen in anderen Regionen hat – und sie fühlen sich selbst dafür verantwortlich, erwarten dieses Verständnis allerdings auch von ihren Mitmenschen.

79% sagen: Ideal ist ein Beruf, in dem man ökologisches und soziales Engagement verwirklichen kann

Jeder Zweite macht regelmäßig Weiterbildungen

Wo das Bewusstsein nicht vorhanden ist, werden sie politisch aktiv und machen auf Wechselwirkungen und daraus resultierende Missstände aufmerksam. Aus diesem Grund bringen sich Menschen, die den Lebensstil des Vorwärtsmachers leben, häufig auch in Social Businesses ein: Hier kommen ihr Ehrgeiz und ihre Überzeugungen zusammen, und gemeinsam können sie mit einer innovativen Idee Großes bewegen und gesellschaftliches Umdenken anregen.

Rolle und Influence in der Gesellschaft

Der Vorwärtsmacher vereint in sich wichtige Kompetenzen für eine zukunftsweisende Wirtschaft: Diese Menschen sind gut ausgebildet, durchsetzungsfähig und verkörpern ein Werteset, mit dem sie die Welt als Ganzes verstehen und individuelle Interessen dem ganzheitlichen Interesse der Menschheit unterordnen. Sie sind aktive Gestalter mit einer immensen Portion Führungskompetenz und Veränderungswillen. Menschen mit diesem Lebensstil sind schon heute in Positionen mit Einfluss und üben einen starken Impact auf die Gesellschaft aus. Ihre hohe soziale Kompetenz zeichnet sie als einen avantgardistischen Lebensstil aus, der die ich-zentrierten Karrieretypen der klassischen Leistungsgesellschaft ablöst.

Werteset und Lebensweise

Führungspersönlichkeiten mit sozialer Kompetenz

Menschen mit dem Lebensstil des Vorwärtsmachers sind ehrgeizig und treiben Dinge gerne zügig voran. Ihren beruflichen Erfolg messen sie für sich daran, ob sie es geschafft haben, ein Projekt zum Erfolg zu bringen und etwas nachhaltig zu verändern. Die Arbeit spielt in ihrem Leben auch gerade deshalb eine große Rolle, weil sie sich hier selbst etwas beweisen können. Es geht nicht einfach darum, einen gesellschaftlichen Status zu erlangen oder viel Geld zu verdienen, sondern die Grenzen des eigenen Einflussbereichs auszutesten und sich selbst weiterzuentwickeln. In diesem Selbstverständnis und inneren Antrieb liegt auch das Geheimnis ihres Erfolgs. Vorwärtsmacher haben die Dinge lieber direkt selbst in der Hand, übernehmen gerne Verant-

Werteprofil des Vorwärtsmachers

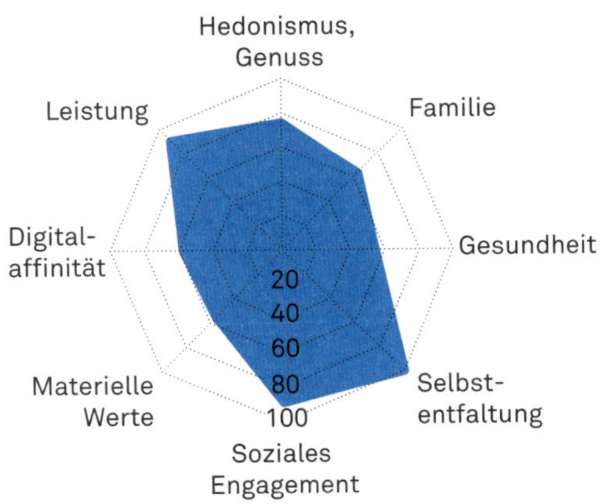

Der Vorwärtsmacher sieht die Arbeit nicht als Pflicht, sondern als ein Instrument zur Selbstentfaltung und zur Umsetzung der eigenen Werte.

Konsum und Innovationsgrad

Vorwärtsmacher verdienen überdurchschnittlich gut – schätzen einzigartige Erlebnisse aber mehr als Luxusobjekte.

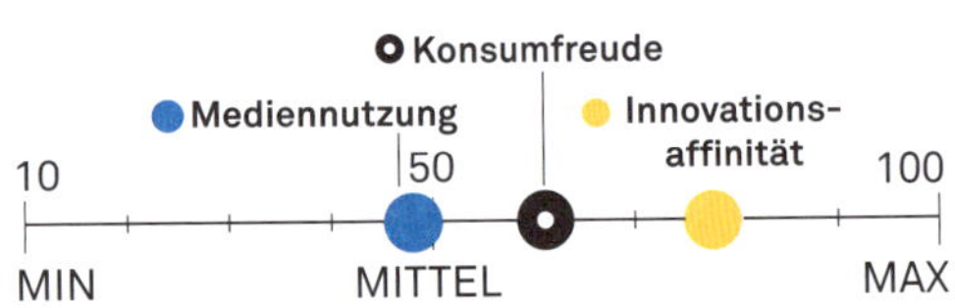

Mediennutzung im Vergleich

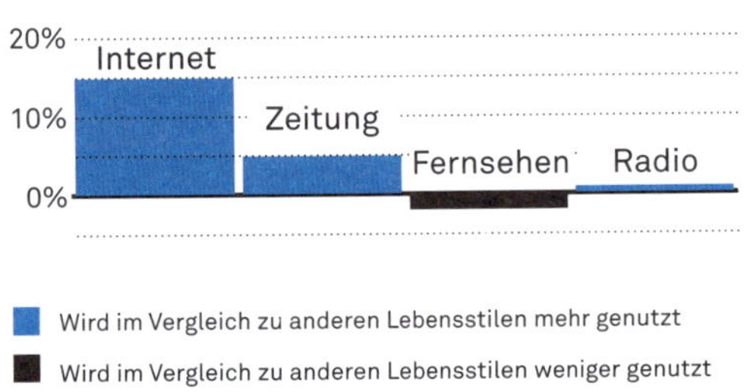

wortung und sind auch schon in jungen Jahren in leitenden Positionen. Sie verdienen daher auch schon überdurchschnittlich im Vergleich zur Gesamtbevölkerung. Die Frauen unter denjenigen, die diesen Lebensstil leben, stoßen dabei zwar auch heute noch immer mal wieder auf Vorurteile und unvermutete Hürden, doch diese überwinden sie schnell und mit einer Selbstverständlichkeit, mit der sie auch sonst durchs Leben gehen: Dass Frauen genauso nach ihrer Leistung beurteilt werden sollten wie Männer, steht für sie gar nicht zur Diskussion, und jeder, der sich in einer anderen Meinung versucht, wird von ihnen gnadenlos an die Wand geredet. Oder einfach stehen gelassen.

Menschen wie der Vorwärtsmacher werden von Unternehmen sehr gerne eingestellt – wenn sie mit seinem Handlungsdrang und seiner Abneigung gegen langwierige bürokratische Prozesse leben können. Dabei sind Menschen wie der Vorwärtsmacher keine Karrieristen von der Sorte, die nicht links und rechts gucken, vielmehr steckt in ihnen jede Menge Idealismus. Ihr unbedingter Wille ist es, etwas für die Gesellschaft und eine gesunde Umwelt tun, ökologische, soziale und politische Themen voranzutreiben und neue Maßstäbe in der Wirtschaft zu setzen. Daran haben sie Spaß, und wenn ihnen ein Unternehmen bietet, dies im Rahmen ihrer Arbeit umsetzen zu können, ist ihnen das gerade recht.

Trotz ihrer ehrgeizigen Ziele im Leben und ihrer enormen Durchsetzungskraft sind diese Menschen echte Sympathieträger ohne Überheblichkeit und Ellenbogenmentalität. Sie haben hohe soziale Kompetenzen und setzen sich für ihre Mitmenschen ein: Im Beruf erkennen sie die Stärken und Schwächen ihrer Kollegen und sind somit in der Lage, das Beste aus ihnen herauszuholen. Zudem ist der Vorwärtsmacher in der Lage, sich eigene Fehler einzugestehen und aus ihnen zu lernen. Für die Fehler ihrer Mitarbeiter stehen diese jungen Führungskräfte gerade – sie versuchen sich nicht herauszureden, sondern ziehen im Notfall als Führungspersönlichkeit auch die Konsequenzen; sie sind absolut loyal gegenüber ihren Kollegen. Der Vorwärtsmacher hat ein Händchen dafür, eine angenehme und produktive Arbeitskultur zu schaffen, in der das Arbeiten Spaß macht – er erlaubt Freiräume, um kreative Ideen entstehen zu lassen, und schafft es durch seine Empathiefähigkeit, jeden Einzelnen individuell zu motivieren.

Durchsetzungsstark und engagiert durchs Leben

Nicht nur im Job, sondern in allen Lebensbereichen glänzen diese Menschen mit ihren Führungsqualitäten: in der Partei, im Sportverein oder bei kulturellen Events. In manchen Situationen bremsen sie sich sogar erst mal bewusst, wenn es um die Übernahme von verantwortungsvollen Tätigkeiten geht, um anderen nicht direkt den Raum zu nehmen. Zugleich wundern sie sich, dass sich keiner freiwillig bereit erklärt und sich seine Mitmenschen regelrecht bitten lassen. „Was ist denn dabei, Elternsprecher zu sein? Oder warum möchte keiner die Kapitänsbinde in meiner Mannschaft übernehmen?“ – das sind Fragen, auf die der Vorwärtsmacher keine Antwort findet – und dann einfach selbst zugreift.

Auch sonst sind Menschen wie der Vorwärtsmacher in ihrer Freizeit sehr aktiv: Stillsitzen und Nichtstun fällt ihnen extrem schwer. Lieber verbringen sie ihren Abend im Fitnessstudio oder auf dem Sportplatz, denn sie bewegen sich gerne und wissen auch, dass sie mit regelmäßigem Sport und daneben einer gesunden Ernährung nicht nur Körper und Seele in Einklang bringen, sondern auch eine notwendige Basis für ihren intensiven Lebensstil schaffen. Es ist für den Vorwärtsmacher keine Erholung, einen ruhigen Abend auf der Couch zu verbringen, sondern er entspannt sich dann, wenn er unterwegs ist und Spaß und Freude am Leben hat. So stürzen sich Menschen, die diesen Lebensstil leben, mal ins kulturelle Leben und besuchen Museen, Galerien und Ausstellungen, mal genießen sie ein gutes Essen mit ihrem Partner oder ein Wellness-Angebot mit der besten Freundin. Tatsächlich gehört der Vorwärtsmacher zu den wenigen jungen Menschen, die überdurchschnittlich viel an Kulturveranstaltungen teilhaben und auch hin und wieder mal einem Theater, einem klassischen Konzert oder gar einer Oper einen Besuch abstatten. Den Anspruch an ein gewisses Niveau, den der Vorwärtsmacher schon im Beruf an den Tag legt, behält er auch privat bei. Er genießt es, über Kunst und Kultur zu philosophieren – dabei geht es ihm aber besonders um den Akt an sich, der Inhalt ist zwar auch wichtig, aber nicht wichtiger als das Glas hochklassigen Whiskeys, kombiniert mit einer kubanischen Zigarre. Sein Hang zum Luxus äußert sich weniger in teuren Produkten, sondern in dem Wunsch nach dem ganz besonderen Produkt, nach dem einzigartigen Erlebnis. Luxus ist für ihn weniger Besitz und Reichtum als vielmehr die unvergesslichen, genussvollen Momente im Leben.

Gestalter einer Weltgesellschaft

Seine vielseitige Interessen haben für den Vorwärtsmacher viele Vorteile: sie führen zu einem fundierten Allgemeinwissen. An sich selbst stellt er den Anspruch, sich aus verschiedenen Informationsquellen zu einem Thema zu informieren, um über eine gewissenhafte Grundlage für seine eigene Meinungsbildung zu verfügen. Menschen wie der Vorwärtsmacher kennen sich in zahlreichen Bereichen gut aus, auch wenn sie keine Experten mit Spezialwissen sind – etwas, was sie im digitalen Zeitalter, in dem Wissen schneller altert denn je zuvor, sowieso für völlig überholt halten. Denn viel wichtiger als das ist die Kompetenz, sich die notwendigen Informationen schnell zusammenzutragen und sich so das Spezialwissen bei Bedarf leicht aneignen zu können.

Seine hohe soziale Kompetenz hat der Vorwärtsmacher zusammen mit seiner Fähigkeit ausgebildet, Sachverhalte schnell und aus verschiedenen Blickwinkeln erfassen zu können. Er legt ein gutes Feingefühl für die Befindlichkeiten seines Gegenübers an den Tag, sodass er in heiklen Angelegenheiten auch mal die Rolle des Mediators einnimmt, weil er für die verschiedenen Sichtweisen Verständnis aufbringen kann. Überhaupt fällt es ihm leicht, mehrere Perspektiven gleichzeitig mitzudenken: So fühlt er sich nicht nur für die Menschen in seinem direkten Umkreis verantwortlich, sondern auch für

Die Vorwärtsmacher sind bereit, sich für eine bessere Welt auch politisch zu engagieren

die Menschen in der Ferne. Eine Naturkatastrophe in Südostasien nimmt ihn genauso mit wie ein Terrorangriff ein paar hundert Kilometer entfernt.

Ihren starken Gerechtigkeitssinn setzen Menschen mit dem Lebensstil des Vorwärtsmachers häufig in sozialen Projekten ein: Sie engagieren sich neben ihrer beruflichen Tätigkeit in sozialen und Umweltprojekten und übernehmen ehrenamtliche Tätigkeiten in lokalen Vereinen. Es kann aber auch vorkommen, dass sie ihren guten und lukrativen Job für eine Zeitlang an den Nagel hängen, um sich für Hilfs- und Entwicklungsprojekte auf der ganzen Welt einzusetzen: Den Vorwärtsmacher findet man bei den Ärzten oder Ingenieuren ohne Grenzen, beim Einsatz für Straßenkinder in Lateinamerika oder beim UN-Flüchtlingshilfswerk. Außerdem unterstützt er auch gerne Start-ups, die sich für die Verbesserung der Situation in Entwicklungsländern oder Krisenregionen einsetzen, z.B. für Drohnen zur medizinischen Versorgung oder die Brille für einen Dollar. Solche Projekte treibt er mit seinen Visionen voran und schafft es, viele Menschen davon zu überzeugen und auf diese Weise Gelder für seine Vorhaben zu gewinnen. Der Vorwärtsmacher ist bereit, für eine bessere Welt selbst vor Ort anzupacken, aber auch im Alltag achtet er darauf, sich achtsam zu verhalten. Die Nachhaltigkeit von Produkten, beispielsweise ihre Umweltverträglichkeit, spielt eine große Rolle. Zudem ist es ihm wichtig, dass die Produkte nicht aus Kinderarbeit stammen oder dass bei der Herstellung keine gesundheitsschädlichen Substanzen zum Einsatz kamen. Aus diesem Grund kauft der Vorwärtsmacher nach Möglichkeit Natur- und Bioprodukte oder solche, die aus fairem Handel stammen. Am liebsten kennt er auch gleich die Geschichte dazu: Er recherchiert mit Vorliebe die Herstellungsbedingungen, informiert sich darüber, von welchem Bauern die Baumwolle seines T-Shirts stammt und in welcher Fabrik es genäht wurde.

Der Vorwärtsmacher übt sich nicht in Verzicht oder Protest – ihm ist daran gelegen, mit allen ihm zur Verfügung stehenden Mitteln für seine Werte zu kämpfen und entsprechende Veränderungen in der Welt anzustoßen. Er möchte die Welt in Bewegung

Einer von fünf Vorwärtsmachern betätigt sich ehrenamtlich

86% ist kulturelles Leben wichtig

Foto: Flickr, Artsy, CC BY-SA

bringen und mit seinen eigenen Händen formen – das bedeutet nicht nur für ihn selbst das größte Erfolgserlebnis, sondern er tut es auch für seine Mitmenschen und die, die möglicherweise nach ihm kommen werden und für die er die Welt von heute mitgestaltet.

Grundbedürfnisse

Der Vorwärtsmacher ist ein Gestalter, der ungern untätig ist. Er will sich engagieren und sein Potenzial entfalten, sowohl für seinen persönlichen beruflichen Erfolg als auch für die Gesellschaft. Der Vorwärtsmacher will das Maximum aus sich selbst und seiner Lebenszeit herausholen. Er sucht Herausforderungen in allen Lebensbereichen, um Dinge voranzutreiben und erfolgreich zu meistern. Luxus bedeutet für ihn in erster Linie, seine Zeit sinnvoll zu verbringen und wichtige Erfahrungen zu machen, die gerne auch Spaß machen dürfen. Er ist bereit, immer wieder in Neues und Besseres zu investieren – doch müssen diese Produkte und Services zugleich seinen hohen Ansprüchen genügen: Er fordert das Wissen um die Hintergründe und flankierende Geschichten ein, um ein Verständnis für die großen Kontexte zu gewinnen.

Welche Zukunft hat der Vorwärtsmacher?

Dem Vorwärtsmacher gehört die Zukunft – er legt eine immense Führungskompetenz an den Tag, Durchsetzungskraft gepaart mit sozialem Einfühlungsvermögen. Diese Eigenschaften und Fähigkeiten bringen ihn schnell in die absoluten Spitzenpositionen in Wirtschaft und Gesellschaft. Sein Einfluss wird künftig wachsen und zu einer Verbesserung der globalen Verhältnisse führen.

Das hohe Selbstvertrauen wird ihm vor allem dann zugutekommen, wenn es mit Resilienz einhergeht. Das beinhaltet auch eine gewisse Flexibilität und die Bereitschaft, von den großen Zukunftsplänen abzuweichen und offen zu sein für das, was kommt.

Der Idealismus dieser Menschen wird sich sicherlich verändern, und sie werden auch Rückschläge einstecken müssen, doch bringen sie vor allem ihr unerschrockener Mut, ihr unerschütterlicher Optimismus und ihr Bedürfnis nach produktivem Wandel voran.

Entwicklungsprognose der Gruppengröße

Der Moderne Nomade lebt unabhängig vom geografischen Ort im permanenten Unterwegs, fühlt sich auf der ganzen Welt zuhause und legt eine offene und neugierige Geisteshaltung an den Tag.

Grundüberzeugung

„Es spielt keine Rolle, wo jemand herkommt oder lebt, wichtig ist das Mindset!“

Lebensmotto im Alltag

„Ich bin jederzeit offen für neue Erfahrungen und Begegnungen, denn ich bin ungebunden und ohne Vorurteile.“

Lebensziel

„Ich will in meinem Leben so viel wie möglich von der Welt entdecken – und mich dadurch auch selbst immer besser kennenlernen.“

MODERNER NOMADE

MODERNER NOMADE

Warum ist dieser Lebensstil wichtig?

Der Moderne Nomade kennt keine Grenzen im Kopf und hat ein weltoffenes, vorurteilsfreies Mindset. Von ihm kann man lernen, was es wirklich heißt, globalisiert zu leben. Man kann ihn allerdings auch kritisch beäugen für seinen ungebundenen Lebensstil, dem jegliches Commitment fehlt. So kann es durchaus passieren, dass seine hedonistische Lebensweise mit Werten wie Familie oder Umweltschutz kollidiert. Wer ihn aber nimmt, wie er ist, hat mit ihm einen mutigen Vordenker für die Zukunft für sich begeistert.

Wie viele Moderne Nomaden gibt es?

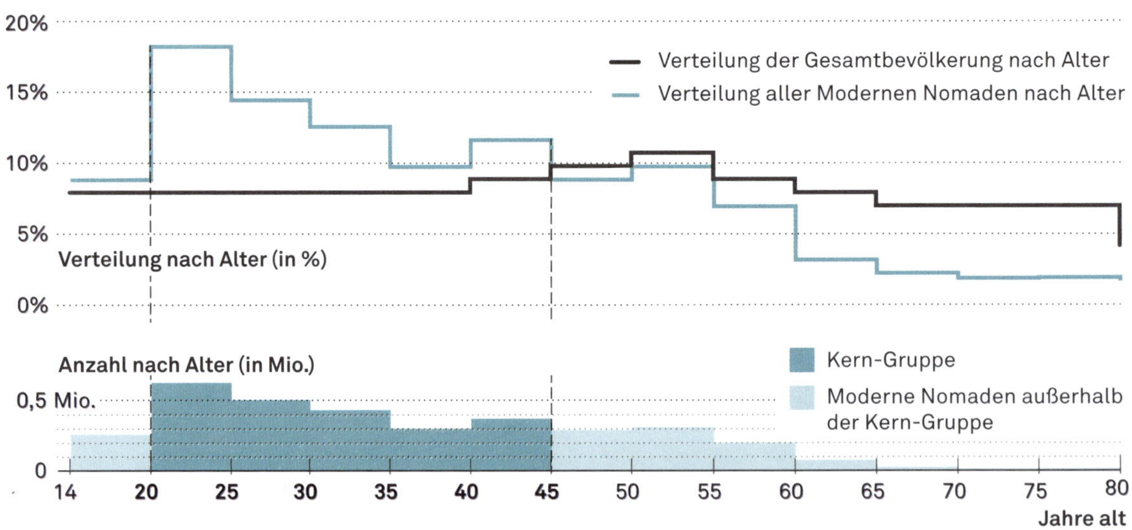

5% aller Deutschen (3,4 Mio.)

Kern-Gruppe: 2,2 Mio. (20 bis 44 Jahre alt)

Profil des Modernen Nomaden

Das Leben genießen, die Dinge locker nehmen, Spaß haben – das sind für den Modernen Nomaden die wirklich wichtigen Dinge im Leben. Er will möglichst viel erleben, darum geht er mindestens zweimal pro Jahr auf Reisen. Menschen mit dem Lebensstil des Modernen Nomaden sind besonders gut digital vernetzt. Ihre Kontakte von überall in der Welt pflegen sie intensiv über soziale Netzwerke. Denn der Moderne Nomade hat sehr gerne einen großen Freundeskreis. Ebenso wichtig ist für ihn auch die finanzielle Unabhängigkeit, denn nur so kann er seinen mobilen Lifestyle auch dauerhaft realisieren.

Megatrend-Kontext

Globalisierung

Mobilität

Konnektivität

Zuhause in einer globalisierten Welt

Der Moderne Nomade ist ein Akteur der einflussreichsten Megatrends unserer Zeit: Globalisierung, Konnektivität und Mobilität. Dieser Lebensstil wird gelebt von Menschen, die überall zuhause sind: Ihre wahre Heimat finden sie gewissermaßen erst in der Heimatlosigkeit. Entstanden ist dieser Lebensstil im Kontext einer mittlerweile globalisierten Welt, in der eine steigende Zahl an Menschen über das Internet mit Menschen überall auf der Welt kommunizieren können und in der zugleich immer mehr Menschen es sich leisten können, Flugreisen in ferne Länder zu unternehmen. Diese Entwicklungen haben nicht nur die kulturellen Muster und Verhaltensweisen verändert, sondern auch das Denken – das alles ist Teil des Megatrends Globalisierung.

Der Moderne Nomade wird von verschiedenen sozialen Gruppen und Bewegungen der heutigen Gesellschaft geführt – Vertreter der Generation Global, Kosmopoliten sowie Globetrotter unterschiedlicher Couleur. Sie alle verbindet, dass sie sich als Weltbürger fühlen und in der Welt zuhause sind – und nicht an einem bestimmten Ort. Der Moderne Nomade lässt sich auf besondere Weise ein auf die vielschichtigen Auswirkungen der Globalisierung: auf die neuen Ströme von Waren, Menschen, Bildern, Wissen, Daten, Ideen und Bewegungen, die sich in immer höherer Geschwindigkeit um den Globus bewegen.

Menschen mit dem Lebensstil des Modernen Nomaden schauen dabei nicht nur zu, sondern sind ein besonders aktiver Teil dieser Strömungen. Sie befeuern die globalen Ströme mit – so etwa mit digitalen Inhalten, die sie produzieren, wo immer sie gerade unterwegs sind, ob auf einer Weltreise oder auf einem Kurztrip für ein Job-Projekt. Alles, was dem Modernen Nomaden hilft, diesen nomadischen, ungebundenen Lebensstil zu pflegen oder interessanter zu machen, stößt deshalb bei ihm auf großes Interesse und er saugt es förmlich ein – seien es innovative technologische Gadgets, exotische Erlebnisse oder unkonventionelle Lebensweisen.

Mobile Lifestyle: Always on the go

Global, mobil, vernetzt: Der Moderne Nomade kommuniziert, arbeitet und lebt unterwegs – und verkörpert damit wie kein anderer den mobilen Lifestyle im 21. Jahrhundert. Die Labels der digitalen Daueraktivität, von „always on“ bis „24/7“, schrecken ihn nicht ab, sondern spiegeln eher sein

Wer sind die Modernen Nomaden?

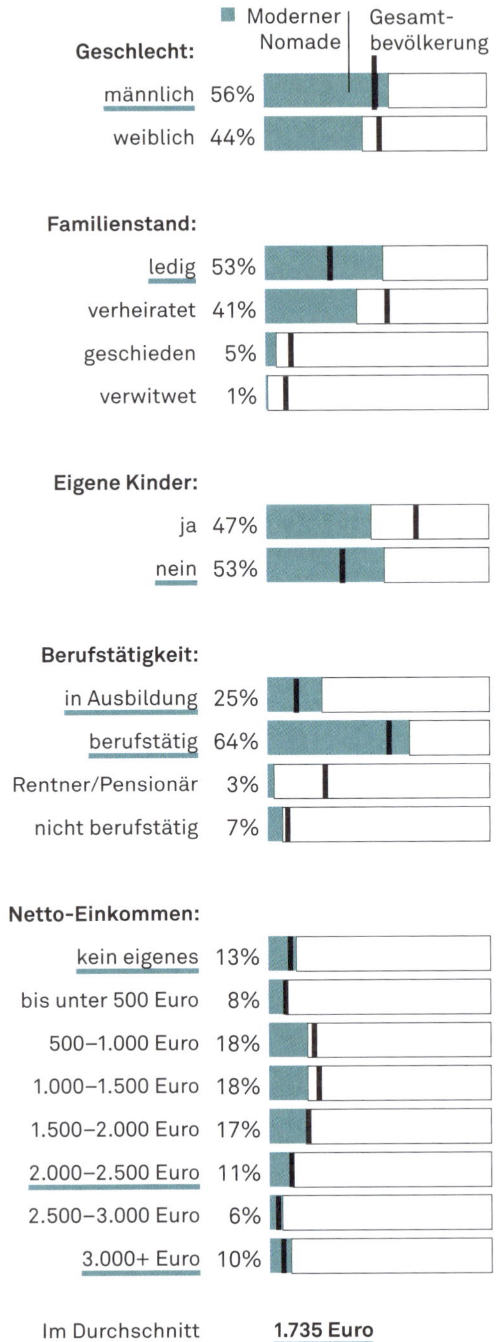

Der Moderne Nomade kommuniziert, arbeitet und lebt unterwegs und kann mit dem Konzept Heimat nur noch wenig anfangen.

flexibles Mindset. Und im flüchtigen Modus des „being on the move" und „on the go" fühlt er sich erst richtig aufgehoben.

Foto: Pexels, CC0

Ermöglicht wird dieser hochgradig flexible Lebensstil durch die fortschreitende Vernetzung und die damit verbundenen technologischen Möglichkeiten, aber auch durch bezahlbar gewordene Mobilitätsangebote: Mittels Smartphones, Notebooks und mobilem Internetzugang können Moderne Nomaden im Flugzeug arbeiten, im Zug ihre persönlichen Social-Media-Kontakte pflegen oder am Strand nach dem nächsten beruflichen Projekt suchen. So spiegelt sich die mobile und vernetzte Lebensweise des Modernen Nomaden auch in einer hohen Technikaffinität, die es ihm ermöglicht, immer mit seinem sozialen Netz in Kontakt zu sein.

Eine klare Trennung von Orten und Räumen in die Kategorien „privat" und „öffentlich" oder auch „Arbeiten" und „Wohnen/Leben" kennt der Moderne Nomade nicht mehr. Er lebt im wahrsten Sinne des Wortes im „Third Home". Die dritten Orte, die Räume des Dazwischen, sind Orte der Begegnung. Third Places können öffentliche Räume im Stadtraum sein, aber auch halböffentliche Orte wie Bahnhöfe, Bildungseinrichtungen, Sport- oder Kulturstätten. Geschäfte und Gastronomie zählen ebenfalls zur Kategorie dritte Orte. Sie werden in Zukunft zu einem aktiven Bestandteil und einer Bereicherung der Wohn- und Arbeitskultur. Auch das kennzeichnet die Progressivität dieses Lebensstils: In einer zunehmend digitalisierten und globalisierten Welt verschwimmen die Grenzen zwischen Bereichen, die zuvor noch klar separierbar waren. Insofern lebt der Moderne Nomade mit seinem mobil-vernetzten Work-Life-Blending schon heute vor, was viele noch nicht anerkennen wollen: dass wir in einer neuen, globalen, hypervernetzten Realität leben.

Open Mindset: Von Neugier getrieben

Kaum etwas ist dem Modernen Nomaden fremder als starre Denkmuster, rückwärtsgewandte Ideologien oder engstirnige politische Strömungen.

Werteprofil des Modernen Nomaden

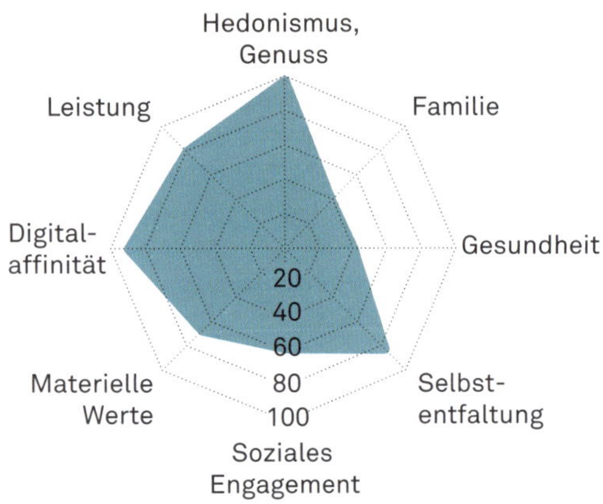

Der Moderne Nomade ist ein Hedonist, der Unterhaltung und Abwechslung sucht und dabei ökologische und ethische Werte eher außen vor lässt.

Konsum und Innovationsgrad

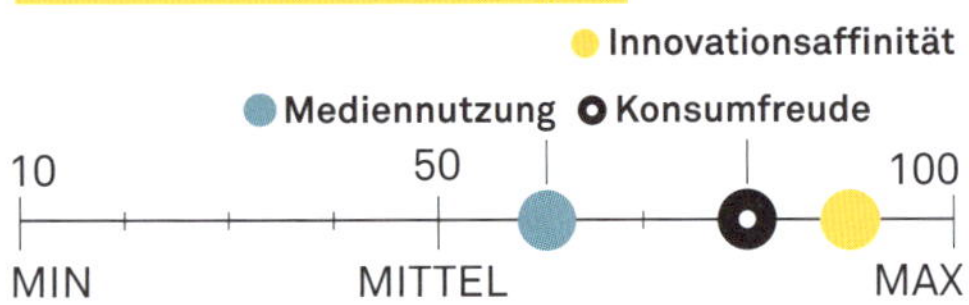

Mediennutzung im Vergleich

Der Moderne Nomade lebt global, mobil und vernetzt: seine hohe Technikaffinität ermöglicht ihm, mit seinem sozialen Netz immer in Kontakt zu sein.

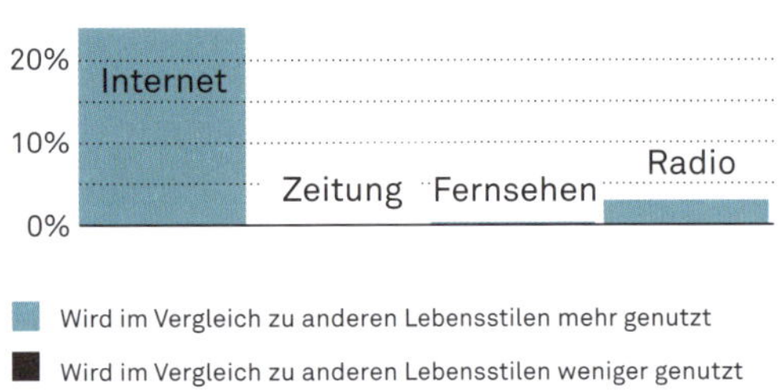

Sein Mindset ist geprägt von einer großen geistigen Offenheit. Menschen wie der Moderne Nomade denken in globalen Dimensionen, traditionelle soziale Konventionen interessieren sie nicht. Sie sind grundsätzlich neugierig für innovative Sichtweisen und Botschaften, die sie inspirieren und bereichern, mit denen sie möglicherweise auch etwas über sich selbst lernen können. Sie nutzen die Möglichkeiten der globalisierten Welt, um neue Orte und Menschen kennenzulernen und neue Erfahrungen zu sammeln. Mit ihren zahlreichen Reisen bauen sie ein stetig wachsendes internationales Netzwerk von unverbindlichen Kontakten auf. Dabei geht es ihnen nicht darum, Kontakte lediglich zu sammeln, sondern sie erfreuen sich daran, überall auf der Welt Menschen zu kennen, die sie besuchen können – was sie auch bei Gelegenheit gerne tun. Der Moderne Nomade lebt die Mentalität: „Wenn du mal in der Nähe bist, komm vorbei!"

Rolle und Influence in der Gesellschaft

Der Moderne Nomade nimmt eine Vorreiterrolle innerhalb der Gesamtgesellschaft ein. Während große Teile der Bevölkerung mit den neuen Herausforderungen der vernetzten Welt zu kämpfen haben, sieht der Moderne Nomade vor allem neue Chancen und Möglichkeiten, um sich frei und unabhängig zu entfalten, beruflich wie privat. Als Arbeitnehmer entspricht der Moderne Nomade dem Idealtypus des eigenverantwortlichen und flexiblen Projektarbeiters. Der Moderne Nomade nimmt mit seinem Mindset Einfluss auf sein großes soziales Netzwerk, setzt sich aber nicht mit gesellschaftlichem oder politischem Engagement für sein Weltbild ein. Entsprechend ist sein Einfluss etwas geringer, als man von dem Innovationsgrad seines Lebensstils erwarten könnte.

Werteset und Lebensweise

Leben im virtuellen und globalen Raum

Digitalität ist fester Bestandteil im Leben des Modernen Nomaden. Erst der virtuelle Raum eröffnet

Digitalisierung macht es für den Modernen Nomaden möglich, sich konsequent vom physischen Ort loszulösen – um z.B. von überall aus an einem Projekt zu arbeiten

Foto: Pexels, CC0

Foto: Flickr, University of Michigan, CC BY

75% sagen, dass sie im Internet leichter Leute finden, die ihre Interessen teilen, als im wirklichen Leben

ihm die Möglichkeit, sich derart konsequent vom physischen Ort loszulösen. Das gilt zum einen für das Selbstbild und die Persönlichkeitsstruktur des Modernen Nomaden: Er fühlt sich nur noch sehr lose mit Konzepten des Nationalstaats oder der Heimatregion verbunden. Der Moderne Nomade vertritt grundlegend humanistische und egalitäre Werte und ist fest davon überzeugt, dass Herkunft, Hautfarbe oder Geschlecht keine große Rolle spielen. Während andere damit hadern, dass sich Global Cities überall auf der Welt immer mehr ähneln, Kulturen sich vermischen und Englisch immer mehr zur Weltsprache wird, weiß der Moderne Nomade gerade das zu schätzen. Zum anderen trifft er auch konkrete Lebensentscheidungen sehr flexibel: Steht ein Jobwechsel an, spielt der Ort der Arbeitsstelle für den Modernen Nomaden nur eine untergeordnete Rolle. Auch mit Fernbeziehungen hat der Moderne Nomade kein Problem – seine Emotionen vermögen ihn ebenso wenig an einen Ort zu fesseln wie seine Wurzeln.

Für Menschen, die diesen Lebensstil pflegen, ist das Internet eine existenzielle Konstante, um soziale Kontakte zu pflegen, sich zu informieren und zu arbeiten. Im Internet ist der Moderne Nomade nicht nur Rezipient, sondern partizipiert besonders aktiv. Häufig schreibt er Beiträge auf Bewertungswebsites oder betreibt einen eigenen Blog. Hier pflegt er seine Freundschaften und beruflichen Kontakte, hier lernt er neue Leute kennen und findet Menschen, mit denen er sich über seine Interessen austauschen kann. Über Couchsurfing tritt er mit anderen Gleichgesinnten bereits vor seiner Reise in Kontakt, um aus erster Hand die wichtigsten Infos, spannendsten Events und hippsten Locations in einer Region zu erfahren. Nicht selten entwickelt sich über dieses soziale Netzwerk eine lose Freundschaft, die dann zu einem Treffen führt.

Doch der Moderne Nomade nutzt nicht nur diese Kontakte, um sich für seine Reisen bestens vorzubereiten und Insiderinfos zu bekommen – er bietet sich auch für andere gerne als Local Guide in seiner Region an. Bestenfalls findet er Gastgeber, die ihm ihre Couch zum Übernachten anbieten – im Gegenzug ist er auch selbst bereit, Fremde aus aller Herren Länder bei sich aufzunehmen und mehr über ihre Kultur zu erfahren. Das Internet ist für ihn ein natürlicher, nur eben virtueller Lebensraum, in dem er sich sehr gut auskennt und in dem er auch sein Leben hinterlässt – auf Reisen gedrehte Videoclips teilt er hier mit seinem Bekannten- und Freundeskreis. So stellt er eine Nähe auch zu jenen Menschen her, die sich in weiter Ferne befinden.

Der Moderne Nomade ist trotz seines ungebundenen und digitalen Lebensstils kein Einzelgänger – ganz im Gegenteil! Der Moderne Nomade investiert nicht nur online, sondern auch offline in die Pflege seiner Freundschaften, Reisebekanntschaften und Kontakte zu Kollegen. So liebt er es, Gäste zu sich einzuladen und mit ihnen einen guten Abend zu verbringen – egal, wo er gerade ist. Ein großer Freundeskreis ist diesem Lebensstil besonders wichtig, und sein großes soziales Netzwerk ist nicht völlig willkürlich; den gemeinsamen Nenner dieser lose verteilten Peergroup bildet ein globales, offenes und unkonventionelles Mindset. Wer ihn auf dieser Wellenlänge trifft, hat die Chance, seine Aufmerksamkeit und sein Vertrauen zu gewinnen.

Während die Mehrheit derjenigen, die dem Lebensstil des Modernen Nomaden zugerechnet werden können, noch in der Selbstfindungs- und Explorationsphase der frühen 20er-Jahre ist, zeichnet sich bei den 35- bis 44-Jährigen mit diesem Lebensstil eine anhaltende Rast- und Ruhelosigkeit ab, die manchmal auch hervorscheinen lässt, dass diese Menschen nicht nur keine Verbundenheiten und Verbindlichkeiten eingehen wollen, sondern auch nicht können. Viele der etwas Älteren mit dem Lebensstil des Modernen Nomaden sind verheiratet und haben Kinder, doch leben sie häufig an verschiedenen Orten auf der Welt und führen eine Art familiäre Fernbeziehung. Zeit mit der Familie zu verbringen steht in der Liste der Prioritäten beim Modernen Nomaden einfach nicht ganz oben; entweder sein Partner oder Partnerin akzeptiert dies, oder er/sie lebt seinen nomadischen Lebensstil mit. Junge Moderne-Nomaden-Familien wechseln häufig ihren Wohnsitz und verzichten trotz Kind nicht auf Fernreisen, die auch ein wenig Nervenkitzel beinhalten. So zieht es sie mit Baby im Wickeltuch in den brasilianischen Amazonas oder auf ein noch beinahe unbekanntes Inselparadies in der Nähe von Papua-Neuguinea.

Erlebnisse halten das Mindset offen

Der Moderne Nomade legt viel Wert darauf, das Leben zu genießen und Spaß zu haben. Denn wer das Leben zu ernst nimmt, hat in seinen Augen bereits ein Stück Lebensfreude und Offenheit für die Welt verloren. Mit seinen vielen Reisen befriedigt er seine Entdeckerfreude und die Lust, neue Erfahrungen und Erlebnisse zu sammeln. Das macht Menschen, die diesen Lebensstil leben, zu echten Hedonisten: Abwechslung und Unterhaltung spielen in ihrem Leben eine zentrale Rolle – und diese Mixtur finden sie eben besonders und am liebsten, wenn sie unterwegs sind.

Wenn der Moderne Nomade unterwegs ist, dann vor allem in familiären Hostels, in der lokalen Hippie-Community, in einer Airbnb-WG mitten in der Stadt oder via Couchsurfing. Hier trifft er Menschen von überall auf der Welt und lernt Einheimische kennen, die ihn in die Geheimtipps der Umgebung einweihen und mit zu ihren Partys nehmen. Menschen, die diesen Lebensstil vertreten, sind stets neugierig auf fremde Kulturen und authentische Erfahrungen, sie tauchen daher gerne in die Lebenswelten anderer Orte auf der Erde ein. Der Moderne Nomade erlebt gerne Abenteuer und wird stets zu den Ersten zählen, die sich für ungewöhnliche Aktivitäten mit Nervenkitzel begeistern, sei es ein Rafting-Trip, eine Übernachtung im Dschungel oder eine Klettertour.

Foto: Unsplash, CC0

Foto: Pexels, CC0

Foto: Pixabay, CC0

Flow Worker – im Fluss von Projekt zu Projekt

Da er für seine vielen Reisen finanzielle Mittel braucht, achtet der Moderne Nomade darauf, dass er immer irgendeinen Job hat, der Geld in die Reisekasse spült. Menschen mit diesem Lebensstil wollen ihr Geld gar nicht sparen und Reichtümer anhäufen, sondern sie wollen sich den Luxus der Mobilität und Spontanität leisten – denn schließlich macht ein schönes Leben glücklich, nicht der Besitz von Geld. Wenn sie also einmal viel Geld angespart haben, geben sie dies auch gerne für etwas luxuriösere Unternehmungen und Aktivitäten aus – Hauptsache, es lohnt sich am Ende und sie sind anschließend um eine interessante Erfahrung reicher.

Bei der Frage nach einem Job legt der Moderne Nomade sehr hohe Flexibilität an den Tag, was Arbeitszeit und -ort betrifft, und er zeigt sich immer neugierig auf unbekannte Projekte und Teams. Er bevorzugt Jobs, für die er nichts weiter braucht als seinen Laptop und eine Internetverbindung – denn so kann er von überall auf der Welt arbeiten. Diese Mixtur aus Flexibilität und Neugier macht ihn zum idealen Projektarbeiter. Seine hohe technische Affinität kommt dem Modernen Nomaden als Wissens- und Kreativarbeiter zugute. Kann er zu seinen Bedingungen – flexibel, eigenverantwortlich und projektbasiert – arbeiten, läuft er zu Höchstleistungen auf. Ein langjähriger Bürojob mit Alltagsroutine lässt ihn dagegen völlig kalt. So lebt der Moderne Nomade lieber für drei Monate als freier Projektmanager in Berlin, nimmt dann einen Beratungsjob in London an und verbringt anschließend ein paar Wochen auf Koh Samui, wo er an seinem Reiseblog arbeitet. Wenn es einmal ganz eng wird, haben Menschen wie der Moderne Nomade auch keine Hemmungen, einmal einen Gelegenheitsjob in der Gastronomie oder als Tauchlehrer anzunehmen, der ihnen wieder auf die Sprünge hilft. Von der klassischen Vorstellung einer Karriereleiter halten sie nichts, sie definieren Erfolg im Beruf für sich über besonders erfolgreich gelaufene Projekte, nicht

Foto: Pixabay, CC0

55% finden, man sollte sich mit seinem Geld lieber ein schönes Leben machen, als es zu sparen

über ihren Jobtitel. Hier zeigt sich einmal mehr, dass Konventionen und Traditionen für sie schlichtweg irrelevant sind im Leben.

Der Moderne Nomade ist ein Autodidakt, der sich sein Wissen und Können selbstständig erarbeitet hat. Seine große Neugier hilft ihm dabei, sich permanent weiterzubilden und sich in den für ihn wichtigen Dingen auf dem aktuellen Stand zu halten. Seine internationale Erfahrung und seine Nähe zu Menschen von überall aus der Welt ermöglichen es ihm, eine globale Perspektive auf Fragestellungen zu werfen und dadurch wertvolle Ideen zu entwickeln, auf die viele nicht gekommen wären. Denn durch das ständige Unterwegssein und die vielen Begegnungen mit Menschen aus fremden Kulturkreisen geht der Moderne Nomade vorurteilsfreier an etwas heran. Sehr viel stärker als anderen Menschen ist ihm die kulturelle Konstruiertheit der eigenen Perspektive bewusst.

Hedonismus dominiert ökologische und ethische Werte

Auch wenn der Moderne Nomade sich nicht zwingend sozial engagiert, so hat er doch ein ausgeprägtes ökologisches und soziales Bewusstsein und legt Wert auf einen achtsamen Umgang mit Mensch und Natur. Wer diesen Lebensstil pflegt, versteht sich als Weltbürger, was bedeutet: Globale Probleme wie den Klimawandel oder die Umweltverschmutzung sieht der Moderne Nomade auch als die eigenen an.

Sofern es zu seinem hedonistischen Lebensstil passt, greift er daher gern zu Fairtrade-Produkten, unterstützt lokale Produzenten oder verbreitet Umweltinitiativen über seine Social-Media-Kanäle. Allerdings lebt er diese Werte nicht in aller Konsequenz. Denn gleichzeitig nimmt er in Kauf, dass sein nächster Flug nach Wellington der Umwelt schadet, dass die neue Outdoorjacke nicht recycelbar ist oder dass er mit seinem neuen Job einen Konzern unterstützt, der nicht nachhaltig agiert. Hinzu kommt sein ausgeprägter Hedonismus, der ihn von einem Kick zum nächsten treibt: Manchmal geht das unstillbare Bedürfnis nach dem Nervenkitzel so weit, dass sich der Moderne Nomade bewusst in Gefahr begibt: Seine Besessenheit, die letzte Bastion des Kommunismus zu erobern, lässt ihn alle Räder in Bewegung setzen, um nach Nordkorea einreisen zu können. Seine Begierde nach spiritueller Erleuchtung lässt ihn die Menschenrechtsverletzungen in Myanmar ausblenden und die Augen vor dem Elend verschließen auf dem Weg in die historische Königsstadt Bagan. Der Moderne Nomade begibt sich mit dem VW-Bulli um die Welt, unternimmt Wüsten- oder Urwaldtouren auf eigene Faust oder spaziert durch Favelas und Slums, um den wahren Spirit von Natur und Kultur aufzusaugen. All diese Erlebnisse sind einzigartig und lassen sich in ihrer Art und Weise nicht mehr replizieren – und darin liegt für Menschen wie den Modernen Nomaden der höchste Reiz.

Grundbedürfnisse

Der Moderne Nomade liebt Freiheit, Abwechslung und Neues. Er ist ein Early Adopter für innovative Reise-Apps und Mobilitätsservices und zählt zu den Ersten, die neue soziale Netze und Plattformen nutzen. Unternehmen, die den Modernen Nomaden mit ihren Dienstleistungen erreichen wollen, müssen ihm etwas anbieten, das seinem spontanen, unternehmungslustigen Lebensstil entspricht – und das bedeutet vor allem: maximale Flexibilität. Sehr gern nutzt der Moderne Nomade digitale Schnittstellen, die auf der Höhe der Zeit sind, egal ob Taxi-App, Food-Lieferservice oder Streaming-Dienst. Am besten erreicht man ihn daher digital – aber nur, solange die User Experience stimmt, schließlich ist der Moderne Nomade ein Profi. Doch so wichtig diese virtuelle Dimension für den Modernen Nomaden ist: Sie ersetzt nicht reale Erlebnisse oder Begegnungen. Menschen mit diesem Lebensstil sind daher auch für soziale Events aller Art zu begeistern: Man findet sie zum Beispiel in Restaurants mit Freunden, in Bars mit Fremden, auf Konzerten mit Kollegen oder auf Festivals mit flüchtigen Reisebekanntschaften.

Welche Zukunft hat der moderne Nomade?

Der Moderne Nomade ist ein Lebensstil mit Zukunft, denn er surft auf der Welle dreier zentraler Megatrends, die die Gesellschaft von morgen entscheidend prägen: Globalisierung, Mobilität und Konnektivität. Damit ist dieser Lebensstil in vielerlei Hinsicht kompatibel und wegweisend für den Zeitgeist der vernetzten Gesellschaft, insbesondere für die heutige und künftige Arbeitswelt.

Die Anforderungen, zunehmend flexibel und ortsungebunden zu leben und zu arbeiten, sind für den Modernen Nomaden leicht zu erfüllen. Häufiges Unterwegssein empfindet er nicht als Einschränkung, sondern als Bereicherung – und hängt damit Kollegen ab, die sich stärker räumlich gebunden fühlen.

Der Moderne Nomade entspricht dem Ideal des mobilen Kosmopoliten, der andere digital teilhaben lässt an seinen Erfahrungen und Erlebnissen. Damit spielt er eine Vorreiterrolle bei der Durchsetzung eines mobilen Lifestyles.

↗ Entwicklungsprognose der Gruppengröße

Der Mainstreamer strebt nach sozialer Akzeptanz und führt ein unauffälliges, angepasstes Leben, das dem Durchschnitt der deutschen Bevölkerung entspricht.

Grundüberzeugung

„Wer mit dem Strom schwimmt, hat viel weniger Probleme und Sorgen im Leben.“

Lebensmotto im Alltag

„Ich halte mich immer an das, was sich erfolgreich durchgesetzt hat – damit kann man nichts falsch machen.“

Lebensziel

Ich möchte ein anerkanntes, sicheres und stabiles Leben führen und immer einer sein, der dazugehört.“

MAINSTREAMER

MAINSTREAMER

Warum ist dieser Lebensstil wichtig?

Auffällig am Mainstreamer ist vor allem seine Unauffälligkeit: Der Mainstreamer folgt den großen Trendströmungen und orientiert sich an der breiten Masse, aus der er nicht herausstechen will. Sein Leben gestaltet sich überdurchschnittlich durchschnittlich – und gerade das macht Menschen, die diesem Lebensstil folgen, auch interessant für Unternehmen. Zwar wird der Mainstreamer niemals derjenige sein, der als Erster eine Produktinnovation ausprobiert oder neue Trendbewegungen als Early Adopter vorantreibt. Dafür schließt er sich umso verlässlicher den Vorreitern an – und bewirkt so, dass sich Produkte auch auf breiter Ebene etablieren und zum Massenerfolg werden.

Wie viele Mainstreamer gibt es?

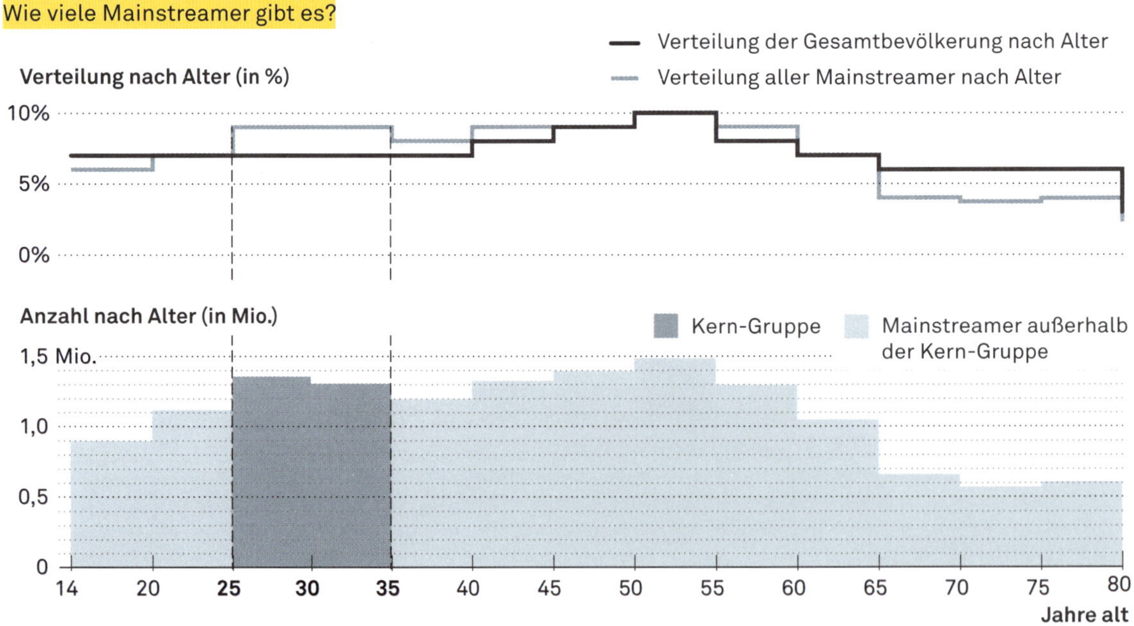

21,5% aller Deutschen (15 Mio.)

Kern-Gruppe: 2,7 Mio. (25 bis 34 Jahre alt)

Profil des Mainstreamer

Soziale Bestätigung und das Gefühl, dazuzugehören, steht für den Mainstreamer an erster Stelle im Leben. Besonders wichtig ist es ihm deshalb, eine anerkannte Stellung in der Gesellschaft zu erreichen – dabei orientiert er sich an der breiten Masse, aus der er nicht herausstechen will. Die meisten Alltagsprodukte kauft er aber am liebsten beim Discounter – denn im Grunde hat der Mainstreamer keine großen Ansprüche. Um einen guten Eindruck zu machen, achtet er besonders auf sein Äußeres – und umgibt sich mit klassischen Statussymbolen, die seiner Umwelt signalisieren: Ich bin dabei. Dazu gehört sein Auto, das für den Mainstreamer Ausdruck eines Lebensgefühls ist und das er für ein absolut notwendiges Fortbewegungsmittel hält.

Megatrend-Kontext

Individualisierung Sicherheit

Individualität in der Gruppe

Eine besonders wichtige Rolle für das Verständnis des Mainstreamer spielen gesellschaftliche Entwicklungen, die wir unter dem Megatrend Individualisierung beschreiben. Innerhalb dieser großen Trendströmung der Gesellschaft beobachten wir seit einigen Jahren einen schleichenden Wandlungsprozess – von der reinen Ich-Zentrierung hin zur Orientierung der Individuen nach Zugehörigkeit zu einem Wir, hin zu einer neuen „Wir-Kultur". Diese Entwicklung geht einher mit einer Redefinition dessen, was in unserer Gesellschaft in den vergangenen Jahrzehnten unter „Individualität" verstanden wurde: Es entsteht eine Art Kollektiv-Individualismus, in dem das einzelne Individuum – und damit auch das subjektive Individualitätsempfinden – immer auch über die Zugehörigkeit zu einer sozialen Gruppe definiert wird.

Die Entstehung dieser neuen Wir-Individualität ist eng verknüpft mit dem digitalen Wandel, der die Entwicklung der Gesellschaft heute wie kein anderer vorantreibt – dies beschreibt der Megatrend Konnektivität. Denn die zunehmende Vernetzung von Menschen über das Internet erzeugt auch ein neues Mindset, bei dem soziale Resonanz ins Zentrum der Aufmerksamkeit rückt. Genau darum geht es auch den „Wir-Individualisten", zu denen der Mainstreamer gehört: Sie suchen die Erfahrung der Selbstwirksamkeit unter Gleich- oder Ähnlichgesinnten, mit denen sie Interessen oder Bedürfnisse teilen.

Allerdings spielt der Mainstreamer in diesem Kontext eine Sonderrolle. Denn Menschen, die diesen Lebensstil führen, folgen dem Wandel in Richtung Wir-Kultur auf eine spezielle, eher abgebremste – oder auch: parasitäre – Weise: Anders als die Vorreiter der neuen Wir-Kultur, die sich in FabLabs engagieren oder in Co-working Spaces arbeiten, engagiert der Mainstreamer sich nicht persönlich für „wir-kulturelle" Belange oder Einrichtungen. Umso mehr aber profitiert er bei seiner Suche nach individueller Selbstbestätigung in der Masse von dem großen Wandel der Individualisierung in Richtung einer Wir-Kultur. Denn heute darf sich eben auch „individuell" nennen, wer keinen originellen Habitus pflegt, keine außergewöhnlichen Geschmäcker oder Positionen vertritt, sondern eigentlich nur so ist wie

Wer sind die Mainstreamer?

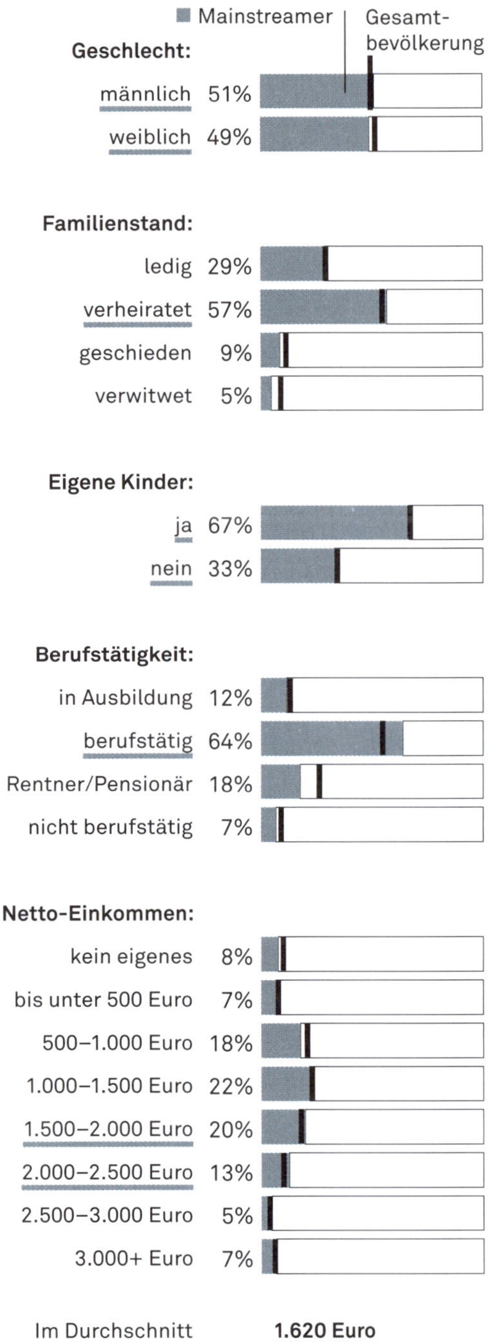

die meisten anderen. In diesem sicheren Rahmen findet der Mainstreamer die Anerkennung, nach der er sucht und die sein Leben maßgeblich prägt. So gesehen ist der Mainstreamer also ein Zwitterwesen, eine Art „prä-wir-kultureller Post-Individualist“. Oder einfach gesagt: ein auffällig unauffälliger Mitschwimmer im großen Strom des Gesellschaftswandels.

Sicherheit im Mainstream

Sich geborgen zu fühlen und frei von Ängsten zu leben, dieses menschliche Grundbedürfnis gewinnt in der Gesellschaft des 21. Jahrhunderts radikal an Relevanz. Mit zunehmender Vernetzung wird die Welt – und damit auch die private Lebenswelt jedes Einzelnen – unübersichtlicher, ungewisser und unplanbarer. Einige kommen damit durch Adaptionsfreudigkeit gut zurecht, andere fühlen sich überfordert und haben eher Angst vor den unüberschaubaren Möglichkeiten einer digitalisierten und globalisierten Realität.

Zu Letzteren zählt auch der Mainstreamer. In einer Welt, die immer mehr Optionen bietet und sich immer schneller wandelt, sehnt sich der Mainstreamer nach Klarheit, Einfachheit und dem Gefühl, aufgehoben zu sein – in der Mitte der Gesellschaft. Damit steht er zugleich stellvertretend für die große Sehnsucht der deutschen Bevölkerung, zur gesellschaftlichen Mitte zu gehören und die Extreme zu meiden. Indem sich der Mainstreamer dem Mainstream anschließt, praktiziert er eine progressive Form von Sicherheitsstrategie. Zum einen garantiert sie Kontrolle: das sichere Gefühl, auch in Zeiten permanenten Wandels immer auf der sicheren Seite zu sein, auf der Seite der breiten Mehrheit. Zum anderen gewährt sie aber auch ein hinreichendes Maß an Freiheit: Denn auch der Mainstream bietet ja Wahlmöglichkeiten, und nicht allem, was angesagt ist, muss man folgen – erst recht nicht sofort. Aber man kann, wenn man will – und das will der Mainstreamer nur allzu gern. Der Mainstreamer ist keiner, der sich in eine vermeintlich einfachere Vergangenheit zurückwünscht, sondern sein Blick

SOULCAL

Werteprofil des Mainstreamer

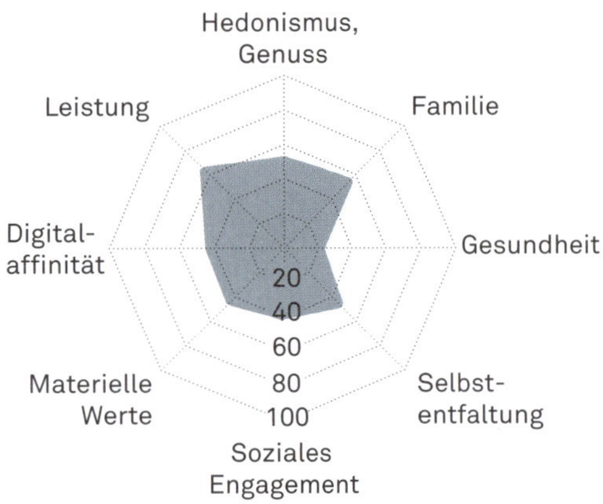

Der Hauptantrieb des Mainstreamer besteht darin, so zu sein und zu leben wie die meisten anderen um ihn herum.

Konsum und Innovationsgrad

Der Mainstreamer wählt sorgfältig aus, welchen Trends er folgt, übernimmt also nur die Entwicklungen, die schon weit genug verbreitet sind – und beraubt sie zugleich ihrer Einzigartigkeit.

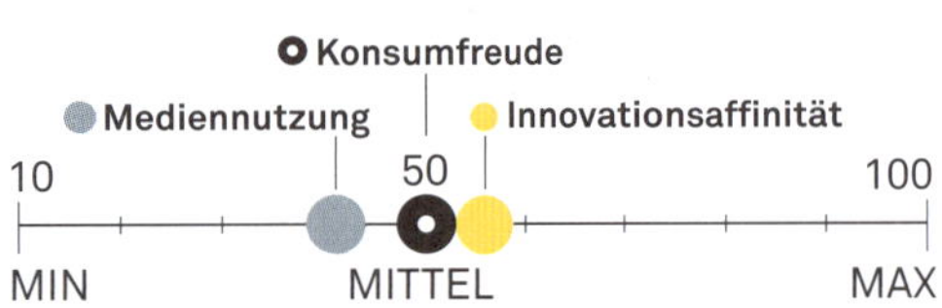

Mediennutzung im Vergleich

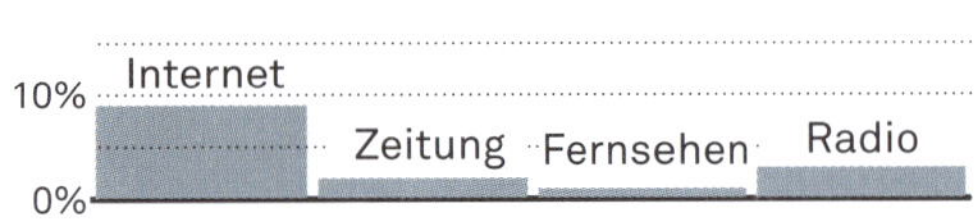

Wird im Vergleich zu anderen Lebensstilen mehr genutzt

Wird im Vergleich zu anderen Lebensstilen weniger genutzt

ist durchaus flexibel nach vorn gerichtet. Denn die Sicherheit, die der Mainstreamer sucht, ist hybrid strukturiert: Der Wunsch nach Kontrolle und Mainstreamzugehörigkeit harmoniert perfekt mit dem gleichzeitigen Verlangen nach Freiheit und Individualität. Was zunächst widersprüchlich und unvereinbar klingt, ist vielmehr eine zeitgemäße Reaktion auf eine Flexibilität einfordernde Welt. Um Risiken zu vermeiden, sucht er Halt und Bestätigung in der Gruppe, imitiert andere Lebensmodelle und kann sich trotzdem (oder eben auch: gerade deswegen) frei und individuell fühlen.

Rolle und Influence in der Gesellschaft

Indem der Mainstreamer, insbesondere unter jüngeren Menschen, den typischen Mainstream verkörpert und stellvertretend für die breite Masse steht, verfügt er über eine große Durchsetzungskraft. Für Unternehmen ist der Mainstreamer deshalb vor allem im Kollektiv interessant, während er als einzelnes Individuum eher einflussarm und konturlos bleibt. Denn die Themen oder Trends, denen der Mainstreamer folgt, sind ein Spiegel der Entwicklung der gesamten Gesellschaft. Prognostizierbar ist der Mainstreamer dagegen weniger gut, da er sich erst nach einiger Zeit entscheidet, welchen gesellschaftlichen Vorreitern und Lebensstilen er sich anschließt. Für die Vorreiter gesellschaftlicher Trends ist dieser Mitläufer-Typus Fluch und Segen zugleich: Als eine Art Erfüllungsgehilfe sorgt der Mainstreamer dafür, dass soziale Neuerungen in großem Stil populär werden und sich gesellschaftlich etablieren. Indem er diese Entwicklungen aber zum Mainstream macht, beraubt er sie zugleich ihrer Einzigartigkeit – und kurbelt damit wieder die Nachfrage nach neuen Abweichungen an.

Werteset und Lebensweise

Ab durch die Mitte

Der Mainstreamer ist ein soziales Chamäleon, das sich seiner Umwelt anpasst. Sein Hauptantrieb besteht darin, so zu sein und zu leben wie die meisten anderen um ihn herum. Deshalb orientiert er sich

80% nutzen Medien vor allem, um abzuschalten und zu entspannen

34% schauen gerne Reality-Shows

stark an den großen Trendströmungen der Gesellschaft und an jenen Menschen, die er für angesagt hält und deren Lebensstil er imitiert. Mit dieser Strategie bekämpft er seine Angst, abgelehnt, ausgegrenzt oder auf eine negative Weise wahrgenommen zu werden. Deshalb bemüht sich der Mainstreamer sehr darum, in seinem Umfeld beliebt und angesehen zu sein.

Der Wunsch nach diesem Sicherheits- und Bestätigungsgefühl motiviert auch die zweigleisige Strategie, über die der Mainstreamer seine Individualität definiert: Obwohl er sich de facto so verhält wie die meisten anderen, betrachtet er sich selbst als durchaus individuell. Und das ist er auch, nur eben in Maßen – und in Massen. Seine große Offenheit für Veränderungen, für neue Trends und Produkte darf hier nicht falsch verstanden werden, denn so leicht seine Aufmerksamkeit auch zu gewinnen ist, so schwer ist er von etwas Neuem zu überzeugen: Tatsächlich übernimmt der Mainstreamer nicht alles, was ihm vorgelebt wird, sondern wählt sorgfältig aus, welchen Trends er folgt. Auch wenn er dadurch schwer einschätzbar ist, kann man sicher sein: Das Hauptkriterium bei seiner Wahl ist für ihn stets die Frage, ob eine Entwicklung, etwa ein modischer Trend, bereits weit genug verbreitet ist oder nicht. Zuerst sichert er sich ab und beobachtet bei seinen Mitmenschen, ob die Neuheiten auch wirklich bei der Mehrheit gut ankommen – und ob zu erwarten ist, dass der Trend eine längere Halbwertszeit hat. Denn der Mainstreamer will individuell sein, ohne sich zu exponieren und etwas zu riskieren. Menschen mit diesem Lebensstil brauchen daher stets etwas länger, um sich zu entscheiden und zu positionieren, zum Beispiel, ob sie einem neuen Trend folgen – oder eben nicht. Menschen wie der Mainstreamer sind also zunächst einmal eher beständige Menschen. Sie hören mehr auf ihren Kopf als auf ihren Bauch und sind aufgrund ihres starken Bedürfnisses nach Sicherheit und Halt alles andere als abenteuerlustig.

Business as usual

Sein großes Sicherheitsbedürfnis macht den Mainstreamer eher risikoscheu und unspontan. Der Mainstreamer ist keiner, der einfach gern mal etwas selbst ausprobiert oder von extravaganten Erlebnissen träumt. Auch neuen Chancen und Herausforderungen stellt er sich daher eher ungern. Nicht zu wissen, auf was man sich genau einlässt, macht Menschen wie den Mainstreamer sehr nervös.

Foto: Pixabay, CC0

Mainstreamer suchen sich am ehesten einen sicheren, hinreichend anerkannten Arbeitsplatz, z.B. im öffentlichen Dienst

Diese sicherheitsorientierte Haltung spiegelt sich auch im Arbeitsleben des Mainstreamer. Beruflicher Erfolg, etwa in Form einer Führungsposition, ist dem Mainstreamer nicht so wichtig. Menschen, die den Lebensstil des Mainstreamer leben, streben nicht danach, an der Spitze einer Hierarchie zu stehen – dafür würden ihnen auch schlicht der Mut und das Selbstbewusstsein fehlen. Um nicht unter Verantwortungs- und Entscheidungsdruck zu stehen, geben sie sich auch gerne mit einem eher durchschnittlichen Einkommen zufrieden. Dennoch spielt die Berufswahl selbst eine wichtige Rolle im Leben des Mainstreamer. Schließlich legen diese Menschen großen Wert darauf, eine anerkannte Stellung in der Gesellschaft einzunehmen. Diese soziale Wertschätzung sichert sich der Mainstreamer über einen Beruf, der hinreichend anerkannt ist, im Zweifelsfall im als sicher geltenden öffentlichen Dienst. Der Mainstreamer ist aber durchaus auch in Branchen anzutreffen, die zumindest eine gewisse Nähe zu aktuellen Themen und Trends aufweisen, etwa im Medien- oder Eventbereich. Auch dort wird der Mainstreamer aber nicht zu den treibenden Kräften zählen, sondern eher eine zweite oder dritte Geige spielen. Menschen, die diesem Lebensstil folgen, werden als disziplinierte Arbeitskräfte geschätzt, bleiben aber ansonsten eher unauffällig. Auch als Selbstständiger oder Freelancer ist der Mainstreamer daher eher selten tätig.

Generell gilt für den Mainstreamer im Beruf, was auch sein restliches Leben kennzeichnet: Selbstverwirklichung spielt keine große Rolle. Menschen mit diesem Lebensstil sind kaum intrinsisch motiviert, sondern stark abhängig von externen Impulsen, auf die sie reagieren. Sie verfolgen keine ehrgeizigen Pläne, sich weiterzubilden und im Leben möglichst weit zu kommen ist ihnen nicht sehr wichtig. Der Mainstreamer ist eben voll und ganz damit zufrieden, überhaupt dabei zu sein, auch im Beruf.

Auch abseits seines Berufs ist er weder für soziale und politische noch für ökologische Themen besonders engagiert. Denn so ungern er im Arbeitsleben Verantwortung übernimmt, so wenig sieht er sich auch als Vorkämpfer für gesellschaftliche Veränderungen. Auch hier pflegt der Mainstreamer die für ihn typische Haltung des Mittelmaßes: Er meidet Aktivitäten und Haltungen, mit denen er Aufmerksamkeit auf sich ziehen oder gar auf Widerstand stoßen könnte.

Das Übliche, bitte!

Menschen, die dem Lebensstil des Mainstreamer folgen, sind weder Lebenskünstler noch besondere Spaß- oder Genussmenschen. Sie nehmen die Dinge eher ernst, und in ihrer latenten Angst vor Ablehnung bewegen sie sich eher angespannt durch das Leben. Diese auf Sicherheit und Akzeptanz fokussierte Haltung spiegelt sich auch in ihrem Freizeitverhalten.

Es mag auf den ersten Blick verwundern, dass der Mainstreamer einerseits stark von der Meinung der Mehrheit getrieben ist und nach sozialer Resonanz strebt, aber auf der anderen Seite kein besonders intensives Sozialleben führt. Eine tiefe Freundschaft zu anderen Personen zu entwickeln ist ihm weniger wichtig, und er pflegt auch selten einen großen Freundes- und Bekanntenkreis. Er hat die Sorge, sich mit den falschen Leuten anzufreunden oder in soziale Kreise zu geraten, die ihn zum gesellschaftlichen Außenseiter machen. Lieber hält er etwas mehr Distanz und stößt nur temporär zu den Gruppen dazu, bei denen er sich sicher ist, nichts falsch zu machen und mit dem richtigen Strom mitzuschwimmen.

Abwechslung und Unterhaltung stehen für den Mainstreamer in seiner Freizeitgestaltung nicht an erster Stelle, und auch ausgefallene Events sind nicht sein Ding. Am liebsten geht er dahin, wohin es die Masse zieht. So kann man den Mainstreamer eher auf Massenevents wie dem Konzert einer bekannten Popband antreffen – und auch dort mehr im Mittelfeld des Publikums wippend, als ausgelassen tanzend in der ersten Reihe. Wie und wo auch immer: Der Mainstreamer bleibt in seiner sicheren Bahn und schätzt Angebote, die ihm genau dies und nicht mehr bieten. So nah dem Mainstreamer die Popülärkultur ist, so wenig reizen ihn klassische kulturelle Aktivitäten. Menschen, die diesen Lebensstil leben, gehen lieber ins Fußballstadion als ins Theater, und im Museum begegnet man ihnen nur in Ausnahmefällen, etwa wenn ein Bekannter sie dazu überredet hat und sie darin ein Potenzial für mehr Anerkennung sehen. Lieber, als daheim ein Buch zu lesen, schaut er sich Reality-Shows und Doku-Soaps im Fernsehen an, um auf dem aktuellen Stand zu sein, was gerade hip und angesagt ist – und was davon bald schon fester Bestandteil der Massenkultur werden könnte.

Pragmatisch, praktisch, gut

Generell sind Menschen, die dem Typus des Mainstreamer entsprechen, sehr pragmatisch veranlagt. Sie mögen es einfach und praktisch. Dieser rote Faden zieht sich durch das gesamte Leben dieser Menschen und prägt auch ihren Konsumstil. Auf ausgefallene Speisen kann der Mainstreamer gut verzichten, viel lieber sind ihm Gerichte, die schnell zubereitet werden können und preiswert sind. Im Zweifelsfall geht er lieber zu einer Fast-Food-Kette, wo ihn niemand besonders beachtet, als zum Edel-Italiener, wo er ständig das latente Gefühl hat, kritisch beäugt zu werden. Foodtrends macht er eher ungern mit, schließlich – so hat er beobachtet – wird man von der Mehrheit der Gesellschaft als Vegetarier oder Veganer immer noch schräg angeguckt.

Der Mainstreamer ist kein Spontanshopper oder Einkaufsbummler, schließlich trifft er Entscheidungen generell mehr mit dem Verstand als aus dem Bauch heraus. Ebenso ungern experimentiert er mit neuen Produkten oder lässt sich zu einem Luxuskauf hinreißen. Der Mainstreamer lebt lieber sparsam und gönnt sich nur selten etwas, schließlich möchte er seine Finanzen im Auge behalten und Rücklagen für die Zukunft machen – denn man kann nie wissen, was kommt. Investieren tut er nur in diejenigen Dinge, die er für nötig hält, um ein gutes Bild in seinem Umfeld abzugeben: Er achtet darauf, gut auszusehen, und kauft sich dafür die notwendigen Gesundheits- und Pflegeprodukte. Wenn hierfür der Einkauf beim Discounter reicht, ist ihm das sehr recht, denn am Ende – so ist er überzeugt – sieht man doch eh nicht den Unterschied zwischen einem teuren Natur- und Bioprodukt und einem ganz einfachen Standardprodukt. Auch sonst muss man sich für gutes Aussehen nicht so übermäßig anstrengen,

Der Mainstreamer besucht gerne Massenevents wie Fußballspiele

Foto: Pexels, CC0

Das gute Mittelklasse-Auto betrachtet der Mainstreamer als ein wichtiges Statussymbol

findet der Mainstreamer. Um seine Figur zu halten, erscheint ihm eine klassische Diät einfacher, als sich mit Joggingrunden im Park abzumühen und dabei möglicherweise gesehen zu werden, wie ihm die Puste ausgeht. Wenn er ins Fitnessstudio geht, dann eher, weil das heute irgendwie jeder macht.

Weil Deutschland ja bekanntermaßen eine Autofahrernation ist, darf ein Auto der gehobenen Mittelklasse beim Mainstreamer natürlich nicht fehlen. Auf solche klassischen Statussymbole achtet er sehr, und er hat sich auch den Habitus angeeignet, das Auto als Ausdruck eines Lebensgefühls zu betrachten. Er fährt lieber mit dem Auto als mit Bahn oder Bus zur Arbeit, denn er hat beobachtet, dass diejenigen seiner Kollegen, die mit den öffentlichen Verkehrsmitteln fahren, von den meisten doch eher belächelt und bemitleidet werden. So findet der Mainstreamer in jeglicher Hinsicht sein Glück im Mittelmaß und im gemächlichen Mitschwimmen mit der großen Mehrheit.

Grundbedürfnisse

In einer Welt, die immer unübersichtlicher erscheint, sucht der Mainstreamer nach Sicherheit – und er findet sie in sozialer Anerkennung und Resonanz. Dies ist die Schnittstelle, die Unternehmen adressieren müssen, um den Mainstreamer zu erreichen und zu begeistern. Der Mainstreamer möchte zur Mitte der Gesellschaft dazugehören und ist froh um jede Bestätigung, dass er das auch tatsächlich tut. Obwohl Menschen, die diesen Lebensstil repräsentieren, eigentlich keine hohen Ansprüche an das Leben haben und eher sparsam leben: In Angebote, die ihnen das Gefühl geben, sich einer breiten Mehrheit zugehörig zu fühlen, investieren sie auch. Der Mainstreamer kauft klassische und praktische Angebote sehr viel lieber als alles, was exklusiv, ausgefallen oder gar exotisch daherkommt. Schließlich speist sich das Individualitätsverständnis dieses Typus nicht aus der Abweichung vom Durchschnitt, sondern aus dem kontinuierlichen Mitlaufen im Mainstream.

Foto: Flickr, Scott Riggle, CC BY

75% suchen immer nach günstigen Angeboten

57% bezeichnen sich als Schnäppchenjäger

Foto: Pexels, CC0

Foto: Flickr, m01229, CC BY

Der Mainstreamer schätzt schnelles und preisgünstiges Essen, z.B. in einer Fast-Food-Kette

Welche Zukunft hat der Mainstreamer?

Weil der Lebensstil des Mainstreamer die Bedürfnisse der breiten Masse verkörpert, steht sein Fortbestehen in der Zukunft außer Frage. Der Mainstreamer hat eine Strategie gefunden, mit einer Welt umzugehen, in der jede einzelne Person tausend Wahlmöglichkeiten hat und ebenso viele Entscheidungen für oder gegen etwas treffen muss.

Der Mainstreamer begegnet dieser Herausforderung, indem er sich andere Lebensstile zum Vorbild nimmt, deren Muster er adaptiert – ohne dabei seinen Anspruch auf Individualität aufzugeben. Diese simple, aber effiziente und pragmatische Form von Komplexitätsreduktion wird in Zukunft weiter und eher noch mehr als heute gefragt sein. Unternehmen sollten den Mainstreamer deshalb weiterhin im Visier behalten.

↗ Entwicklungsprognose der Gruppengröße

Menschen wie der Multi Performer sind zielstrebige Karrieristen, die mit Leistung argumentieren und technische Mittel zur Optimierung von Beruf und Alltag nutzen.

Grundüberzeugung

„Ich bin überzeugt: Jeder, der sein Bestes gibt, bekommt auch das Beste zurück."

Lebensmotto im Alltag

„Ich handle stets klug und strategisch, um das Beste für mich zu erreichen – das, was ich verdiene."

Lebensziel

„Ich möchte alles aus mir herausholen und im Leben etwas erreichen, mit dem ich mich sehen lassen kann."

MULTI PERFORMER

MULTI PERFORMER

Warum ist dieser Lebensstil wichtig?

Der Multi Performer vereint in sich die Werte der Leistungsgesellschaft und gleichzeitig eine kluge und durchaus zukunftsweisende Art, Technik nach ihrem tatsächlichen Mehrwert zu beurteilen und erfolgreich im Business und privaten Alltag einzusetzen. Er ist ein guter, aber auch harter Prüfstein für neue Produkte – und nebenbei Teil einer dankbaren Gruppe, die sowohl kaufkräftig wie auch grundsätzlich offen für alles Neue ist.

Wie viele Multiple Performer gibt es?

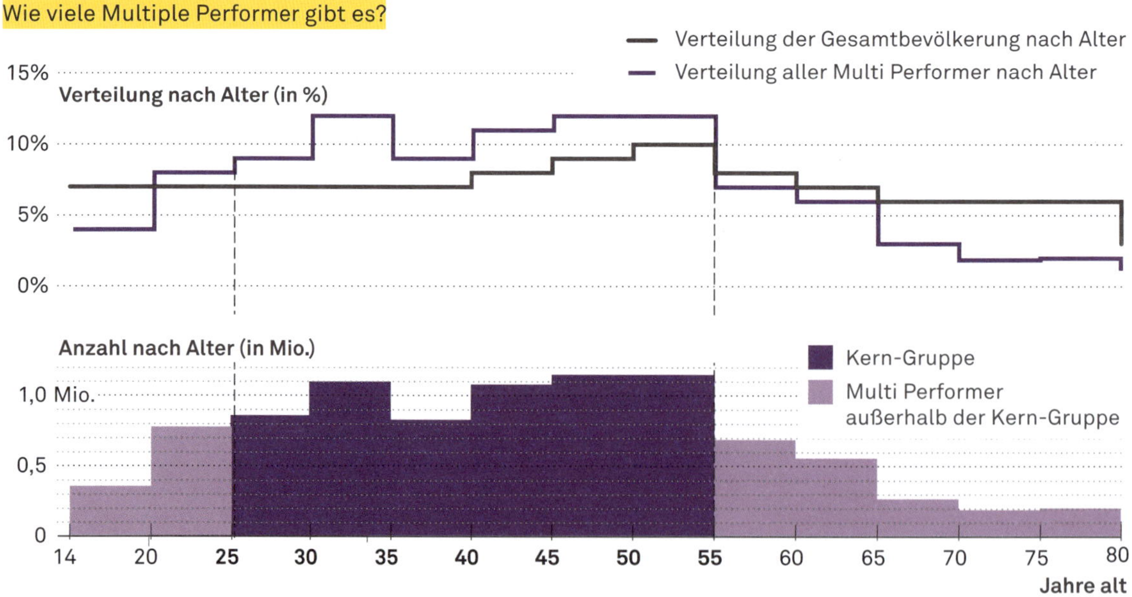

13,4% aller Deutschen (9,3 Mio.)

Kern-Gruppe: 6,1 Mio. (25 bis 54 Jahre alt)

Profil des Multi Performers

Für den Multi Performer steht der Beruf im Lebensmittelpunkt. Sowieso ist er der Meinung, dass Freizeit und Beruf sich heute gar nicht mehr so deutlich voneinander trennen lassen. Erfolg im Beruf ist ihm sehr wichtig, und wenn jemand sich anstrengt, so ist er überzeugt, kann sich jeder hocharbeiten. Gute, vielseitige Bildung sieht er als essenzielle Bedingung für ein erfolgreiches Leben. Er ist leistungsorientiert, diszipliniert und pflichtbewusst. Er hat Spaß bei seiner Arbeit, übernimmt gerne Verantwortung und hat ehrgeizige Pläne und Ziele, um im Leben weiterzukommen. Er ist immer offen für neue Chancen und Herausforderungen, dennoch schätzt er aber einen sicheren Arbeitsplatz. Selbstverwirklichung ist sein Grundantrieb.

Megatrend-Kontext

Individualisierung New Work

Die digitalisierte Optimierungsgesellschaft

Neue Technologien und die globalisierte Wirtschaft provozieren fundamentale Veränderungen in der Arbeitswelt: Sie bestimmen den Megatrend New Work. Gerade die digitale Vernetzung stellt viele Unternehmen vor Herausforderungen: Prozesse und Arbeitskulturen müssen neu definiert werden, wenn sie mit dem digitalen Wandel Schritt halten wollen. Hier ist der Multi Performer ganz vorne dabei: Die Digitalisierung der Arbeitswelt, vor der quasi die ganze Wirtschaft, viele Unternehmen und Mitarbeiter zurückschrecken, ist für den Multi Performer eine Selbstverständlichkeit. Wo sich durch digitale Hilfsmittel die Performance verbessern lässt, sollte darauf nicht aus emotionalen Gründen verzichtet werden.

Menschen wie der Multi Performer befördern die digitale Transformation in der Wirtschaft. Vor allem aber in eine Richtung: Quantifizierung der Welt, Prozessoptimierung mithilfe von Big Data. Alles, was messbar ist, wird getrackt. In diesem effizienzorientierten Wachstumsparadigma steht individuelle Leistung, der Mensch als Ressource im Zentrum. Während diese Sichtweise zum aktuellen Common Sense gehört, deutet sich am Horizont jedoch bereits ein gesellschaftlicher Wandel an: Avantgarden kämpfen für eine Zukunft, in der der Mensch auch im Arbeitskontext als Ganzes wichtig genommen wird und wirtschaftliches Wachstum nicht mehr als einzig mögliches Denken akzeptiert wird.

Individualisten: Die Qual der richtigen Entscheidung

Menschen, die dem Lebensstil des Multi Performers zugerechnet werden können, vertreten die Werte der gut verdienenden Mitte der Gesellschaft: Individualität und Selbstverwirklichung sind nicht nur Möglichkeit, sondern Pflicht. In ihren Ursprüngen bedeutete Individualität die Freiheit zur Wahl: Wo Wohlstand und Bildung allgemein zugenommen hatten, ist es immer einfacher für jeden geworden, unabhängig von seiner biografischen Ausgangssituation verschiedene Lebenswege einzuschlagen.

Wer sind die Multi Performer?

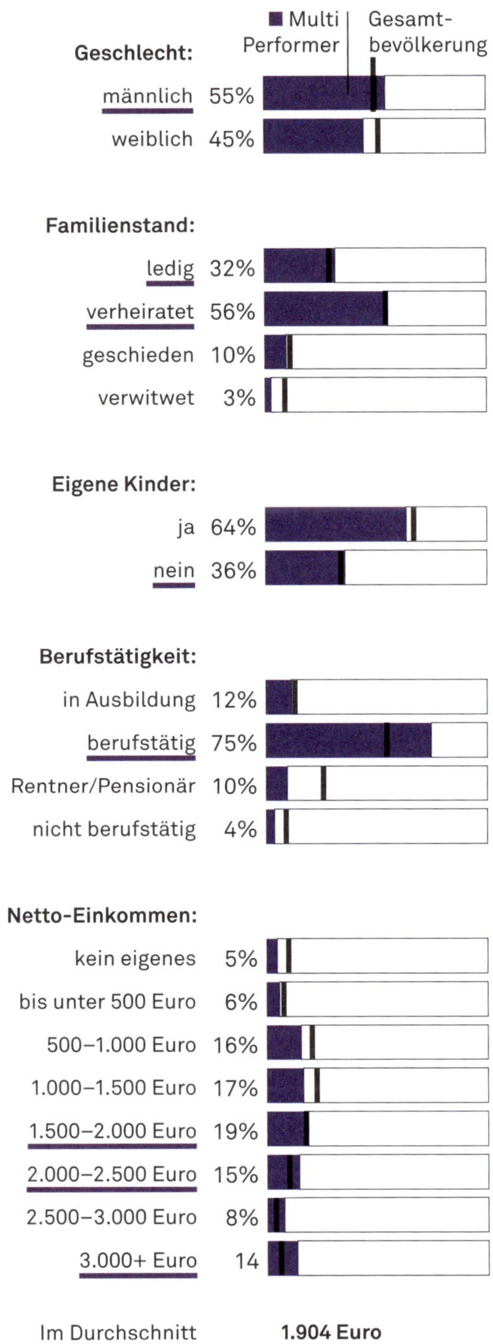

Mit dem Megatrend Individualisierung wird die daraus resultierende Zunahme an Lebensentwürfen, aber auch an Verpflichtungen, Entscheidungen im Leben zu treffen und „etwas aus sich zu machen“, beschrieben. Im klassischen Verständnis bedeutet dies, mit einem hohen Ausbildungsgrad und einem anschließend gut bezahlten Job die eigenen Möglichkeiten auszuweiten. Daraus ist eine Leistungsgesellschaft aus Einzelkämpfern entstanden, die ihrem Beruf alles andere unterordnen und zielstrebig ihre Karriere verfolgen und deren Protagonist der Multi Performer ist.

Der Lebensstil des Multi Performers gehörte einmal zur Avantgarde des Individualisierungstrends auf dem Weg zu einer starken Leistungsgesellschaft, ist aber mittlerweile im Mainstream angekommen, während andere Lebensstile bereits nach einem Konzept jenseits der Leistungsfokussierung und Ellenbogenmentalität suchen. Kollaboration statt Konkurrenz ist das neue Credo einer hoch individualisierten Gesellschaft, die in dem gemeinschaftlichen Schaffen von ganz unterschiedlichen Menschen einen neuen Wert entdeckt hat – etwas, was dem Multi Performer zu lernen sehr schwer fällt.

Rolle und Influence in der Gesellschaft

Menschen vom Typus des Multi Performers sind die lebendige Mitte der Gesellschaft. Ihr Lebensstil ist zumindest für Männer nichts Neues, durchaus aber für Frauen, die sich diesen Stand in der Gesellschaft über lange Zeit erkämpfen mussten. Sie verändern Gesellschaft und Wirtschaft nicht grundlegend, sondern sie arbeiten sehr aktiv dafür, das heutige Wirtschaftsniveau hoch zu halten und zu optimieren. Alles Neue nehmen sie offen an und sind damit zwar immer auf der Höhe der Zeit, aber nicht unbedingt ihrer Zeit voraus. Ihr Einfluss auf die Gesellschaft per se ist relativ hoch, da sie Entscheidungspositionen innehaben, Macht ausüben können und ihnen ausreichende finanzielle Mittel zur Verfügung stehen. Ihr Werteset entspricht dem aktuellen Mainstream, doch innovative Avantgarden sind bereits an ihnen vorbeigezogen.

86% sagen von sich:
Ich bin eher
ein Vernunftmensch

3 von 4 Multi Performern sagen, dass es ihnen das Wichtigste ist, eine anerkannte Stellung in der Gesellschaft zu erreichen

Werteset und Lebensweise

Vernunftgetriebene Leistungsträger

Menschen mit dem Lebensstil des Multi Performers findet man in jeder Altersgruppe: Sie kommen gerade von der Privatuni oder haben ihren ersten Karrieresprung in eine Führungsposition hinter sich. Die einen sind gerade in den Betriebsrat aufgestiegen, die anderen haben mit Mitte 40 gerade einen erfolgreichen Jobwechsel in eine andere Branche oder in die Selbstständigkeit vollzogen.

Ihre berufliche Entwicklung steht für sie im Zentrum: „Man muss etwas aus sich machen", davon ist der Multi Performer überzeugt. Denn jeder ist am Ende selbst verantwortlich für sich und dafür, dass man sich ein gutes Leben leisten kann. Er definiert sich über seine Leistung im Arbeitsleben – Geld macht zwar nicht glücklich, doch ohne Geld hat man seiner Meinung nach noch nicht einmal die Option aufs Glück. Es gilt das Recht des Besseren, das nimmt der Multi Performer manchmal sehr wörtlich. Gerade die Frauen unter dieser Lebensstilgruppe fordern ihre Rechte vehement ein, haben sie doch die Erfahrung gemacht, dass sie nicht die Gleichbehandlung erfahren, die sie von Unternehmen und einer modernen Gesellschaft erwarten. Ihre bestmögliche Leistung zu bringen empfinden sie nicht als Pflicht oder auferlegten Zwang, sondern sie haben Spaß dabei und leben es aus voller Überzeugung. Auf der Karriereleiter geht es für sie schnurgerade nach oben – Seitensprünge können sie sich nur schwer vorstellen. Dabei sind die Ziele des Multi Performers in der Regel daran orientiert, was in der Gesellschaft bzw. ihrem Kosmos hoch angesehen wird: Denn ihnen ist es sehr wichtig, eine anerkannte Stellung in der Gesellschaft zu erreichen.

Werteprofil des Multi Performers

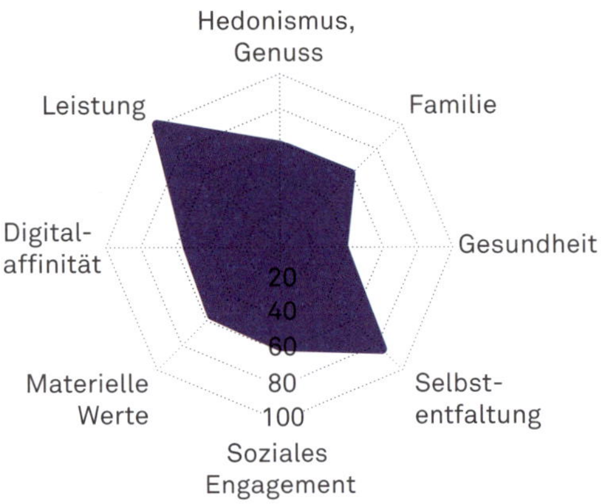

Der Multi Performer definiert sich über seine Leistung im Arbeitsleben und lebt die Werte der gut verdienenden Mitte der Gesellschaft: Individualität und Selbstverwirklichung sind hier Pflicht.

Konsum und Innovationsgrad

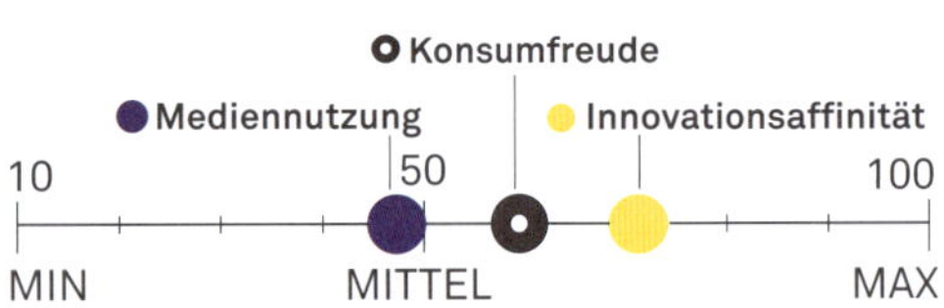

Mediennutzung im Vergleich

Der Multi Performer sorgt dafür, dass er immer mit der Zeit geht.

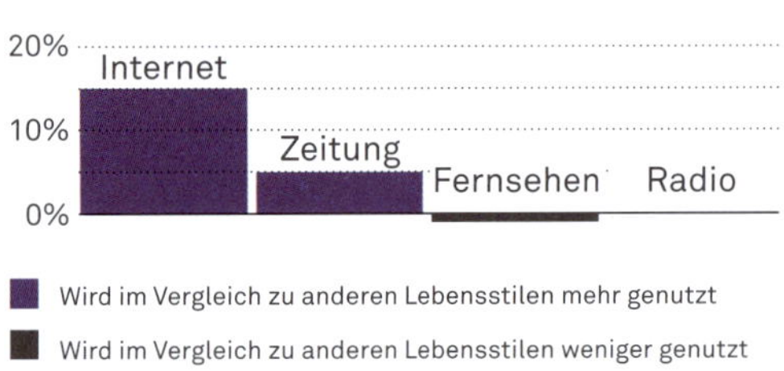

Egal, welches Ziel er sich gesteckt hat – der Multi Performer verfolgt es strategisch und rational, mit Ehrgeiz und Disziplin. Seine Entscheidungen trifft er wohlkalkuliert, zu leichtsinnigen oder riskanten Manövern lässt er sich nicht hinreißen, ebenso wenig überzeugen ihn emotionale Argumente – dazu ist er zu rational und ein absoluter Vernunftmensch.

Freiheitsliebende Einzelkämpfer

Der Multi Performer ist im Herzen ein Einzelgänger, auch wenn er Familie und Kinder hat, diese sehr wertschätzt und gerne Zeit mit ihnen verbringt. Doch wenn es hart auf hart kommt, stehen sie bei seiner Karriere hintenan. Unter den Menschen mit dem Lebensstil des Multi Performers finden sich überdurchschnittlich viele Selbstständige, die in ihrem eigenen Betrieb ganz ihr eigener Herr oder ihre eigene Herrin sein können. Selbstbestimmt zu agieren ist ihnen wichtig – und als Selbstständige müssen sie nicht auf andere Kollegen und deren Befindlichkeiten Rücksicht nehmen. Sie können einfach machen und frei entscheiden, ohne sich absprechen zu müssen. In einer digitalisierten Welt, in der Freizeit und Beruf nicht mehr zu trennen sind, nimmt der Multi Performer die Arbeit auch gerne mal mit nach Hause oder dorthin, wo er gerade unterwegs ist – an mobile Working Stations in der Bahn, an den Flughafen oder in Cafés, aber auch mit in den Urlaub.

Ihm fällt es schwer abzuschalten und loszulassen, damit verbunden ist auch das Verständnis, dass er unabkömmlich ist. Er befürchtet, dass ohne ihn die Arbeitswelt stillsteht, dass falsche Entscheidungen getroffen werden könnten oder Chaos ausbricht. Sein Verantwortungsgefühl ist enorm – gepaart mit einem Schuss Selbstüberschätzung läuft er Gefahr, sich auszubrennen. Die Burn-out-Rate ist unter den Menschen, die den Lebensstil eines Multi Performers führen, besonders hoch – nicht, weil der Arbeitgeber ihnen so viel abverlangt, sondern weil sie zur Selbstausbeutung neigen. Hier ist es Aufgabe von Führungskräften, das Bewusstsein eines Multi Performers für kreative Pausen und Auszeiten

Foto: Pexels, CC0

78% bezeichnen sich selbst als Genießer

94% erwarten von ihrem Freundeskreis ein gewisses Niveau

zu schärfen, indem man ihnen vermittelt, dass sie noch leistungsfähiger sind, wenn sie diese Pausen auch zur Regeneration nutzen.

Immer auf der Höhe der Zeit

Der Multi Performer sorgt dafür, dass er immer mit der Zeit geht; denn nichts ist ihm unangenehmer als das Gefühl, technisch oder mit seinem Wissensstand hinterher zu sein oder gar abgehängt zu werden. Menschen mit dem Lebensstil eines Multi Performers sorgen dafür, dass sie stets ausführlich und gründlich informiert sind. Nicht nur beruflich, sondern auch privat suchen sie sich regelmäßig Weiterbildungen, um nichts zu verpassen. Auch an dem, was im Internet passiert, wollen sie auf jeden Fall teilhaben. Einige von ihnen nutzen für berufliche Zwecke auch ganz gezielt ihr soziales Netzwerk im Internet. Hier können sie sich selbst perfekt inszenieren, aber auch erfahren, wer ihrer Kontakte gerade an was arbeitet. Networking – on- wie offline – ist für sie das A und O, um ihre Karriere voranzubringen. Allein aus diesen Gründen kümmern sie sich darum, dass sie in Sachen Digitales und Technik mit allen wichtigen Entwicklungen Schritt halten und sich unabhängig vom Alter ihre Aufgeschlossenheit für neue Entwicklungen bewahren. Alles Neue, was sie als möglicherweise hilfreich in ihrem Arbeitsalltag erachten, eignen sie sich akribisch an und sind hart in ihren Urteilen zur Tauglichkeit. Auch beim Thema Datenschutz schauen sie ganz genau hin und schenken ihr Vertrauen nicht leichtsinnig und bereitwillig her. Sie sind die Menschen, an denen sich neue digitale Tools messen müssen – ein Produkt, das vor ihnen besteht, hat einen kritischen Konsumenten auf seiner Seite. Und: Sie sind wichtige Multiplikatoren, weil sie in technischen Angelegenheiten von Menschen eher mal um Rat gefragt werden als andere.

Stilvoll genießen – Luxus als Selbstverständlichkeit

Die Errungenschaften des digitalen Fortschritts begrüßt der Multi Performer gerne auch in seinem eigenen Reich. Dort nutzt er nicht nur die neuesten und vor allem besten Notebooks, Tablets und Hi-Fi-Anlagen, sondern auch einen sprachgesteu-

Multi Performer nutzen digitale Hilfsmittel vor allem, um individuelle Leistung zu erhöhen

79% der Multi Performer finden: Luxus macht das Leben schöner

Networking – on- wie offline – ist für die Multi Performer das A und O, um ihre Karriere voranzubringen

erten Heimassistenten. So kann er Online-Bestellungen aufgeben, indem er seine Wünsche dem intelligenten Lautsprecher mitteilt, oder er bittet Alexa und Co., die Musik lauter zu stellen und das Licht anzuschalten. Manchmal hat der Multi Performer auch nur eine Frage an Alexa, den intelligenten Lautsprecher von Amazon, oder an Googles Pendant mit dem simplen Namen Home: Er fragt nach dem Wetter oder nach der aktuellen Verkehrslage, und die Stimme des intelligenten Geräts antwortet.

Auch andere Smart-Home-Anwendungen hat sich der Multi Performer dort installieren lassen, wo er einen besonders großen persönlichen Komfort daraus zieht. Daneben ist er intelligenten Selftracking-Gadgets nicht abgeneigt, die ihm ermöglichen, den eigenen Alltag noch effizienter zu organisieren und die eigene Performance zu überprüfen. Dabei hat alles, was sich in seinem Haus oder seiner Wohnung findet, besonders Stil. Denn auch über die Funktionalität und Sicherheit hinaus sind die Ansprüche eines Multi Performers an technische Geräte hoch: Ein ansprechendes Design gilt für ihn als selbstverständlich – alles andere empfindet er als Beleidigung.

Sein im Vergleich zur Gesamtbevölkerung deutlich höheres Durchschnittseinkommen investiert dieser Lebensstil gerne in eine luxuriöse Lebensweise. Dies tut er nicht nur für das gute Gefühl eines Mehr an Lebensqualität, sondern auch um in den Genuss der Außenwirkung zu kommen. Sei es der schicke Sportwagen in der Garage oder der Hightech-Grill im Garten, den er seinem ausgewählten Freundeskreis vorführt – der Multi Performer zeigt auch gerne, was er aus sich gemacht hat und sich leisten kann. Jedoch auch hier gilt: Teure Sachen leistet er sich nicht in einem emotionalen Spontankauf, sondern wohlüberlegt und kalkuliert.

Zudem inszeniert sich der Multi Performer gerne als Genießer und tritt auch mit Freude als Kenner auf. In seinem Weinkeller finden sich edle Tropfen, die auch mal aus einer außergewöhnlichen Lage stammen oder mit einer ganz besonderen Geschichte daherkommen. Er kennt die angesagten Szene-Lokale, aber auch die feinsten Sternerestaurants seiner Stadt. Doch ebenso weiß er über die aktuellen Themen der politischen Talkshows und Nachrichten Bescheid – und kennt auch die neuesten Fußball- und Formel-1-Ergebnisse sowie Action-Streifen.

Foto: Pexels, CC0

Auch wenn der Multi Performer Familie und Kinder hat, konzentriert er sich eher auf seine Karriere

Hier hat er seine heimliche Leidenschaft, die er auf dem Büroflur und in sozialen Netzwerken gleichermaßen nutzt, um über Smalltalk wichtige Kontakte zu knüpfen. Er kann sich perfekt an sein Gegenüber anpassen und es mit geeigneten Themen in ein Gespräch verwickeln.

Grundbedürfnisse

Der Multi Performer erwartet, für seine Leistung angemessen honoriert zu werden, und ist zufrieden, wenn alles nach seinem Plan läuft und er alle seine Ziele erreicht. Sein ganzes Streben richtet sich daran aus, eine angemessene Stellung in der Gesellschaft zu erlangen. Er genießt es, seinen Wohlstand zu zeigen und von Kennern gewürdigt zu werden. Er hat hohe Ansprüche an digitale Geräte, aber er schätzt hochwertige Technologie dafür umso mehr, wenn sie absolut reibungslos läuft und sich nahtlos in die Umgebung integriert. Design, Innovation und Funktionalität sind entscheidende Aspekte, mit denen man den Multi Performer perfekt ansprechen kann.

Welche Zukunft hat der Multi Performer?

Der von Technologie faszinierte Multi Performer sieht sich selbst weit vorne in der Gesellschaft; er ist offen für Neues und probiert auch gerne etwas aus. Doch zugleich muss für ihn die Technik auch funktionieren und einen Nutzen bringen. Somit ist er zwar kein Early Adopter, aber ein guter Gradmesser dafür, ob eine Technologie das Zeug dazu hat, im Mainstream erfolgreich zu sein.

Das auf Einzelleistung orientierte Arbeitsethos des Multi Performers hingegen ist ein Wert der scheidenden Industriegesellschaft und erscheint in der Kreativökonomie wenig zukunftsfähig. In einigen Wirtschaftsbereichen wird der Multi Performer auch in den kommenden Jahren mit seiner Leistungsfokussierung erfolgreich sein, jedoch langfristig und gesamtgesellschaftlich gesehen wird dieser Lebensstil nach und nach uninteressant für Menschen. Sein Einfluss wird zurückgehen unter den aktuell bereits sichtbaren Vorzeichen neuer, sinn- und gemeinschaftsorientierter Wertewelten im Arbeits- und Wirtschaftsbereich.

Prognostizierte Größenentwicklung in der Zukunft

Der Progressive Parent stellt tradierte Lebensentwürfe in Frage: Beruf und Familie als Gegensatz, unterschiedliche soziale Realitäten für Frauen und Männer – dies hält er für soziale Konstrukte, die es zugunsten der Freiheit des Einzelnen abzubauen gilt.

Grundüberzeugung

„Ich glaube, dass wir jedem mehr Freiheit schenken, wenn wir Familie und Beruf sowie uns selbst als Männer und Frauen nicht mehr als Gegensätze definieren.“

Lebensmotto im Alltag

„Ich halte mir den Kopf frei von Vorurteilen und Vorbehalten!“

Lebensziel

„Ich kämpfe für gleiche Chancen für alle und für ein Leben, in dem niemand Beruf und Kinder gegeneinander aufwiegen muss.“

PROGRESSIVE PARENT

PROGRESSIVE PARENT

Warum ist dieser Lebensstil wichtig?

Der Progressive Parent erscheint oft als Querschläger im System, der nur auf seine eigenen Vorteile bedacht ist. Tatsächlich kämpft er aber für ganz grundsätzliche Dinge: Mehr Gleichbehandlung und mehr Flexibilität in der Lebenslaufgestaltung sind seine Kernforderungen für eine Gesellschaft, die Arbeit nicht mehr als Profilierungsinstrument für Einzelkämpfer, sondern als kreativen, sozialen Teil des Lebens begreift.

Wie viele Progressive Parents gibt es?

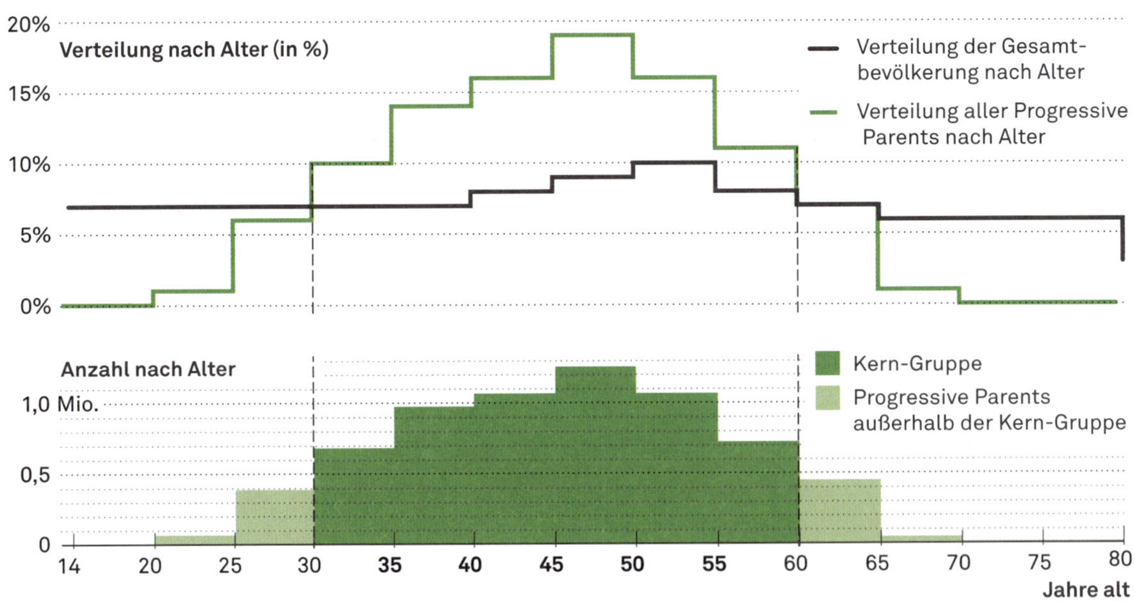

9,5% aller Deutschen (6,6 Mio.)

Kern-Gruppe: 5,7 Mio. (30 bis 59 Jahre alt)

Profil des Progressive Parent

Viel erleben – das steht bei dem Progressive Parent ganz oben als eines der Dinge, die ihm wichtig sind im Leben. Und entsprechend gefüllt ist sein Leben auch: Der Progressive Parent hat eigene Kinder und ist berufstätig. Gleichzeitig führt er aktiv den Haushalt und ist mindestens teilweise oder sogar hauptsächlich dafür zuständig. Familie, Partnerschaft und Kinder sind für Menschen mit diesem Lebensstil essentiell wichtige Aspekte des Lebens. Sie legen großen Wert darauf, viel mit der Familie gemeinsam zu unternehmen, und entsprechend häufig beschäftigen sie sich in ihrer Freizeit auch mit ihrer Familie. Glück und Geborgenheit ist das, was sie von ihrem Zuhause bei der täglichen Heimkehr erwarten. Erfolg im Beruf ist dabei ebenso wichtig wie Familie und Kinder. Der Progressive Parent hat ehrgeizige Pläne und Ziele, will im Leben weiterkommen und sich letztendlich auch selbst verwirklichen können.

Megatrend-Kontext

Gender Shift

New Work

Familienkonzepte jenseits von Konventionen

Der Lebensstilentwurf des Progressive Parent ist Ausdruck und Treiber des Megatrends Gender Shift. Dieser Trendbegriff fasst die sichtbaren Veränderungen zusammen in der Art und Weise, wie Menschen die tradierten sozialen Geschlechterrollen interpretieren und leben: Die ehemals strenge Aufteilung in typisch männliche und typisch weibliche Platzierungen in der Gesellschaft wie auch innerhalb von Partnerschaft und Familie wird von Menschen mit dem Lebensstil des Progressive Parent unterwandert. Sie lehnen die konventionellen Rollenbilder von der Frau als Hausfrau und dem Mann als Ernährer ab und gestalten ihren Lebensentwurf frei und individuell. Besonders auch als Paar mit Kindern machen sie sich unabhängig von Traditionen und handeln die Verteilung von Aufgaben situativ aus. Zu den Menschen mit dem Lebensstil des Progressive Parent gehören die Frauen, die heute auch als Mütter an der Spitze von Unternehmen arbeiten, sowie die Männer, die in Elternzeit gehen oder als Haushalts- und Familienversorger halbtags arbeiten. Beide Verhaltensweisen weichen von den durchschnittlichen Rollenerwartungen der Gesellschaft und der Erwartungshaltung von Unternehmen ab. Sie sind damit Teil neuer Avantgarden, die mit den konventionellen Familienmodellen wenig anfangen können und ihren individuellen Weg gehen, wenn sie eine Familie gründen – eine Zeit, in der sich die Mehrheit der Gesellschaft für eine klare Aufteilung der Arbeit nach den konventionalisierten Rollen von Mann und Frau entscheidet.

Von Geschlechterrollen zu situativen Entscheidungen

Angestoßen wurde diese gesellschaftliche Trendentwicklung von denjenigen verheirateten Frauen mit Kindern, die sich nicht an das klassische

Wer sind die Progressive Parents?

	Progressive Parents
Geschlecht:	
männlich	39%
<u>weiblich</u>	61%
Familienstand:	
ledig	8%
<u>verheiratet</u>	80%
geschieden	11%
verwitwet	1%
Eigene Kinder:	
<u>ja</u>	100%
nein	0%
Berufstätigkeit:	
in Ausbildung	0%
<u>berufstätig</u>	100%
Rentner/Pensionär	0%
nicht berufstätig	0%
Netto-Einkommen:	
kein eigenes	0%
bis unter 500 Euro	7%
500–1.000 Euro	18%
1.000–1.500 Euro	21%
<u>1.500–2.000 Euro</u>	20%
<u>2.000–2.500 Euro</u>	15%
2.500–3.000 Euro	7%
<u>3.000+ Euro</u>	12%
Im Durchschnitt	**1.787 Euro**

■ Progressive Parents | Gesamtbevölkerung

90% sind immer offen für neue Chancen und Herausforderungen

für 97% ist die Familie ihre Insel

91% treffen größere Kaufentscheidungen gemeinsam mit der Familie

Foto: Flickr, Greg Carpenter, CC BY-SA

Rollenbild der abhängigen Hausfrau und Mutter halten wollten. Selbstständig, unabhängig sein und Karriere machen als Grundrecht auch für Mütter – das war ihre Forderung. Aus der Frauenbewegung der 1970er-Jahre heraus haben sich die Lebensentwürfe heute ausdifferenziert: Frauen nehmen die Rolle des Co-Ernährers oder karrierefokussierten Alleinverdieners ebenso ein wie die nach wie vor klassische Rolle der Hausfrau.

Dieser gesellschaftliche Wandel, den wir als Female Shift bezeichnet haben, hat nicht nur zu einer Aufweichung des Rollenbilds der Frau als „schwaches, häusliches" Geschlecht in sozialen Gefügen geführt, sondern auch entsprechende Ausdifferenzierungen der männlichen Rollenbilder bewirkt: Für sie hat sich dadurch der Raum ergeben, ebenso die funktionale Rolle des Haushaltsbetreuenden im Sozialgefüge der Familie einnehmen zu können und dabei nicht nur der „starke Mann", sondern auch der „einfühlsame Familienvater" (Superdaddy) sein zu können. Genutzt wird dieser Raum von nur einigen Männern, sodass unter den Menschen mit dem Lebensstil des Progressive Parent momentan mehr Frauen als Männer zu finden sind.

Menschen mit dem Lebensstil des Progressive Parent fordern die Rollenflexibilität nicht nur für sich selbst ein, sondern erwarten sie auch von ihrem Umfeld. Für sie ist ein Familienkonzept, das Gleichheit als gesetzte Prämisse und eine neue Kultur des Gemeinsamen als Grundlage hat, die nächste, essentielle Stufe in der Evolution der Familie. Dies ist ein Ergebnis ihrer harten Auseinandersetzung mit tradierten Rollenbildern. Persönlichkeit und individuelle Vorlieben und Bedürfnisse zählen, nicht Vorannahmen und Traditionen.

New Work: Offenere Lebensläufe und Arbeitszeitkonzepte

Der Progressive Parent ist gleichzeitig Teil einer Bewegung, die eine Neuaufteilung von Lebenszeit auf Arbeit und Privatleben fordert – New Work ist der Megatrend, den sie hier mit antreiben. Flexibilität

Werteprofil des Progressive Parent

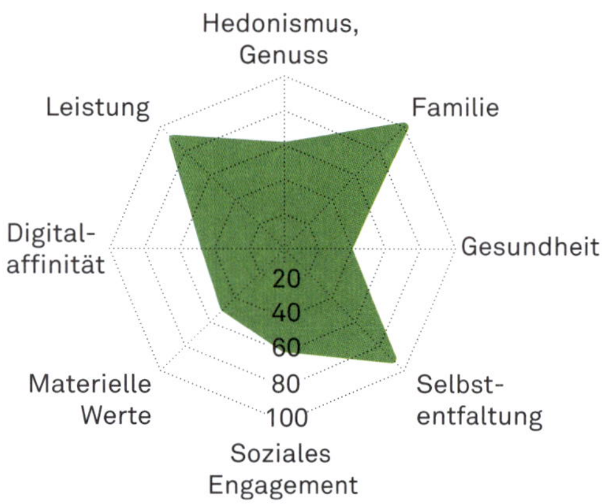

Der Progressive Parent gehört zu einer Avantgarde, die die neuen Vorstellungen von Familienleben und eine Gleichstellung von Mann und Frau in jedem Lebensbereich verkörpert.

Konsum und Innovationsgrad

Beim Einkaufen gibt der Progressive Parent nichts auf Produktwelten, die nach Geschlecht getrennt sind.

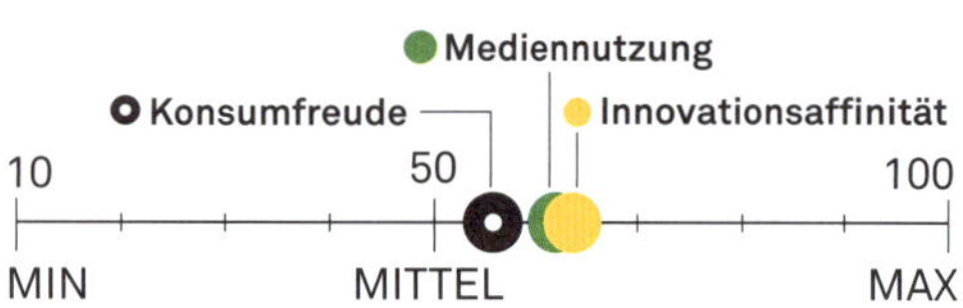

Mediennutzung im Vergleich

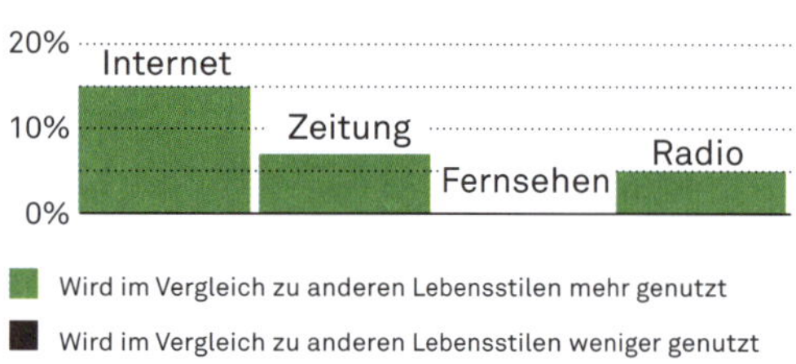

in Lebensläufen und Arbeitsverhältnissen, das sind Grundforderungen, für die immer mehr Menschen mit unterschiedlichen Motivationen kämpfen. Nicht nur Familienkonzepte, sondern auch die Arbeitswelt verändert sich unter dem Einfluss der zunehmenden Rollenflexibilität von Männern und Frauen. Menschen in leitenden Positionen folgen nicht mehr zwingend einem linearen Karriereverlauf, sondern steigen auch einmal aus – was man früher nur von Frauen gewohnt war, tun nun auch Männer. In einer Zeit, in der die Kind-Karriere-Frage nicht zufriedenstellend aufgelöst werden kann, nehmen immer weniger Menschen den Stress der Doppelbelastung in der Rush Hour des Lebens als selbstverständlich und notwendig hin.

Progressive Parents fallen damit in der Gesellschaft als Ausnahmen und manchmal auch als Querschläger auf. Denn sie tragen ihre neue Haltung nach außen und konfrontieren nicht nur einen Großteil der Gesellschaft, sondern auch Politik und Unternehmen damit. Ein erster Effekt ist bereits sichtbar: Strukturelle Rahmenbedingungen und Erwartungshaltungen werden bereits hier und da adaptiert, Debatten um den Gender Pay Gap, um anonymisierte Bewerbungen (ohne Angabe von Name, Geschlecht und Herkunft) und um die Aufwertung des Teilzeitarbeitsmodells zeigen dies. Die Neugestaltung des Lebens und des Arbeitens steht vor einem Anfang, den Menschen wie der Progressive Parent bereits gemacht haben.

Rolle und Influence in der Gesellschaft

Menschen mit dem Lebensstil des Progressive Parent sind eine Avantgarde-Gruppe, die neue Vorstellungen, wie Lebensläufe und Familienleben gestaltet werden können, in die Gesellschaft hineintragen. Dabei geht es sowohl um die Frage nach einer freieren Arbeitszeitgestaltung als auch um eine Gleichbehandlung von Mann und Frau, egal in welchem Lebensbereich. Sie kollidieren jedoch sehr häufig mit konträren Erwartungshaltungen sowohl vonseiten der Gesellschaft als auch der Wirtschaft. Männer und Frauen haben dabei mit zum Teil sehr unterschiedlichen Hindernissen zu kämpfen. Häufig passiert es, dass der Progressive Parent sich in seinen individuellen Handlungswünschen nicht gegen bestehende Praktiken durchsetzt. Diesen Widerspruch zwischen geforderten Werten und tatsächlicher Wirklichkeit halten sie im Inneren aus, wenn ihnen unter der Dauerbelastung von Familie und Beruf die Kraft zum Widerstand fehlt. Ihr Influence auf Gesellschaft, Wirtschaft und Politik ist daher eher ein indirekter, dafür aber einer, der in vielen Altersklassen gleichermaßen vertreten ist.

Werteset und Lebensweise

Neuorganisation des Haushalts

Menschen wie der Progressive Parent leben die Doppelrolle von Berufstätigkeit und Haushaltsmanagement, indem sie mit ihrem Kind oder Kindern und ihrem Partner leben. Wenn man sie fragt, ob ihnen Familie oder Karriere wichtiger sei, antworten sie: „Ich verstehe das ‚oder' in der Frage nicht – mir ist beides gleich wichtig, und beides gehört essentiell zu meinem Leben dazu." Idealerweise ist auch ihr Partner ein solcher Progressive Parent, sodass Beruf und Haushalt keine Doppelbelastung für ihn bedeuten, sondern die Arbeiten gleichmäßig innerhalb der Partnerschaft verteilt sind. Eine funktionale Teilung der Rollen in Hauptverdiener und Haushaltsführer akzeptieren sie nur zeitweise. Sie legen Wert auf einen gleichberechtigten Umgang und schätzen nebenbei auch die damit einhergehende finanzielle Unabhängigkeit voneinander – selbst wenn es nur eine gefühlte Unabhängigkeit ist und sie in der Realität doch gemeinsam haushalten. Doch jeder hat die Mittel, sich auch einmal etwas nur für sich selbst leisten zu können.

Kinder sind für den Progressive Parent ein Muss. Die Familie ist für diese Menschen ihre Insel, ein Leben ohne können sie sich gar nicht vorstellen. Sie sind jedoch oft schon über 30 Jahre alt, wenn sie ihre Familie gründen – und damit voll im Trend. Kinder sind im Laufe des 20. Jahrhunderts zu einem steuerbaren Planungsprojekt geworden, das mit den Interessen einer Wirtschaft kollidiert, die auf eine permanent verfügbare Arbeitskraft mit linearem Lebenslauf Wert legt. Die Entscheidung für oder gegen Kinder bzw. für den Zeitpunkt der Familiengründung hängt stark mit den strukturellen und sozialen Bedingungen zusammen, die ein Land bietet. Und wo Strukturen für die Gleichzeitigkeit von Kind und Karriere fehlen, wird die Familiengründung von Menschen wie dem Progressive Parent so lange hintangestellt, wie es die Biologie zulässt. Späte Elternschaft ist hier eine Reaktion der Gesellschaft auf eine ungelöste Doppelbelastung für all diejenigen, die sich nicht für Kind oder Karriere entscheiden wollen, sondern beides wollen.

Auch der Progressive Parent wählt hier häufig den Weg des geringsten Widerstands: Kinder kommen bei vielen Menschen mit dem Lebensstil eines Progressive Parent erst nach den ersten Karriereschritten – ein Versuch, die Rush Hour des Lebens zwischen 30 und 50 Jahren etwas zu entzerren. Andere Menschen haben diesen Lebensstil erst mit dem Großwerden der eigenen Kinder gewählt – nachdem sie Zeit zur Besinnung gefunden und die Lehren aus der hochstressigen ersten Zeit zwischen Familiengründung und Karriereleiter gezogen haben.

Neue Lebenslaufkonzepte

Menschen, die den Lebensstil des Progressive Parent leben, wünschen sich eine nahtlose Integration von Kindern in den individuellen Lebenslauf. Was andere hohe Ansprüche an das Leben nennen, ist für sie eine Selbstverständlichkeit, der nichts im Wege stehen dürfte. Denn sie sehen keinen prinzipiellen Widerspruch zwischen einem Leben für die Familie und für den Beruf. Die Forderung nach einem linearen Lebenslauf empfinden sie als ein künstlich erzeugtes Problem. Wer mit dem Lebensstil des Progressive Parent den Spagat zwischen Familie und Beruf neu zu interpretieren versucht, fühlt sich genauso wohl mit seiner Familie wie mit seiner Arbeit. Menschen wie sie haben Spaß bei der Arbeit, übernehmen gerne Verantwortung und vertreten

Foto: Unsplash, CC0

Finanzielle Unabhängigkeit ist für 99% der Progressive Parents wichtig

Foto: Mark Kauffman, Wiki Commons, CC BY-SA

mit vollem Elan, dass jeder, der sich anstrengt, auch dafür belohnt werden sollte. Auch wenn der Progressive Parent zwischendurch mehr Zeit in die Familie investiert, schließt das für ihn Erfolg im Beruf nicht aus. Diese Menschen sind vernünftig, diszipliniert und selbstbewusst und verwirklichen sich gerne selbst in dem, was sie tun. Mit ihren ehrgeizigen Plänen und Zielen wollen sie weiterkommen im Leben und achten immer darauf, auf dem neuesten Stand zu bleiben und den Anschluss nicht zu verpassen.

Vom Staat und von der Wirtschaft fordern sie Lösungen für ihre Situation ein: eine neue Lebenslaufpolitik. Sie setzen sich ein für eine komplett neue Verteilung von Arbeitszeit über den gesamten Lebenslauf, für das Überdenken von tradierten Beförderungsmustern und für eine flexible Arbeitswelt, die Jüngeren den Raum gibt, sich Zeit für die Phase der Familiengründung zu nehmen. Von Unternehmen verlangen sie, dass diese sie in ihrer Lebensphase unterstützen, indem sie die notwendigen Freiheiten in Form von Teilzeitmodellen und Kinderbetreuung vor Ort aktiv anbieten. Vom Staat erwarten sie Fördermodelle, die einen klaren finanziellen Rahmen schaffen und damit Sicherheit für alle bieten, die erzieherische oder pflegerische Verantwortung übernehmen.

Da der Progressive Parent mit seinen Ansichten und Erwartungen häufig auf strukturelle Widerstände stößt, kommt er immer wieder in die Situation, Lösungen individuell für sich bei seinem Arbeitgeber erkämpfen zu müssen, anstatt auf Vorgaben zurückgreifen zu können. Das kostet ihn viel Kraft, und oftmals gibt er sich doch lieber mit einer Kompromisslösung zufrieden, als im Nervenzusammenbruch zu enden. Denn letztlich ist ihm das Wichtigste, voll und ganz für seine Kinder da zu sein. Sie sollen keine Belastungen zu spüren bekommen, sondern ein glückliches Zuhause genießen können. Kompromisslösungen bestehen häufig daraus, dass sie im Beruf weiter zurückstecken als geplant.

Progressive Parents halten nichts von geschlechtsabhängigen Rollenklischees – sowohl in ihrer Partnerschaft als auch bei ihren Kindern

Foto: Unsplash, CC0

Der Progressive Parent pflegt einen großen Freundeskreis aus Menschen, die ihn in seinen Ansichten unterstützen und ihm zu Hilfe kommen, wenn nötig. Nicht selten bildet er mit seinen Freunden eine Art temporäre Patchwork-Familie: Die Eltern unterstützen sich gegenseitig in der Kinderbetreuung und lösen diese so, dass ein Paar sich auch einmal einen gemeinsamen Abend alleine gönnen kann. Auch zu ihren Nachbarn pflegen Menschen mit dem Lebensstil des Progressive Parent ein gutes Verhältnis. Sie laden sie gerne ein, kochen oder grillen gemeinsam, die Kinder immer mittendrin und dabei.

Mit offenen Augen durch die Welt

Menschen mit dem Lebensstil des Progressive Parent fallen auf als diejenigen, die mit Überzeugung sämtliche Freiheiten für sich beanspruchen, die ihnen das Leben bietet – unabhängig davon, ob das von ihnen als Mann oder als Frau eigentlich erwartet wird. Sie stehen dafür ein, dass jeder Mensch die gleichen Chancen und Pflichten haben sollte. Dies tun sie sowohl innerhalb ihrer Partnerschaft als auch im Arbeitsleben und in der alltäglichen Lebenswelt. Sie sind empört, wenn sie als Männer mit ihren Kindern auf öffentlichen Spielplätzen von den Müttern auf der Bank für ihr außerordentliches Engagement gelobt werden für etwas, was sie für selbstverständlich halten. Und sie weisen ihr Gegenüber zurecht, wenn sie als Frauen im Autohaus nicht ganz für voll genommen werden. In Meetings achten sie darauf, dass Frauen und Männer gleichermaßen zu Wort kommen, genauso wie die Extrovertierten und die Zurückhaltenden. Mit ihrem ausgeprägten Gerechtigkeitssinn schauen sie nicht nur auf sich selbst, sondern sie versuchen, für alle Menschen gegen Ungleichbehandlungen vorzugehen. Sie empören sich über Diskriminierung jeglicher Art – sei es wegen Hautfarbe, Geschlecht, Herkunft oder Alter. Sie versuchen jedem Menschen möglichst vorurteilslos gegenüberzutreten – und erwarten diese offene Geisteshaltung auch von ihren Mitmenschen.

Auch beim Einkaufen sind sie skeptisch bei allem, was auf Klischees basiert oder Klischees bedient. Bei der Produktauswahl etwa ignorieren sie Aufteilungen in Männer- und Frauenabteilungen aus Prinzip – Frauen bedienen sich für bequeme T-Shirts auch einmal aus der Herrenabteilung eines Klamottengeschäfts, und auch Männern begegnet man in Frauenabteilungen auf der Suche nach Haargummis oder einem nur dezent parfümierten Deo. Für sie ist die Funktionalität und der Nutzen entscheidend. Auch bei der Auswahl der Bekleidung und der Spielsachen für ihre Kinder versuchen sie geschlechtsneutrale Produkte zu kaufen – was sie manchmal zur Verzweiflung bringt. Oder sie sehen sich mit Aussagen von Fremden beim Blick in den Kinderwagen konfrontiert: „Was für ein süßes Mädchen!“, obwohl man dem Baby sicherlich noch nicht das Geschlecht ansieht. Je nach ihrer persönlichen Stimmungslage bedanken sie sich mit einem leisen Lächeln oder fügen hinzu: „Danke, ich finde meinen Jungen auch süß.“

Menschen mit dem Lebensstil des Progressive Parent geben nichts auf Produktwelten, die nach Geschlecht getrennt sind – sie verstehen nicht, warum man Menschen auf eine Auswahl von bestimmten Produktlinien beschränken will. Durch ihren Konsumstil versuchen sie, diese Grenzen aufzulösen und eine neue Welt zu schaffen, in der Produkte für ihre spezifischen Anwendungssituationen beworben werden und nicht für den Anwender.

Die vorurteilslose Haltung des Progressive Parent macht ihn besonders aufgeschlossen, denn er begegnet allem mit einer vorbehaltlosen Offenheit und Neugier. Viel erleben – das ist sein Lebensmotto, und das geht nur, wenn man nicht direkt die Hälfte der Wahlmöglichkeiten ausschließt, nur weil sie nicht für „Frau“ oder „Mann“ gedacht sind. Der Progressive Parent überlegt bei jeder seiner Handlungen und Entscheidungen, ob er gerade wählt, weil er es wirklich will, oder ob er nach einer unbewussten Konvention handelt.

Grundbedürfnisse

Menschen mit dem Lebensstil des Progressive Parent wollen ein funktionierendes Familien- und Berufsleben miteinander vereinen können. Sie tun dafür viel selbst, indem sie auf eine gerechte Aufteilung der Haus- und Familienarbeit in ihrer Partnerschaft achten. Doch sie erwarten auch vom Staat und von Unternehmen, darin unterstützt zu werden – für sie geht es hier um eine Frage, die menschlich und nicht wirtschaftlich beantwortet werden sollte. Grundsätzlich stimmt es sie zufrieden, wenn sie feststellen, dass Unternehmen sich um eine Gleichbehandlung aller Menschen bemühen. Diese wünschen sie sich auch für Männer und Frauen: Sie möchten nicht mit Vorurteilen und Klischees konfrontiert und in ihrer Rolle als Mann oder Frau angesprochen werden, sondern sie wollen ernst genommen werden in den jeweiligen Bedürfnissen, die ihre ganz individuelle Lebenssituation hervorruft.

Welche Zukunft hat der Progressive Parent?

Menschen wie den Progressive Parent wird es in Zukunft immer mehr geben. Auch weiterhin werden Haltung und Handlung zum Teil auseinanderklaffen, aber der von ihnen ausgeübte Druck auf Politik und Unternehmen, ihnen Flexibilität in der Arbeitszeitgestaltung zu gewähren, wird steigen. Dabei wird ihre Position von Menschen gestärkt, die für dieselben Freiheiten kämpfen wie sie, auch wenn sie dies nicht für mehr Zeit mit ihrer Familie tun.

Unter dem Einfluss dieser Menschen, für die traditionelle Rollenmodelle von Mann und Frau und die entsprechenden Erwartungshaltungen keine Relevanz im Alltag haben, verschwimmen die Rollenbilder zunehmend. Langfristig wird in immer weniger Lebensbereichen die Frage eine Rolle spielen, ob jemand Mann oder Frau ist. Entsprechend werden geschlechtsspezifische Verhaltensmuster und Erwartungen an Relevanz im Alltag verlieren und die Haltung des Progressive Parent wird zum neuen Selbstverständnis einer neuen Gesellschaft werden.

Entwicklungsprognose der Gruppengröße

Der Neo-Biedermeier ist die neue konservative Mitte: Familie steht für sie an erster Stelle, dazu ein schönes Zuhause und ein sicherer Job – mehr brauchen sie nicht für ihr Lebensglück.

Grundüberzeugung

„Wenn jeder bei sich selbst danach schaut, dass seine Familie sicher lebt und sich wohlfühlt, wird es der Welt auch im Ganzen besser gehen."

Lebensmotto im Alltag

„Ich will jeden Tag ein bisschen Sicherheit und Glück im Kleinen schaffen."

Lebensziel

„Ich möchte meiner Familie ein gutes Leben ohne finanzielle Sorgen bieten und sie glücklich machen."

NEO-BIEDERMEIER

NEO-BIEDERMEIER

Warum ist dieser Lebensstil wichtig?

Weil der Neo-Biedermeier sich nicht am öffentlichen Diskurs beteiligt, ist er in der Gesellschaft eher schwer zu entdecken. Obwohl er als Traditionalist gilt, ist er nicht per se gegen etwas: Diese Menschen nehmen durchaus an dem teil, was sich in der Welt bewegt. Damit sind sie wertvolle, kritische Beobachter aktueller gesellschaftlicher und wirtschaftlicher Entwicklungen. Sie springen nicht auf jeden neuen Trend auf, aber wissen genau, wann es die richtige Zeit ist zu handeln. Besonders beim Thema private Sicherheit sind sie gute Trendsensoren: Was sie überzeugt, hat wirklich Hand und Fuß. Daneben sind sie feinfühlige Experten für eine gute Gesprächskultur.

Wie viele Neo-Biedermeier gibt es?

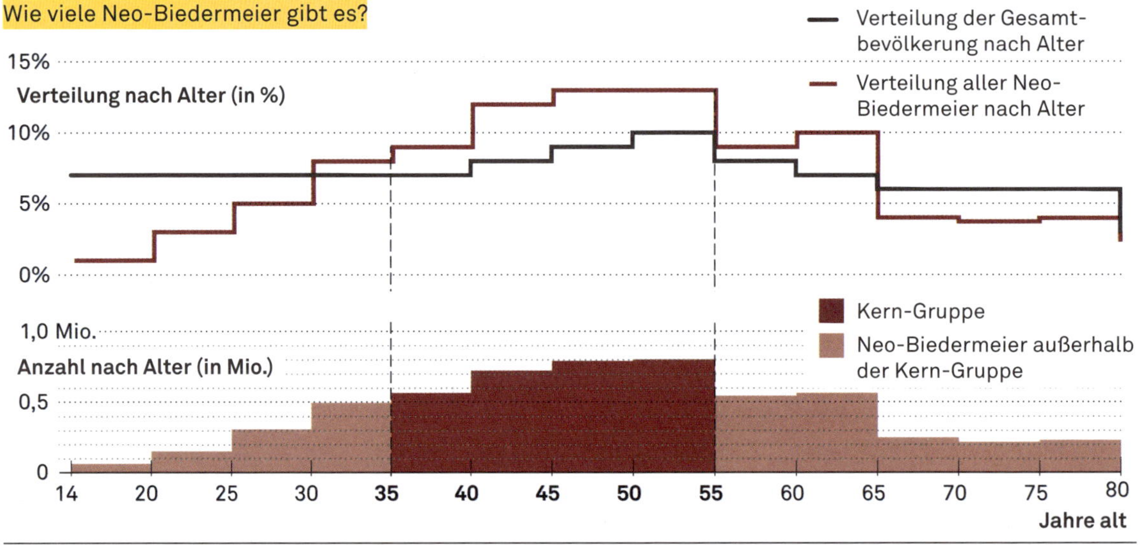

8,7% aller Deutschen (6 Mio.)

Kern-Gruppe: 2,9 Mio. (35 bis 54 Jahre alt)

Profil des Neo-Biedermeiers

Der Neo-Biedermeier erhält das bestehende Wirtschafts- und Gesellschaftssystem, indem für ihn Familie und Kinder die wichtigsten Dinge im Leben sind. Aus diesem Grund tut er alles, um die Sicherheit im täglichen Leben zu erhöhen: Der Neo-Biedermeier ist diszipliniert und pflichtbewusst, um seinen Job ordentlich zu erfüllen und seinen Arbeitsplatz sicher zu behalten. Er ist vernunftgeleitet, Bauchentscheidungen werden von ihm höchstens im Einzelfall getroffen. In seiner Freizeit beschäftigt er sich gerne mit der Gestaltung seines Zuhauses, hierbei achtet er bei der Wohnungseinrichtung besonders auf die Qualität und weniger auf den Preis – denn für die Familie nur das Beste.

Megatrend-Kontext Sicherheit

Sicherheit als höchstes Ideal

In einer verunsicherten Gesellschaft, in der der Staat überfordert zu sein und nicht mehr für die notwendige Sicherheit sorgen zu können scheint, wird bei Menschen wie dem Neo-Biedermeier Sicherheit zum Grundbedürfnis. In ihrem Leben spielen das Geschütztsein durch rechtliche Regelungen und das Sicherheitsempfinden in Form von Geborgenheit und Angstfreiheit eine hohe Rolle. Hierfür sind sie bereit, selbst aktiv zu werden und individuell für Sicherheit zu sorgen. Damit gehören sie zu einer Bewegung, die daran teilhat, dass Sicherheit zu einem zukunftsrelevanten Megatrend wird: Sie treiben den Wandel der Risikogesellschaft hin zu einer neuen Sicherheitskultur mit an. Denn sie haben sehr schnell verstanden und reagiert: Die Gewährleistung von Sicherheit kann künftig nicht mehr ausschließlich von Institutionen erwartet werden, sondern jeder einzelne Mensch ist dafür verantwortlich, seine Sicherheit zu managen. Sicherheit wird zu einem Prozess, der permanent aktiv erzeugt werden muss. Dies verkörpert der Neo-Biedermeier par excellence.

Rückzug ins Private

Privatsphäre ist zwar ein Menschenrecht, das in allen modernen Demokratien verankert ist, doch in einer vernetzten Welt muss jeder Mensch heute selbst aktiv für den Schutz seiner digitalen Identität, sorgen, indem er die entsprechenden Sicherheitseinstellungen selbst einrichtet. Der Neo-Biedermeier ist hier im Denken schon sehr weit: Wie man seine Haustür verschließt, wenn man das Haus verlässt, so – meint er – sollte man im Netz auch keine Passwörter oder Kontodaten offen legen. Wie man nicht jeden Fremden, der an der Tür klingelt, sofort ins Haus bittet, sollte man in seinen Augen auch nicht jede Nachricht, die im Posteingang landet, sofort gedankenlos öffnen. Der Staat kann zwar die gesetzlichen Rahmenbedingungen schaffen, dass Verbrecher verfolgt und bestraft werden, jedoch den Schaden natürlich nicht verhindern – die Präventionsmaßnahmen liegen heute und in Zukunft mehr denn je beim Individuum.

Konservative Mitte der Gesellschaft

Die private Sicherheit liegt dem Neo-Biedermeier mehr am Herzen als alles andere. Er sieht sich weniger für die allgemeine gesellschaftliche Sicherheit

Wer sind die Neo-Biedermeier?

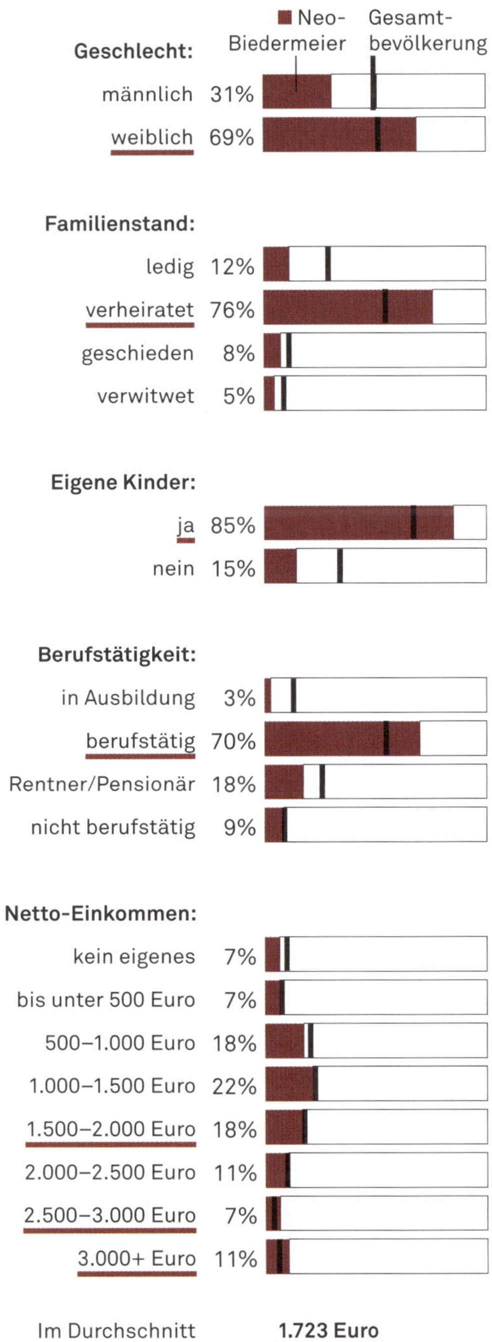

Innerhalb ihrer Beziehung legen die Neo-Biedermeier Wert auf die klassische Rollenverteilung. Die Frau sieht es als ihre Pflicht, ein gemütliches Heim für ihre Familie einzurichten, und hat auch Spaß dabei.

94% der Neo-Biedermeier ist es wichtig, viel mit der Familie gemeinsam zu unternehmen

Foto: Unsplash, CC0

verantwortlich, sondern setzt sich in erster Linie für den Schutz seiner eigenen Familie und seines engsten Freundeskreises ein. Sein Engagement erstreckt sich also auf sein nahes Umfeld. Die Menschen, die zu den Neo-Biedermeiern gerechnet werden können, sind die typischen Anhänger einer karriereorientierten Arbeitswelt in Kombination mit familiären Werten. Für sie gewährleistet ein gutes und sicheres Einkommen ein angenehmes Familienleben.

Mit dem früheren Biedermeier des 19. Jahrhunderts verbindet sie das Desinteresse am öffentlichen Leben, die Kultivierung des Privat- und Familienlebens sowie die bürgerlichen Tugenden wie Fleiß, Ehrlichkeit, Treue, Pflichtgefühl und Bescheidenheit. Der Neo-Biedermeier sieht sich selbst heute gerne als neue konservative Mitte. Man kann die Wurzeln des Neo-Biedermeiers zudem in den Wirtschaftswunderfamilien finden: Nach den Jahren der NS-Zeit, des Krieges und des Wiederaufbaus suchten die Menschen Erfüllung im Konsum und im Rückzug ins Private. Häufig erlaubten es die hohen Löhne, dass der Mann zum alleinigen Versorger der Familie wurde und die Ehefrau sich um den Haushalt und die Kindererziehung kümmerte. Auch heute zählen Menschen mit dem Lebensstil des Neo-Biedermeiers im Vergleich zur Gesamtbevölkerung zu den Personen mit einem etwas überdurchschnittlichen Nettoeinkommen. Unter ihnen finden sich aber auch überdurchschnittlich viele Frauen.

Von Cocooning zu Hygge

Ein Rückzug der Menschen ins Private ist an sich ein gesellschaftliches Phänomen, das immer wiederkehrt, es hat sich jedoch in seiner konkreten Ausgestaltung des entsprechenden Lebensstils verändert: In den 1990er Jahren wurde der Trend als „Cocooning“ beschrieben, heute spricht man von „Hygge“ als einer Mischung aus Bequemlichkeit, Wärme und Innigkeit. Während sich Cocooning als Trend vor allem in der individuellen Abgrenzung nach außen manifestierte, um sich vor den negati-

Werteprofil des Neo-Biedermeiers

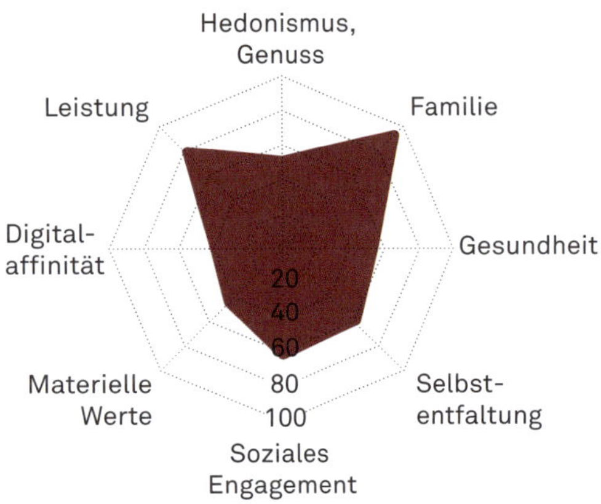

Der Neo-Biedermeier ist die neue konservative Mitte der Gesellschaft, die traditionelle bürgerliche Werte lebt.

Konsum und Innovationsgrad

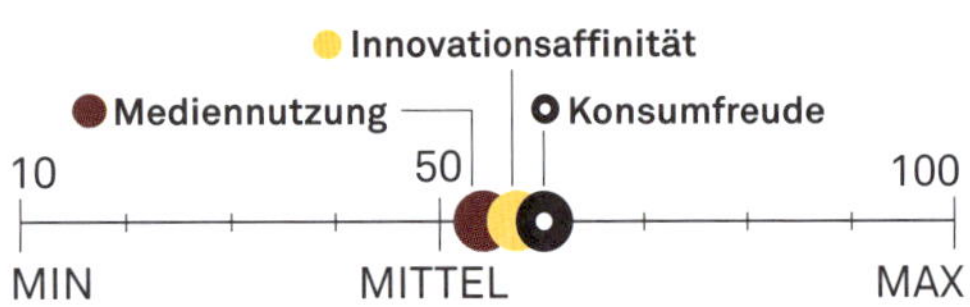

Der Neo-Biedermeier hält nichts von Trends, die in wenigen Jahren nicht mehr zeitgemäß sind. Auch im Umgang mit neuen Technologien ist er höchst vorsichtig.

Mediennutzung im Vergleich

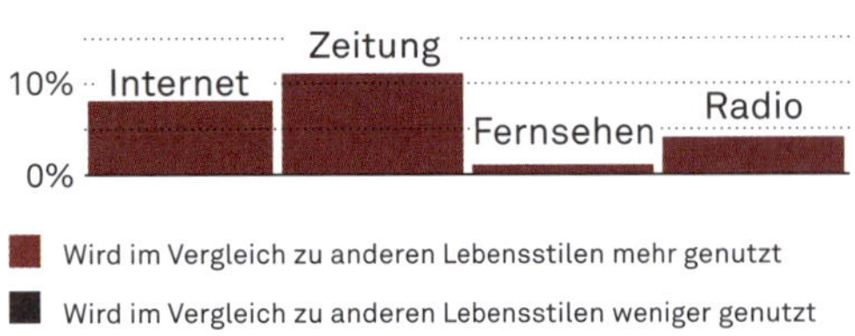

von Einflüssen der Umwelt zu schützen, verkörpert Hygge das Bedürfnis nach Verbundenheit, Kommunikation und Gleichheit sowie Privatsphäre und Sicherheit. Hygge als Lebensthema ist optimistischer, es beschreibt ein heimeliges Gefühl und weniger die angstgetriebene Abschottung. Und es ist sozialer, denn im Zentrum steht nicht das Glück des Einzelnen, sondern einer sozialen Kerngruppe, der Familie, oder auch des Freundeskreises. Geborgenheit, Nähe und Verbindlichkeit – das sind die neuen Grundwerte der Neo-Biedermeier.

Rolle und Influence in der Gesellschaft

Neo-Biedermeier sind Traditionalisten – die neue konservative Mitte der Gesellschaft. Sie sind in der Regel zufrieden mit der Ist-Situation und sind eher Bewahrer dieses Status quo. In ihrer Partnerschaft leben sie die traditionellen Rollenbilder von Mann und Frau, in der Arbeit fügen sie sich in die hierarchischen Strukturen und das altbewährte Karrieresystem ein. Als konservative Mitte der Gesellschaft beschränkt sich ihr Aktionswillen auf den Privatbereich, an öffentlichen Diskursen nehmen sie nicht teil, entsprechend gering ist auch ihr tatsächlicher Influence. Und doch sind sie wichtige Pfeiler der Gesellschaft, weil sie im Kleinen dafür sorgen, dass das System funktioniert. Sie sind keine Fortschrittsverweigerer, sondern sie nehmen die neuen Entwicklungen an, die ihnen notwendig erscheinen und von denen sie sich einen echten Vorteil versprechen.

Werteset und Lebensweise

Eine glückliche, perfekte Familie

Menschen mit dem Lebensstil des Neo-Biedermeiers leben traditionelle bürgerliche Werte: Zu einer Familie gehören Kinder, die am besten im eigenen Heim im Grünen aufwachsen. Um dem Nachwuchs etwas bieten zu können, haben sie sich bereits einen sicheren Arbeitsplatz mit einem anständigen Gehalt erarbeitet. Doch sie achten sehr darauf, neben ihrem Job genug freie Zeit zu haben, die sie mit der Familie verbringen und in die Förderung der Kinder stecken.

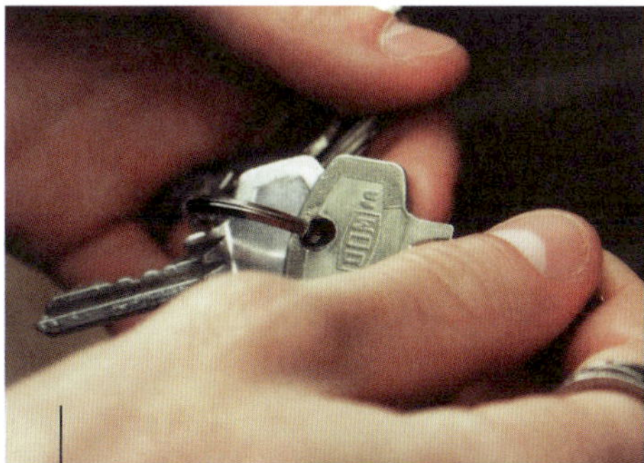

Foto: Pixabay, CC0

Sicherheit im eigenen Zuhause und Privatsphäre stehen für den Neo-Biedermeier ganz oben

Foto: Pixabay, CC0

3 von 4 Neo-Biedermeiern sind auch im Netz sehr vorsichtig, weil man nie weiß, wen man wirklich vor sich hat

Auch den weiblichen Neo-Biedermeiern ist ein guter, sicherer Job wichtig, doch stecken sie zurück, wenn der Partner der Besserverdienende ist. Weibliche Neo-Biedermeier sind stolz darauf, dass sie Familie, Gestaltung des Eigenheims und ihre Arbeit unter einen Hut bringen – ihre Diszipliniertheit hilft ihnen dabei. Kleine Helferlein wie Terminplaner, die sie an Aufgaben erinnern, Einkaufslistenmanager oder einfach nur der gemeinsame Familienkalender am Kühlschrank in der Küche helfen ihnen, den Alltag zu managen. Selbst wenn sie am Rotieren sind, zeigen sie trotzdem noch immer ihr schönstes Lächeln – alles für die Familie. Sie üben sich in Perfektion, wenn es um ein glückliches Familienbild geht. Auch wenn die Frau im Berufsleben ihrem Mann in nichts nachsteht, legen sie innerhalb ihrer Beziehung Wert auf die klassische Rollenverteilung. Die Frau sieht es als ihre Pflicht, ein gemütliches Heim für ihre Familie einzurichten – hat aber auch genauso viel Spaß dabei.

Gemütlichkeit reloaded: My Home is my Castle

Diese Perfektion spiegelt sich auch in der Gestaltung des privaten Bereichs wider: Gemütlichkeit und Geborgenheit sind Trumpf. In einer digitalen Welt, in der zahlreiche Lebensbereiche im Netz ins Rampenlicht der Öffentlichkeit gerückt oder gar bewusst inszeniert werden, ist für sie ihr Zuhause die letzte Bastion der Privatsphäre, die es zu verteidigen gilt. Smart-Home-Technologien im eigenen Heim, das kommt für sie nicht in Frage: Sie empfinden sprachgesteuerte Lautsprecher wie Amazons

Echo oder Googles Home als Eindringlinge in ihr Heiligtum. Ihre Angst vor Überwachung und vor einem gläsernen Zuhause lässt sie höchst vorsichtig sein im Umgang mit neuen Technologien und dem Internet. Sicherheit und Wohlbefinden stehen für sie über Nützlichkeit und Funktionalität.

Um eine heimeliges und sicheres Gefühl im Haus zu erzeugen, nutzt der Neo-Biedermeier in den Innenräumen gerne gedämpfte Beleuchtung, und er liebt das Beisammensein im Kerzenlicht. In dieser Atmosphäre sitzt er gern mit seinen Freunden zusammen, trinkt Tee und erfreut sich an guten, tiefsinnigen Gesprächen. Hier ist der Neo-Biedermeier harmonieorientiert: Er vermeidet hitzige Debatten und Streitigkeiten, politischen Diskussionen und Meinungsäußerungen geht er prinzipiell aus dem Weg. Er konzentriert sich voll und ganz auf seinen Gesprächspartner. Neo-Biedermeier können damit auch im beruflichen Kontext wertvolle Kommunikatoren sein, da sie ein gutes Gespür für Menschen und Dialogführung haben.

Auch gemeinsame Mahlzeiten im Familienkreis sind diesen Menschen wichtig: Morgens wird Wert auf ein ausgewogenes Frühstück gelegt und zum Abendessen versammelt sich die Familie meist jeden Tag zur gleichen Uhrzeit. Hierbei geht es nicht nur um das Zelebrieren der gemeinsamen Mahlzeit, sondern auch um das Zubereiten und Dekorieren – Fertiggerichte kommen bei den Neo-Biedermeiern nur selten auf den Tisch. Dafür kochen und backen sie sehr gerne, natürlich gemeinsam mit den Kindern, denen sie die überlieferten Familienrezepte beibringen.

Zur Gemütlichkeit gehört bei ihnen auch, dass man voll und ganz am Familienleben teilnimmt und die Konzentration auf sich als Familie nicht gestört wird: Beim gemeinsamen Frühstück oder Abendessen hat weder das Smartphone etwas am Esstisch zu suchen, noch läuft der Fernseher. Lediglich am Morgen gehört es zum Ritual, die Zeitung durchzublättern, um gut für den Tag informiert zu sein.

Design ist ein Muss: Premium schlägt Luxus

Gemütlich muss es sein, schön muss es sein – das wünscht sich der Neo-Biedermeier für sein Heim. Kaum verwunderlich, dass er über Zeitschriften und TV-Sendungen zum Thema Wohnen und Einrichten sehr gut ansprechbar ist. Sein Ästhetikverständnis orientiert sich an den Grundsätzen des Biedermeier des 19. Jahrhunderts: einfach, funktional, mit klaren Linien und lokalen Materialien. Einfachheit und Funktionalität beziehen sich hierbei nicht auf die Rückbesinnung auf den Minimalismus, sondern auf eine Vereinfachung von gehobenen Qualitätsprodukten. Zeitlosigkeit ist für ihn wichtig, er hält nichts von Mode- und Farbtrends, die in wenigen Jahren nicht mehr zeitgemäß sind. Wo die Qualität der Designerstücke an erster Stelle steht, ist der Preis hierbei zweitrangig. Der Neo-Biedermeier würde sich selbst nie als luxusaffin bezeichnen, und doch ist er bereit, in gute Qualität und hochwertiges Design zu investieren. Luxus hat für ihn den Beigeschmack des Verschwenderischen – und das entspricht nicht seiner Selbstdefinition. Für ihn steht die Materialität im Mittelpunkt, alles andere empfindet er als Angeberei. Er sieht sich selbst eher als Premiumkäufer, der sich an Einfachheit und Eleganz erfreut.

Sehnsuchtsmarkt „gute alte Zeit“

Doch auch die Produkte des alltäglichen Gebrauchs sollten in seinen Augen langlebig sein: Der Neo-Biedermeier kauft gerne Markenprodukte, weil er sich somit sicher sein kann, was er bekommt. Discountwaren und Schnäppchenpreisen steht er eher kritisch gegenüber, da er zweifelt, ob diese Produkte seinen Ansprüchen entsprechen. Nichts ist für ihn ärgerlicher als ein Gerät, das nach wenigen Wochen oder Monaten kaputt geht. So investiert er lieber einmal mehr, als mehrmals kleinere Summen für immer wieder neue Geräte auszugeben. Und so finden sich nostalgische Objekte wie ein Haustelefon mit Hörer und Wählscheibe in seinem trauten Heim – mehr oder weniger als Designkörper. Die Plattensammlung wird in einem offenen Regal

Für 95% der Neo-Biedermeier ist ihre Familie ihre Insel

Foto: Pexels, CC0

77% kochen sehr gern

54% backen sehr gern

95% möchten Glück und Geborgenheit erleben, wenn sie nach Hause kommen

präsentiert, und der Plattenspieler aus den 1970ern hat ebenfalls einen exponierten Platz im Wohnzimmer. In Zeiten ständiger Updates und immer schnellerer Warenrotation ist der Neo-Biedermeier mit Sehnsuchtsprodukten zu begeistern, die eine Verlangsamung verkörpern. Sie vermitteln für ihn Beständigkeit und Ruhe – und zeugen auch von dem heilen Ideal der „guten alten Zeit“. Echte Produkte aus der Vergangenheit sind dem Neo-Biedermeier dabei natürlich lieber und mehr wert als inszenierte Objekte in Form eines Retrodesigns.

Moralischer Rationalismus

Alternativ zu Retro gestalten diese Menschen ihr Haus oder ihre Wohnung gerne aus recycelten und lokalen Materialien. Alte Holzböden oder historische Mauerziegel zeugen von einem Nachhaltigkeitsbewusstsein und sind zugleich ein Statement gegen Beschleunigung und Globalisierung. Der Neo-Biedermeier würde seinen Lebensstil nicht als grün bezeichnen, jedoch ist er aus ethischen und moralischen Gründen gerne bereit, Produkten aus der Region und aus fairem Handel den Vorzug zu geben – am besten mit geprüfter Qualität. Durch einen Einkauf Kinderarbeit zu fördern oder die Abholzung der Regenwälder mitzuverantworten, können sie mit ihrem Gewissen nicht vereinbaren. Aus diesem Grund fühlt es sich für sie besser an, lokale Produzenten, Designer und Hersteller zu unterstützen, die sie unter anderem auf den heimischen Kunstmärkten auftreiben.

Grundbedürfnisse

Der Neo-Biedermeier strebt nach Sicherheit für sich und seine Familie in allen Lebensbereichen. Er vermeidet es, sich auf unsicheres Terrain zu begeben – im wahrsten Sinne des Wortes ins Ausland, wo er nicht weiß, was ihn erwartet, aber in dem Sinne, dass er sich nicht gerne in Dinge einmischt, über die er zu wenig weiß oder die für ihn neu sind. Generell nimmt er das Neue als etwas Unsicheres wahr, das sich noch bewähren muss. Hingegen schätzt

Ein Einfamilienhaus mit eigenem Garten im ruhigen Vorort ist für den Neo-Biedermeier sein Rückzugsort

Dem Neo-Biedermeier ist es wichtig, dass das eigene Heim gemütlich und schön ist – die Themen Wohnen und Einrichten interessieren ihn sehr

Im perfekten Zuhause wird die perfekte Beziehung zelebriert

er Routinen, klar definierte Abläufe, die Einhaltung von Regeln und eine plangerechte Umsetzung. Lebensqualität bedeutet für ihn Klarheit und keine Überraschungen. Hinzu kommt der Wunsch nach Geborgenheit. Wer in der Lage ist, sowohl Sicherheit durch Stabilität als auch Geborgenheit durch Emotionalität zu vermitteln, kann bei Menschen mit dem Lebensstil des Neo-Biedermeiers punkten.

Welche Zukunft hat der Neo-Biedermeier?

Der Neo-Biedermeier wird auch in Zukunft keine Lebensstilgruppe mit einem großen gesellschaftlichen Impact sein, weder mit einem zukunftsorientierten noch mit einem rückwärtsgewandten Impuls. Aber: Mit ihrem konstruktiven Interesse für Sicherheitsthemen werden sie als Trendradar für Weiterentwicklungen in diesem Bereich hilfreich sein.

Und: Die Rückbesinnung auf den engen Familien- und Freundeskreis gilt schon heute nicht mehr als Weltflucht, sondern als Aufbau einer neuen Qualität von Vertrautheit und Verbindlichkeit. Diese Art von Beziehungen werden Menschen auch in Zukunft weiter suchen – zu erwarten ist, dass es auch künftig eine ähnliche Zahl von Menschen geben wird, die den Lebensstil eines Neo-Biedermeiers führen werden.

→ Entwicklungsprognose der Gruppengröße

Der Urban Matcha ist ein absoluter Trendsetter für den modernen städtischen Lebensstil und lebt seine Vorreiterrolle mit großem Selbstbewusstsein aus.

Grundüberzeugung

„Jeder kann seine besten Ideen verwirklichen – man muss es einfach nur machen.“

Lebensmotto im Alltag

„Ich genieße mein Leben und suche immer wieder Neues!“

Lebensziel

„Ich will Stadt und Natur, Genuss und Gesundheit, Familie und Freiheit! Vor allem will ich nie aufhören, ganz vorne mit dabei zu sein!“

URBAN MATCHA

URBAN MATCHA

Warum ist dieser Lebensstil wichtig?

Der Avantgarde-Lebensstil des Urban Matcha ist in den Metropolen Europas kaum zu übersehen – er fällt auf durch Kleidungsstil und Konsumverhalten, er macht Meinung und tritt als Trendsetter auf. Diese Menschen genießen die Aufmerksamkeit, die sie erzeugen, und nutzen ihre Vorreiterrolle, um ihre Werte zu vermitteln. Denn Menschen wie der Urban Matcha sind nicht nur hip, sondern vor allem auch selbst hervorragende Kommunikatoren ihrer Werte.

Wie viele Urban Matchas gibt es?

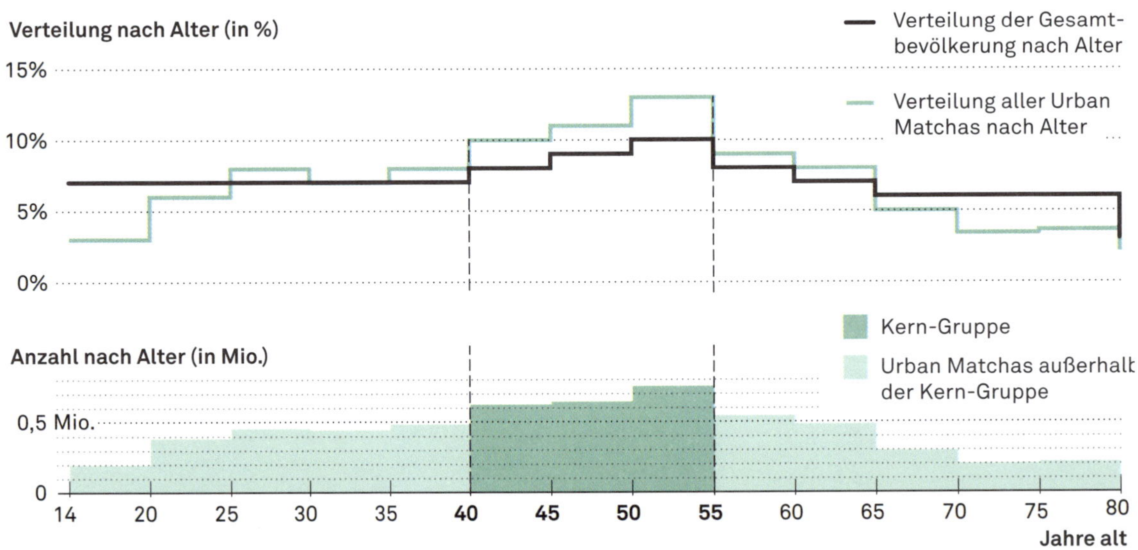

8,6% aller Deutschen (6 Mio.)

Kern-Gruppe: 2 Mio. (40 bis 54 Jahre alt)

Profil des Urban Matcha

Menschen mit dem Lebensstil des Urban Matcha sind experimentierfreudig und probieren gerne neue Produkte aus. Zudem ist ihnen ihre Freiheit heilig: Sie wollen sich selbst verwirklichen und ihr Leben ganz individuell gestalten können. Ein großer Freundeskreis ist ihnen wichtig – statt auf Familie setzen sie auf ihre Community. Mit einer guten und vielseitigen Bildung setzen sie auf eine erfolgreiche Karriere. Sie pflegen einen genussorientierten Lebensstil und lieben es, gut essen zu gehen. Zugleich legen sie Wert auf Nachhaltigkeit und bevorzugen regionale und fair gehandelte Produkte.

Megatrend-Kontext

Individualisierung

Urbanisierung

Mehr als Individualisten

Der Lebensstiltypus des Urban Matcha ist ein typisches Phänomen eines Zeitalters, in dem die Wahl eines individuellen Lebensstils nicht nur als Freiheit genossen, sondern gezielt kultiviert und inszeniert wird. Damit sind sie Protagonisten eines gesellschaftlichen Wandels, den wir mit dem Megatrend Individualisierung beschrieben haben: Wo Herkunft und Traditionen an Bedeutung verlieren, gewinnt der Einzelne an Spielraum für die Ausgestaltung seines persönlichen Lebens. Der Urban Matcha möchte aus dieser neuen, bunt gemischten Masse an Lebensweisen mit seinem Lebensstil herausstehen und auffallen. Denn er ist stolz auf sich. Er ist damit eine Ausprägung des modernen Hipsters. Doch der Begriff Hipster wird heute für alles und jeden benutzt; letzten Endes sind diese Menschen, die sich durch ihren urbanen Lebensstil und ihre extravagante Kleidung von der Masse abheben wollten, inzwischen auch im Mainstream angekommen. Die Menschen mit dem Lebensstil des Urban Matcha jedoch haben eine inhaltliche Botschaft und sind nicht nur Hülle, indem sie sich hip kleiden und weltoffen geben. Sie definieren sich nicht nur über ihre Individualität an sich, sondern auch über ein nachhaltiges und gleichzeitig gesundgenussorientiertes Leben. Neo-Ökologie, der Schutz von Umwelt und Natur, ist dem Urban Matcha wichtig – häufig setzt er sich in Projekten für eine grünere Stadt ein. Dies macht ihn zur Avantgarde in modernen Lebensräumen.

Urbane Bohème: Moderne Quartiergestalter

Der Urban Matcha hat sich als Lebensstiltypus entwickelt im Zuge des Megatrends Urbanisierung, also der Entwicklung der Stadt zum bevorzugten Lebensort von Menschen – und formt ihn zugleich weiter. Mit ihrem weltoffenen und internationalen Denken sorgen sie für den Vibe einer pulsierenden, niemals schlafenden Stadt. Sie sind diejenigen, die in ihrem unmittelbaren Lebensumfeld aktiv werden und die neuen Netzwerke und Communitys in den Stadtvierteln aufbauen. Sie gestalten damit Städte grundlegend mit. Sie sind Teil der sogenannten kreativen Klasse, und Kreativität ist einer der Wachstumsmotoren für Wohlstand. Der Blick auf Berlin zeigt, woher dieser Lebensstil stammt: Lange galt die Hauptstadt als „arm, aber sexy", voller kreativer, verrückter Köpfe, die mit neuen Ideen glänzten, aber nichts daran verdienten oder wirklich etwas bewegten. Inzwischen sind die jungen, wilden Kreativen, die unter dem Begriff der „Latte-Macchiatos" bekannt geworden sind, erwachsen geworden (mehrheitlich zwischen 40 und 54 Jahren), und die

Wer sind die Urban Matchas?

■ Urban Matchas | Gesamtbevölkerung

Geschlecht:

männlich	41%
weiblich	59%

Familienstand:

ledig	25%
verheiratet	59%
geschieden	11%
verwitwet	5%

Eigene Kinder:

ja	71%
nein	29%

Berufstätigkeit:

in Ausbildung	9%
berufstätig	65%
Rentner/Pensionär	18%
nicht berufstätig	8%

Netto-Einkommen:

kein eigenes	7%
bis unter 500 Euro	7%
500–1.000 Euro	21%
1.000–1.500 Euro	21%
1.500–2.000 Euro	19%
2.000–2.500 Euro	10%
2.500–3.000 Euro	5%
3.000+ Euro	9%

Im Durchschnitt **1.650 Euro**

94% ist es wichtig, Erfolg im Beruf zu haben

96% sind aufgeschlossen gegenüber neuen Entwicklungen

91% der Urban Matchas übernehmen gerne Verantwortung

69% genießen das Leben und nehmen die Dinge locker

Foto: Pexels, CC0

Metropole mit ihnen. Früher wie heute dominieren sie das Stadtviertel-Bild, sitzen nachmittags in den Cafés und plaudern – aber arbeiten dabei als bereits erfahrene Macher an der Entwicklung des Quartiers durch die Neugestaltung der öffentlichen Plätze, neue Nachbarschaftsnetzwerke und familienfreundliche Infrastrukturen.

Gesunde Hedonisten

Auch in puncto Gesundheit sind die Menschen, die den Lebensstil eines Urban Matcha führen, Vorreiter einer neuen Geistesströmung in der Gesellschaft. Sie gehören zu denjenigen, die Gesundheit nicht lediglich als physische Angelegenheit betrachten, sondern auch die psychische Dimension mitdenken: Sie suchen gezielt nach einer Fusion von Gesundheit und Genuss – etwas, was lange Zeit als ein absoluter Gegensatz gehandelt wurde. Denn in ihrem Lebensverständnis müssen diese beiden Dinge sich nicht ausschließen. Hierfür sind sie bereit, sich umfassend über Ernährungsthemen zu informieren und sind gegenüber neuen Food-Entwicklungen offen: Sie tragen das Wissen in die Gesellschaft, dass Insekten eine optimale Alternative zum Fleischkonsum sind, um die benötigte Menge an Proteinen zu sich zu nehmen, und dass Algen ein äußerst nährstoffreiches Gemüse darstellen, über das es sich einmal nachzudenken lohnt. Auch Power- und Superfoods sind Trends, die von ihnen belebt werden. Der Urban Matcha ist zentraler Bestandteil der modernen Städte, in denen Innovationen und Trends im Keim entstehen und von dort durch Multiplikatoren wie den Urban Matcha aufgenommen und hinaus in die Gesellschaft getragen werden.

Rolle und Influence in der Gesellschaft

Der Urban Matcha ist Teil der städtischen Kultur. Sein gesellschaftlicher Einfluss ist hoch, da Städte als wichtige Treiber von Veränderung, Innovation und Kreativität gelten. Zudem herrscht in Deutschland ein hoher Verstädterungsgrad, das bedeutet, ein Großteil der Bevölkerung lebt im urbanen Raum. Menschen vom Lebensstiltypus Urban Matcha sind

Werteprofil des Urban Matcha

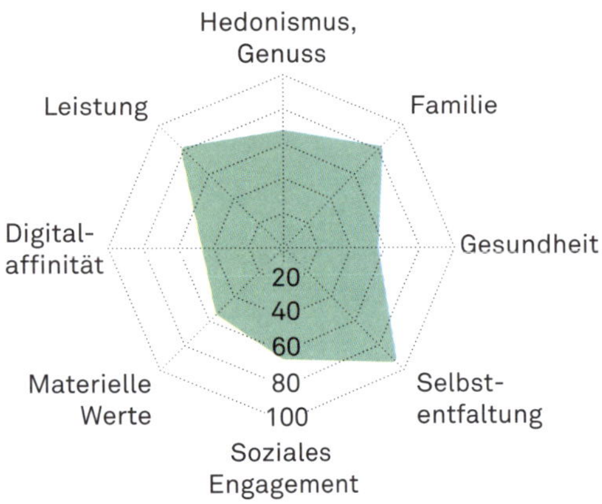

Der Urban Matcha ist ein Teil der kreativen Klasse und somit ein zentraler Bestandteil der modernen Städte, in denen Innovationen und Trends entstehen.

Konsum und Innovationsgrad

Der Urban Matcha ist höchst marken- und trendaffin. Er ist Early Adopter für Entwicklungen, die in Folge auf die Gesamtgesellschaft übergreifen.

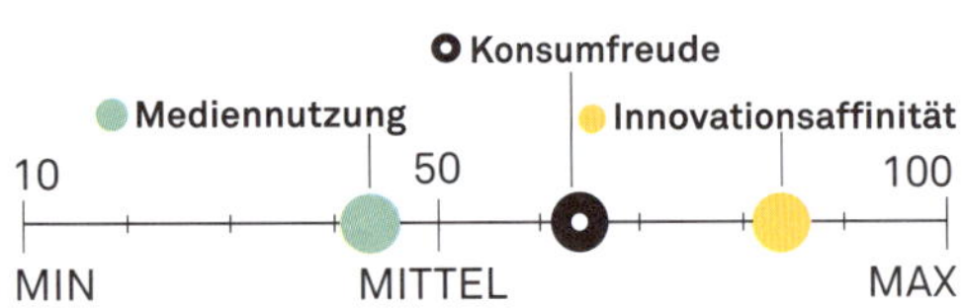

Mediennutzung im Vergleich

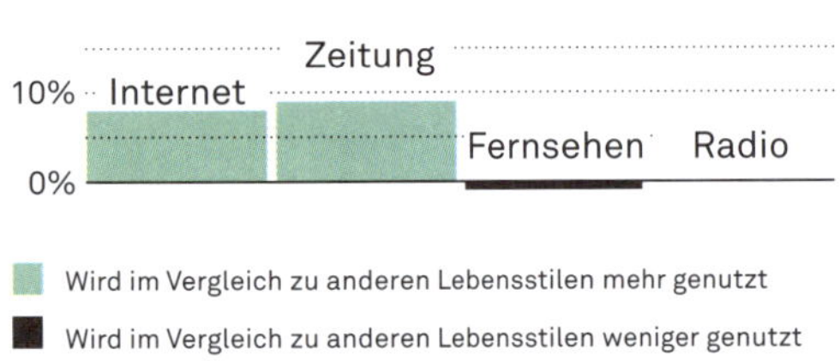

aufgrund ihrer Offenheit und Experimentierfreude Early Adopter bzw. Trendsensoren für Entwicklungen, die in Folge auf die Gesamtgesellschaft übergreifen. Zugleich ist der Urban Matcha Multiplikator, da er einen großen Freundeskreis pflegt. Auch wenn diese Lebensstilgruppe nur einen kleinen Teil der Bevölkerung ausmacht, hat sie als Avantgarde einen immensen Einfluss auf Wirtschaft und Gesellschaft: Ihr Konsummuster führt zur Entwicklung von neuen Produkten und Services, ihre Lebensweise gilt als ihrer Zeit voraus und zugleich als Wegweiser für die Zukunft.

Werteset und Lebensweise

Level für Level im Spiel des Lebens

Der Urban Matcha legt einen beinahe unerschütterlichen Optimismus an den Tag. Er sieht die Dinge entspannt, das Leben ist für ihn ein Spiel nach dem Motto „Game over – play on" – darin hat er bereits einige Erfahrungen gemacht in seinem noch wilderen jungen Erwachsenenalter, auf die er heute mit aller Gelassenheit blicken kann. Nach jedem beendeten Spiel kommt entweder ein neues Level oder man startet einfach nochmal von Neuem. Menschen wie der Urban Matcha haben keine Angst zu scheitern, jeden Misserfolg nutzen sie als Erfahrung, um zu lernen und zu wachsen. Ihr Leben haben sie fest selbst in der Hand – sie agieren selbstbestimmt und legen darauf großen Wert. Zugleich sind sie der Meinung, dass jeder, der wirklich will und sich anstrengt, auch seine Ziele erreichen kann. Sie jammern nie, sondern packen die Dinge immer selbst an und sorgen zielstrebig dafür, dass sich etwas verändert – das erwarten sie allerdings auch von ihrem Umfeld. Da sie Menschen, die sich permanent beklagen, nicht ertragen können, umgeben sie sich auch in erster Linie mit „Machern", mit denen sie Projekte zügig vorantreiben können. Das bringt ihnen dann auch den Ruf ein, in einer elitären Wolke zu schweben und für die Bedürfnisse der anderen, der Schwächeren kein Verständnis aufzubringen.
Wenn sie mit einem Job unzufrieden sind, wechseln sie ihn. Sie haben auch keine Scheu davor, eine kom-

plett neue Herausforderung anzunehmen – sei es im Ausland oder nochmal die Schul- oder Studienbank zu drücken. Wenn sie in einer Beziehung unglücklich sind, beenden sie diese – egal, wie lange man glücklich miteinander war oder ob man gemeinsame Kinder hat. Wenn sie sich in ihrer Nachbarschaft nicht wohlfühlen, kann es passieren, dass sie nicht nur die Stadt verlassen, sondern sich im Ausland in einer Metropole auf einem anderen Kontinent komplett neu erfinden. Sie leben völlig im Hier und Jetzt, und dort, wo sie sind, sind sie mit vollem Einsatz aktiv. Probleme sind für den Urban Matcha Herausforderungen: Es macht diesen Menschen Spaß, scheinbare Gegensätze zu vereinbaren. Geht nicht, gibt's nicht. Sie sind die perfekten Projektmanager – ihnen erscheint ihr Leben wie ein großes Projekt –, aber für sie ist das Managen von Familie und Job, Freunden und Hobbys keine Belastung, die sie überfordert, sondern sie haben Spaß an der permanenten Optimierung.

Die Stadt als Playground

Das spielerische und zuweilen nicht altersgemäß anmutende Verhalten des Urban Matcha ist zugleich sein Erfolgsgeheimnis. Wer sich vorstellt, dass alles auch ganz anders sein könnte, und keine Angst hat, Dinge einfach mal zu machen, lebt freier. Die Stadt ist die Spielwiese und die Theaterbühne des Urban Matcha. Kurze Wege sind ihm wichtig, man will mitten im Geschehen sein, sich spontan mit Freunden und Bekannten treffen und das kulturelle Angebot der Stadt nicht missen.

Zugleich legen diese Menschen einen nicht selten verklärten Blick auf die Natur als Idyll an den Tag. Auf Grundlage dieses Idealbilds holt man sich gerne ein Stück Idyll oder Natur in die Stadt. Sie planen Urban-Gardening-Projekte auf brachliegenden Flächen gemeinsam mit anderen Gleichgesinnten, sind manchmal auch noch mit Samenbomben in der Stadt unterwegs, um als Guerilla Gardener kahle, unwirtliche Flächen etwas grüner zu gestalten. Die Menschen, die diesem Lebensstil angehören, ziehen auf dem Balkon ihrer Wohnung Kräuter und Gemüse in Töpfen oder nutzen hierfür Vertical-Farming-Systeme in der Wohnung. Wem es nicht reicht, von dem zu leben, was die Stadtnatur einem bietet, den zieht es auch einmal kurz raus aufs Land – verstärkt auch in den Wald. Menschen mit diesem Lebensstil sieht man Pilze sammeln, Brombeeren oder Hagebutten an Hecken ernten, oder man erspäht sie auf dem Hochsitz: Immer mehr Menschen aus der Stadt machen einen Jagdschein – und genießen es, im Morgengrauen die Flora und Fauna zu beobachten. Ob man dann in der Tat ein Wild erlegt, ist zweitrangig – in erster Linie geht es um das Naturerlebnis und die Erholung vom urbanen Alltagsstress. Aber natürlich zeigt ein Hirschgeweih als Trophäe in der Stadtwohnung, dass man es mit dem neuen sportlichen Hobby ernst meint.

Zwar zählen die Menschen mit dem Lebensstil eines Urban Matcha vom biologischen Alter her gesehen in der Regel schon zur älteren Hälfte der Gesellschaft, doch tummeln sie sich gerne auch in Szeneclubs und legen ähnliche Konsummuster wie jüngere Menschen an den Tag. Jugend ist kein Garant mehr für Innovationsfreude – hingegen findet man Trendsetter in allen Altersgruppen. Wo städtische Szenen immer community-orientierter sind, findet immer weniger eine Altersclusterung statt. Ü30-Partys sind ein Relikt der 1990er und 2000er Jahre geworden. Menschen mit dem Lebensstil des Urban Matcha sind gerne in den angesagtesten Clubs der Stadt unterwegs und tauschen sich hier mit ihrem großen und losen Freundeskreis über die neuesten Trends aus – allerdings benötigen sie ein gewisses kulturelles Niveau. Members-only-Clubs oder auch geheime und temporäre Pop-up-Events wecken ihre Neugier. Der Urban Matcha ist höchst marken- und trendaffin.

Gesunder Genuss ohne Verzicht: Gelebte blaue Ökologie

Genuss ist Menschen mit diesem Lebensstil wichtig, der Urban Matcha will auf nichts verzichten. Im Grunde lebt er eine blaue Ökologie: Das Konzept der blauen Ökologie nimmt den blauen Planeten in den

Foto: Unsplash, CC0

Urban Matchas sind gerne in den angesagtesten Clubs der Stadt unterwegs

Foto: Unsplash, CC0

Die Großstadt ist der Playground des Urban Matcha, das Fahrrad Fortbewegungsmittel seiner Wahl

Foto: Pexels, CC0

Urban Matchas leben ihre Liebe zur Natur in Urban-Gardening-Projekten aus

Fokus und setzt im Gegensatz zu „grün" auf einen ganzheitlichen Ansatz. Für Menschen wie den Urban Matcha bedeutet Natur- und Umweltschutz nicht Verzicht, sondern Spaß. Ihre Art und Weise, ökosozial zu handeln, hat sich vom Weltrettungsgedanken gelöst: Sie ist ethisch korrekt und macht Spaß; sie ist nachhaltig und verschwenderisch zugleich. Mit größtem Enthusiasmus setzen sich die Menschen, die diesem Lebensstiltypus zugerechnet werden können, dafür ein, Lebensmittel zu retten: Aus Dingen, die normalerweise auf dem Müll landen, kreieren sie die leckersten Gerichte und laden zum gemeinsamen Verzehr ein. Die Welt zu retten wird zu einem gemeinsam zelebrierten Happening – und generell geht es ihnen weniger darum, die komplette Welt zu retten, sondern eher die Welt im kleinen urbanen Lebensumfeld ein wenig besser zu machen.

Sie sind aufgeschlossen gegenüber neuen kulinarischen Erlebnissen und erfreuen sich an exotischen oder quer denkenden Restaurants und Lokalen. Sie lieben es, über Street-Food-Festivals zu schlendern und an den verschiedenen Buden und Trucks angesagte neue Gerichte zu kosten – vom Insekten-Burger über den Schokoladen-Kebab bis hin zum frittierten Eis schätzen sie die unterschiedlichsten Geschmackserlebnisse. Es sind oft auch Menschen mit diesem Lebensstil, die solch eine Freude an neuen Food-Ideen haben, dass sie selbst ein Projekt ins Leben rufen und zum „Imbissbudenbetreiber" werden.

Sharing als Kulturtechnik – Convenience als Luxus

Das Leben des Urban Matcha ist schnell, durchgetaktet und nicht selten auch mal chaotisch – Stillstand streben diese Menschen nicht an. Lieber ein Durcheinander als alles in geregelten Bahnen. Sie leben in Eustress – und deswegen verzichten sie auch gerne auf eine künstlich erzeugte Kompliziertheit. Serviceangebote, die ihnen das Leben leichter machen, sind ihnen wichtig, z.B. Lieferservices für Lebensmittel und für Alltagsprodukte oder spezielle Abo-Boxen für Naturkosmetik, Craft-Whiskey oder Superfoods. Produkte direkt vom Erzeuger, häufig saisonal verfügbare Produkte, lassen sie sich ebenfalls sehr gerne nach Hause liefern – denn in der Stadt nach den Gesetzen der Natur zu leben, stellt für sie einen besonderen Luxus dar. Und in Zeiten der Jederzeit-Verfügbarkeit von allem setzen sie gerne auf eine Vereinfachung und Reduzierung auf die wirklich guten Sachen, frei nach dem Motto: „Weniger ist mehr". Überflüssiger Ballast ist ihnen in jedem Lebensbereich zuwider: Deswegen verzichten sie auch auf unnötigen Besitz. Menschen

Foto: Stocksnap, CC0

Drei von vier probieren beim Kochen gerne neue Gerichte aus

wie der Urban Matcha leben eine Kulturtechnik des Überflusses, nämlich die Sharing-Kultur: Sie nutzen Carsharing-Angebote, wenn sie auf ein Auto angewiesen sind. Manche von ihnen setzen auf Co-Housing und leben in neuen Formen von Wohngemeinschaften, um sich Küche, Wohnzimmer und Garten mit anderen zu teilen – Gleichaltrige, aber gerne auch Jüngere oder Ältere. Der Urban Matcha ist aber auch vor allem für innovative Sharing-Services wie E-Scooter oder Foodswapping zu begeistern. Er teilt zudem gerne die Wohnung oder das Haus über Airbnb oder Couchsurfing, um mit Menschen aus aller Welt in Kontakt zu kommen und von ihnen Neues zu erfahren. Gute Erlebnisse schätzt er stets mehr als Besitz und klassische Statussymbole – aber auch hier gilt: bitte mit außergewöhnlichem Stil und Niveau.

Grundbedürfnisse

Menschen mit dem Lebensstil des Urban Matcha leben gerne zeitgeistig, trendaffin und ihrer Zeit einen Schritt voraus. Sie lieben die Schnelligkeit und den Wandel ihres urbanen Umfelds. Sie umgeben sich außerdem gerne mit vielen spannenden und außergewöhnlichen Leuten. Neues probieren sie nur zu gerne aus – allerdings muss es ihren Werten entsprechen, ihnen einen Nutzen und Mehrwert bieten und im besten Fall eine unwiderstehliche, einzigartige Geschichte erzählen. Sie erfahren ihr Leben als Spiel, und ohne überzeugenden Plot wird jedes Spiel langweilig. Aus diesem Grund sind sie auch permanent im Explorationsmodus – immer auf der Suche nach neuen Erfahrungen.

Welche Zukunft hat der Urban Matcha?

Menschen, die den Lebensstil des Urban Matcha leben, sind die perfekten Trendsensoren. Sie begeistern sich häufig frühzeitig für Entwicklungen und tragen diese in den Mainstream hinein. Aus diesem Grund wird vieles, was diesen Lebensstil ausmacht, in Zukunft nicht mehr als avantgardistisch, sondern als durchschnittlich gelten.

Der Lebensstil des Urban Matcha mag aus dieser Sicht vergänglich und flüchtig erscheinen, doch genau das ist er nicht: Er verliert in der jetzigen Form lediglich schneller seine Vorreiterrolle als andere Lebensstile, zugrundeliegende Geistesströmungen werden sich jedoch auf Basis dessen weiterentwickeln und ein modifizierter Lebensstil zur Avantgarde werden. Sein Impact auf die Gesamtgesellschaft wird damit weiter zunehmen, indem immer mehr Menschen – nicht nur im urbanen Raum – von seinen Konsum- und Denkmustern beeinflusst werden.

↘ Entwicklungsprognose der Gruppengröße

Der Sinn-Karrierist strebt nach einer sinnerfüllten Beziehung zu seinen Mitmenschen, einem verantwortungsbewussten Verhältnis zur Umwelt und einem harmonischen Miteinander von Körper und Geist. Sinnfragen stellt er in den Mittelpunkt jeder Betrachtung.

Grundüberzeugung

„Nur wer nicht bloß an sich selbst denkt, sondern sich immer im Verhältnis zur Welt sieht, kann ein erfülltes Leben führen."

Lebensmotto im Alltag

„Ich möchte die Frage nach der Sinnhaftigkeit meines Tuns jederzeit positiv beantworten können."

Lebensziel

„Mein Ziel ist es, in Einklang mit mir und meiner Umwelt zu leben. Daher setze ich mich aktiv für eine bessere Welt ein."

SINN-KARRIERIST

SINN-KARRIERIST

Warum ist dieser Lebensstil wichtig?

Der Sinn-Karrierist ist in einer auf Autonomie aufbauenden Wirtschaftswelt nicht wegzudenken: Er handelt aus Überzeugung. Menschen mit diesem Lebensstil hinterfragen Dinge nach ihrer Sinnhaftigkeit und ihrem Wert – und wenden sich ab, wenn sie diesen nicht erkennen können. Was aussieht wie Egoismus, ist in Wirklichkeit ein wertvoller Hinweis auf Dinge, die in einer wertebasierten Wirtschaft nicht mehr funktionieren werden.

Wie viele Sinn-Karrieristen gibt es?

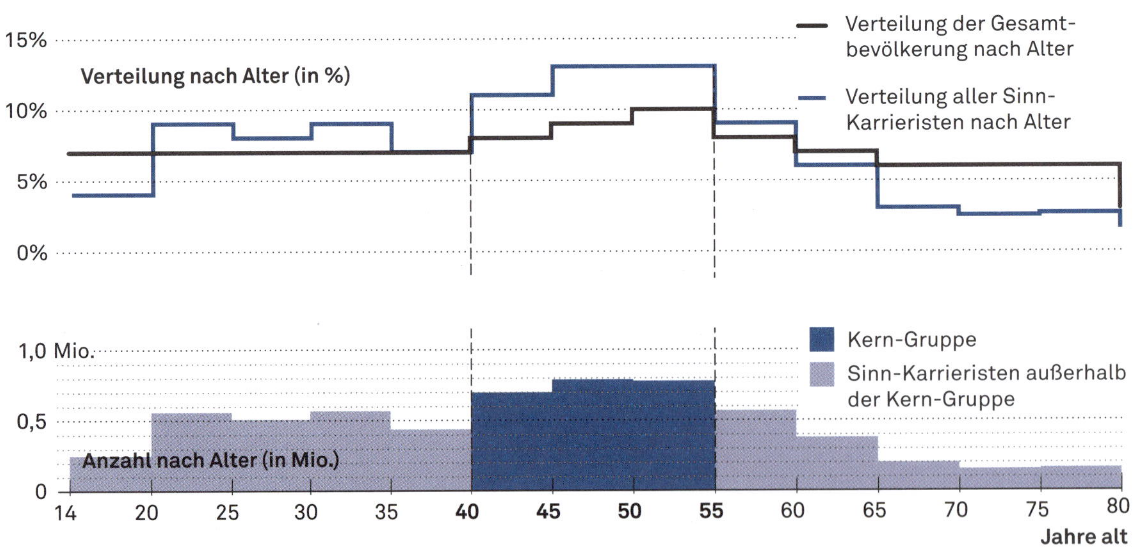

9% aller Deutschen (6,3 Mio.)

Kern-Gruppe: 2,3 Mio. (40 bis 54 Jahre alt)

Profil des Sinn-Karrieristen

Der Sinn-Karrierist setzt sich mit vollem Engagement für eine gesunde Umwelt und ein soziales Miteinander ein. Menschen wie er stellen an sich selbst den Anspruch, aktiv an der Veränderung der Gesellschaft mitzuwirken, und sind der Meinung, jeder sollte sich politisch engagieren, um Unterdrückung und Ausbeutung zu bekämpfen. Einen Beruf, in dem sie ihr ökologisches und soziales Engagement verwirklichen können, halten sie für ideal. Sie haben ehrgeizige Pläne und Ziele und wollen im Leben weiterkommen: Erfolg im Beruf ist für sie ein hohes Ziel – nicht für sich selbst, sondern als Beitrag für die Gesellschaft. Gleichzeitig achten sie stets darauf, eine innere Balance zu halten und in jeder Lebenslage für ihr körperliches und seelisches Wohlbefinden zu sorgen.

Megatrend-Kontext

Gesundheit   Neo-Ökologie

Achtsamkeit: Leben in Resonanz

Der Lebensstil des Sinn-Karrieristen verkörpert die gesellschaftlichen Veränderungen, die wir mit den beiden Megatrends Neo-Ökologie und Gesundheit beschreiben: Er führt ein achtsames Leben und kümmert sich sorgsam um sich selbst und um seine Umwelt. Damit treiben Menschen mit diesem Lebensstil einen Wertewandel mit an, im Zuge dessen wirtschaftliche Fragen und materielle Werte in den Hintergrund rücken und das menschliche Wohlergehen in den Fokus der Aufmerksamkeit rückt. Dem Sinn-Karrieristen geht es um Resonanz bei allem, was er tut. Er fordert eine Rückmeldung, ein Echo für sein Handeln, er will sich und seine Umwelt spüren. Die Beziehung zu anderen Menschen, aber auch zur Natur steht für Menschen mit diesem Lebensstil im Mittelpunkt: Sie schöpfen ihre Kraft aus der emotionalen Berührtheit bei einer gleichbleibenden Selbstwirksamkeit.

Erfolg durch Sinn und Werte

Für Menschen mit dem Lebensstil des Sinn-Karrieristen ist es das Wichtigste, für sich selbst, aber auch in ihrer beruflichen Weiterentwicklung einen Sinn zu finden: Sinnvoll erscheint ihnen dabei all das, was ihnen selbst und ihrem Umfeld gut tut. Die Erfahrung von Sinn und Selbstwirksamkeit ist also für den Sinn-Karrieristen sowohl an berufliche als auch an ökosoziale Parameter gebunden, ohne die er nicht glücklich sein kann. Folglich definiert der Sinn-Karrierist auch Erfolg nicht über finanzielle Ressourcen, Status oder Besitz, sondern über immaterielle Werte: Der Sinn-Karrierist ist ein ehrgeiziger Gesellschaftsaktivist, der sein Arbeits- und Alltagsleben damit bereichert, sich selbst und die Welt um sich herum zu verbessern und weiterzubringen. Menschen mit diesem Lebensstil handeln nach einer neuen Kultur von Lebensqualität nach dem Motto „Besser statt mehr“: Lieber Zeit mit der Familie verbringen, als mehr Gehalt zu beziehen; lieber eine ehrenamtliche Tätigkeit, die der Gemeinschaft unmittelbar nützt, als eine Führungsposition in einem beliebigen Großkonzern mit einer 60-Stunden-Woche. Lieber ein Drei-Stunden-Arbeitstag, an dem spannende neue Ideen entstehen, als ein 12-Stunden-Tag voller mühsamer Meetings ohne

Wer sind die Sinn-Karrieristen?

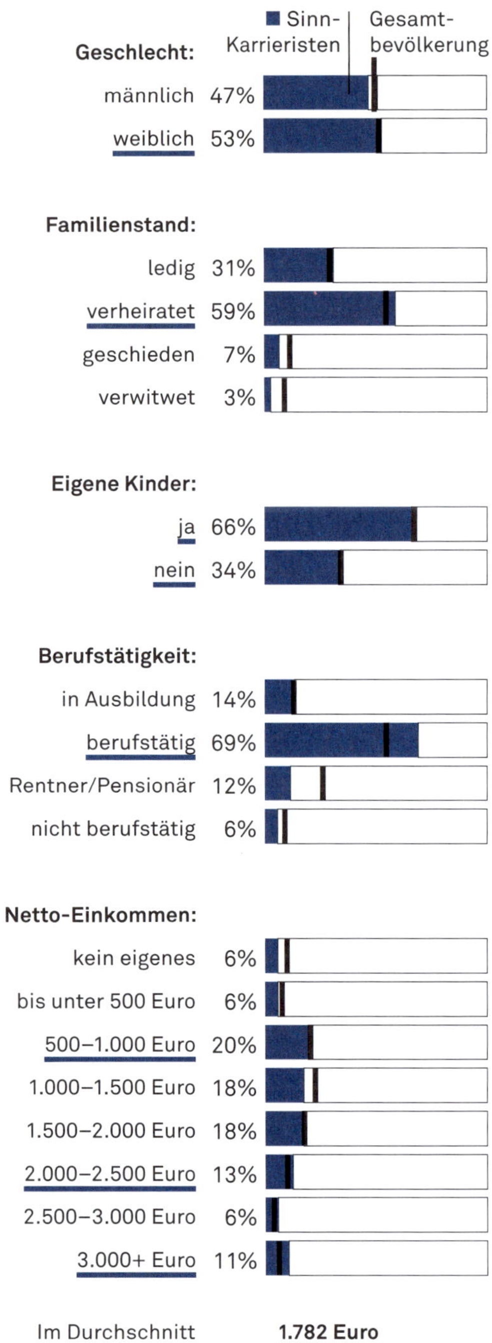

wirkliche Ergebnisse. Lieber ein positiver Effekt des eigenen, leidenschaftlichen Handelns für die Umwelt als ein hohes Gehalt in einer zwangvollen Arbeitssituation. Menschen mit dem Lebensstil des Sinn-Karrieristen stoßen damit zugleich ein Umdenken in der Gesellschaft bezüglich der Bedeutung von Arbeit im Leben mit an. Diese Lebenseinstellung geht mit der Trendbewegung in der Wirtschaft hin zu einer Postwachstumsökonomie einher: Ausgangslage ist, dass in Deutschland und Europa die Wachstumsraten zurückgehen und zunehmend stagnieren werden. Da aber das heutige Wirtschaftssystem auf Wachstum fußt, führt die Erkenntnis, dass es neuer Geschäftsmodelle unabhängig von diesem Wachstumsparadigma bedarf, zwangsläufig zur Sinnfrage des Wirtschaftens: Wird es künftig nicht um immer mehr Profit, sondern um besseren – weil ökologisch und sozial sinnvollen – Profit gehen können?

Zurück zum eigenen Ich

Der Sinn-Karrierist lebt eine sich immer stärker herauskristallisierende Selbstverantwortungskultur des Individuums. Die gesellschaftliche Entwicklung hin zu einem wachsenden Gesundheitsbewusstsein prägt den Lebensstil des Sinn-Karrieristen in hohem Maße: Er ist davon überzeugt, dass jeder seine Gesundheit positiv beeinflussen kann, und versucht deshalb pragmatisch, dem „Selbst" etwas Gutes zu tun, indem er auf Dinge verzichtet, die ihm überflüssig oder schädlich erscheinen.

Dahinter steht die Sehnsucht nach Lebensqualität und Verortung in einer Welt, die ein Überangebot an Lösungen und Wahrheiten bereithält und damit zur Entfremdung des Ichs von seinen eigentlichen Bedürfnissen führt. Verzicht und Reduktion beinhalten für ihn keinen Verlust, sondern ganz im Gegenteil einen Gewinn an Lebensqualität. Obwohl der Sinn-Karrierist keinen kurzzeitigen Modetrends und gesellschaftlichen Hypes folgt, lebt er dennoch einen Trend: den zeitlosen Trend des Minimalismus, weil er davon überzeugt ist, durch ein materielles Weniger ein Mehr an Resonanz zu sich, zu seinen Mitmenschen und zu seiner Umwelt zu erzeugen.

Der Sinn-Karrierist ist ein ehrgeiziger Gesellschaftsaktivist, der sich selbst und die Welt um sich herum zu verbessern strebt

77% der Sinn-Karrieristen empfinden eine zunehmende Kälte in der Gesellschaft

Sinn-Karrieristen begrenzen ihre Achtsamkeit nicht auf ihre berufliche Laufbahn, sondern leben sie gleichermaßen auch im Alltag. Sie konzentrieren sich auf die Grundbedürfnisse von Mensch und Natur und bemühen sich darum, diese zu wahren und ins Positive zu entwickeln: zurück zu den Dingen, die eigentlich wichtig sind. Sie sind in der Lage, bewusst abzuschalten, den täglichen Stress, die Informationsflut und die Komplexität der Welt auszublenden und sich zu besinnen: dis-connect to re-connect.

Für eine lebenswertere Um-Welt

Der Sinn-Karrierist ist per se kein Konsumverweigerer, sondern ein sehr bewusster Konsument, der sich aktiv gegen die Verschwendungs- und Wegwerfkultur in modernen Gesellschaften stellt. Er vertritt die heute bereits kursierenden Ideen für ein nachhaltiges Wirtschaften und ein neues Verständnis von Wirtschaft als Kreislauf: Hierbei wird die Verwendung von Ressourcen und ihr weiterer Einsatz in der Zukunft von Anfang an mitgedacht. Wer etwas produziert, ist angehalten, das Produkt nicht als Endergebnis zu sehen, das nach seiner Nutzung auf dem Müll landet, sondern die Möglichkeiten zu bedenken, es anders einzusetzen oder einzelne Bestandteile zu erhalten und zu rekombinieren. Somit bleibt die Ressource in einem ewigen Kreislauf von Wieder- und Umnutzung – und das Wohlergehen der Menschheit und des Planeten kann auch für nachfolgende Generationen gesichert werden.

Rolle und Influence in der Gesellschaft

Durch sein Engagement in Fragen zur Politik und Wirtschaft treibt der Sinn-Karrierist auch sein Umfeld dazu an, sich für Veränderung einzusetzen. Dieser Lebensstil gehört zwar nicht mehr zu einer Nischengruppe, sondern hat sich längst in der Mitte der Gesellschaft etabliert, wird aber gerade von

Werteprofil des Sinn-Karrieristen

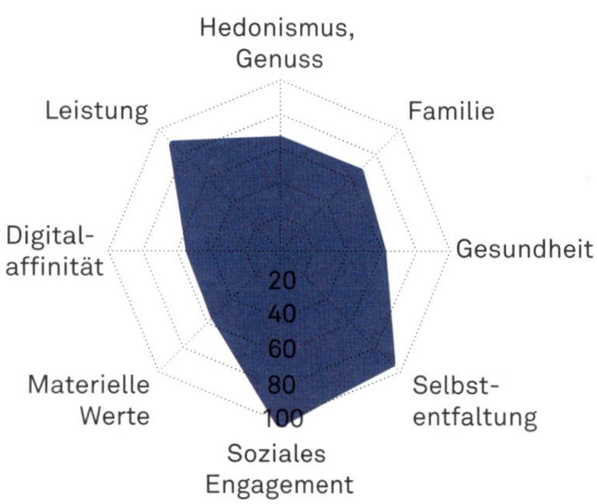

Konsum und Innovationsgrad

Der Sinn-Karrierist definiert Erfolg nicht über Status oder Besitz, sondern über immaterielle Werte: Sein Motto ist „Besser statt mehr". Er ist ein sehr bewusster Konsument, der sich aktiv gegen die Verschwendungskultur stellt und den Trend des Minimalismus lebt.

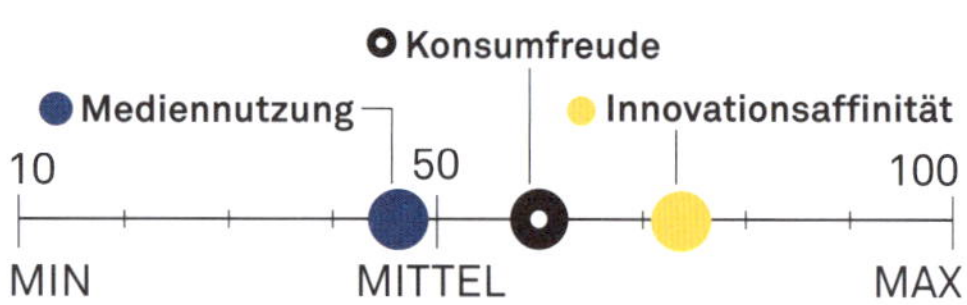

Mediennutzung im Vergleich

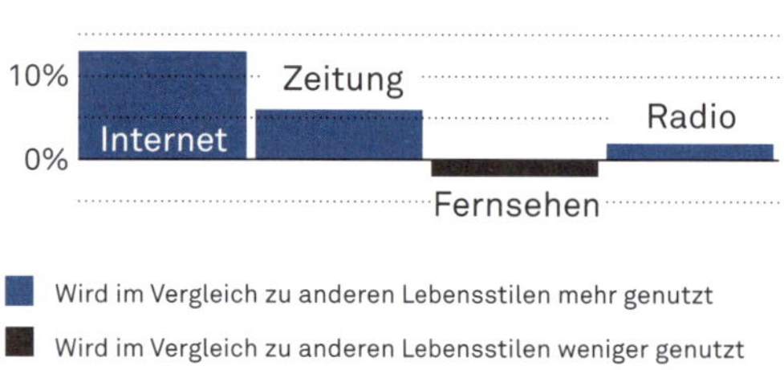

Wird im Vergleich zu anderen Lebensstilen mehr genutzt

Wird im Vergleich zu anderen Lebensstilen weniger genutzt

älteren Menschen gerade für sich entdeckt, die sich noch einmal auf die Suche nach einem neuen Lebensentwurf machen. Er steht für den Shift von einer individualisierten Gesellschaft hin zu einer ganzheitlichen Wir-Kultur – eine Einstellung, die in der Welt von morgen besonders wichtig ist. Veränderung und Progression stehen für den Sinn-Karrieristen im Mittelpunkt, sowohl für sich selbst als auch für die Gesellschaft. Er gilt für viele seiner Mitmenschen als Vorbild, denn wie er sein Leben führt – ehrgeizig und fokussiert, zugleich achtsam und sozial engagiert –, wird als gut und richtig angesehen.

Werteset und Lebensweise

Auf der Suche nach der spirituellen Mitte

Meist beginnt die Entscheidung eines Menschen dafür, den Lebensstil eines Sinn-Karrieristen zu leben, mit einer Krise: mit der Frage nach dem Sinn des Lebens. Die einen müssen den Verlust eines geliebten Menschen verarbeiten, die anderen werden mit einer Krankheit konfrontiert. Die einen rufen „Haltet die Welt an, ich will aussteigen", die anderen verstricken sich in der berühmt-berüchtigten Midlife-Crisis. Obwohl jeder Mensch anders mit solchen Krisenerfahrungen umgeht, zeigt sich doch eines: Nur wenige machen weiter wie bisher, die meisten durchlaufen eine kleinere oder größere Veränderung ihrer Lebensweise.

Ihre Suche nach Sinn beginnt häufig mit einer Hinwendung zur Spiritualität und mit dem Erlernen neuer Techniken der Kontemplation. Für viele Menschen mit dem Lebensstil des Sinn-Karrieristen spielt der Glaube in ihrem Leben eine wichtige Rolle. Hierbei geht es jedoch nicht um die Zugehörigkeit zu einer Religionsgemeinschaft, sondern um die spirituellen Erfahrungen, um vor allem zu sich selbst zu finden – und eventuell auch zu einer göttlichen Macht. Vielen geht es um Aufatmen und Innehalten in einem sich immer schneller verändernden Alltag. Das spirituelle Aufbrechen beginnt deshalb oft mit einem räumlichen Ausbrechen aus dem Alltag: Der

Sinn-Karrierist gönnt sich ein Sabbatical oder eine Auszeit von Beziehung und Familie. Hierfür wählt er bewusst einen Ort, der sich weit weg von allem befindet, und nimmt gerne Angebote in Anspruch, die ihm diesen Ausstieg erleichtern: so etwa eine Alm in den Bergen, auf der er täglich intensiv mitarbeitet und an seine körperlichen Grenzen gerät; oder ein Kloster, in dem er die täglichen und strikten Routinen von Beten, Arbeiten und Essen befolgt; oder er wagt den Schritt in ein Entwicklungsland, um sich bei einem gemeinnützigen Hilfsprojekt einzubringen. Diese spirituelle Sinnsuche empfindet der Sinn-Karrierist meist als ersten wichtigen Schritt hin zu einer neuen Balance von Körper und Geist – und zu neuen Resonanzerfahrungen.

Diese Resonanz zur Welt bringt dem Sinn-Karrieristen Energie. Wenn diese Resonanz ins Stocken gerät oder wackelig wird, erlebt der Mensch die besagte Krise. Derartige Resonanzverluste erleben Menschen häufig in der Lebensphase zwischen 20 und 35 Jahren – und immer mehr auch in der Phase zwischen 40 und 55 Jahren. In der Post-Adoleszenz werden die meisten Menschen erstmals mit dem „Ernst des Lebens" konfrontiert, sie stellen die Fragen nach dem Sinn und den Zielen des Lebens und grübeln über wichtige Entscheidungen, die zwar nicht mehr zwingend das ganze Leben, doch zumindest die nächsten Jahren prägen werden: „Was soll ich studieren? Welcher Job ist der richtige für mich? Will ich mich an einen Partner binden oder lieber die Freiheit genießen?" Sie sind in dieser Zeit sehr empfänglich für Eindrücke, die ihnen neue Werte vermitteln und Orientierung geben.

Neu ist, dass auch Menschen zwischen 40 und 55 Jahren zu diesen Fragen zurückkehren und noch einmal innehalten: Sie realisieren, dass sie gerade einmal die Hälfte ihrer Lebenszeit verbracht haben, aber auf dem besten Weg sind, ewig so weiterzumachen wie bisher, ohne noch einmal nach links oder rechts geschaut zu haben. Ein Teil von ihnen steckt noch in der Rush Hour ihres Lebens, sie haben in den letzten Jahren versucht, Familie und Beruf unter einen Hut zu bringen und ihr Leben bestmöglich zu managen. Nun haben sie bereits Karriere gemacht, haben eigentlich schon alles erreicht, und die Kinder sind auch beinahe erwachsen oder stehen sogar bereits auf eigenen Füßen. Jetzt fragen sich auch diese Menschen: „Was will ich noch erreichen? Welchen neuen Sinn kann ich meinem Leben geben? Was erwarte ich mir von der zweiten Hälfte meines Lebens und wie will ich sie gestalten?"

Lebensmittelpunkt Erfolg

Auszeiten dienen der Selbstfindung, doch wenn der Sinn-Karrierist sie zu lange betreiben würde, führten sie ihn zur Selbstentfremdung. Denn neben seiner Sinn-Orientierung ist sein Ehrgeiz, Tatendrang und der Wunsch nach Abwechslung viel zu stark ausgeprägt, als dass er Selbstverwirklichung ausschließlich in der Kontemplation und in der Muße finden könnte. Aus diesem Grund sind seine spirituellen Auszeiten immer zeitlich begrenzt, danach stürzt er sich wieder voll ins Leben: Denn nun weiß er wieder, dass ihm sein Job Freude bereitet – nur die Routine hat ihn abstumpfen lassen. Oder er hat den Gedanken entwickelt, sich einen neuen Arbeitgeber zu suchen, dessen Unternehmenskultur mehr mit seinen Werten übereinstimmt: In seinem idealen Beruf kann der Sinn-Karrierist ökologisches und soziales Engagement verwirklichen. Menschen mit dem Lebensstil des Sinn-Karrieristen finden sich häufig unter Social Entrepreneuren oder als Angestellte in einem Social Business. Mit Gutem Geld verdienen – das ist für sie ein absolut perfektes Konzept. Denn nur wer mit Leidenschaft für seine Ziele kämpft, kann in seinen Augen auch vollen Einsatz zeigen und erfolgreich sein. Daneben ist dem Sinn-Karrieristen auch finanzielle Unabhängigkeit wichtig, denn er möchte Spaß im Leben haben und sich einen gewissen Lebensstil leisten können. Letztlich treibt ihn auch das Streben nach Ansehen im Beruf und in der Gesellschaft an – denn Ansehen ist für ihn eine Form von Resonanz zur Welt.

Freizeit und Arbeit sind für den Sinn-Karrieristen eins, er nimmt seine Arbeit gerne mit nach Hause, denn weil sein Beruf seine Passion ist, spricht für

4 von 5 würden sich selbst als Genießer bezeichnen

9 von 10 der Sinn-Karrieristen sind oft unter Leuten, laden Freunde ein oder treffen Bekannte

ihn nichts dagegen, sich auch in seiner Freizeit damit zu beschäftigen. Einige Menschen mit dem Lebensstil des Sinn-Karrieristen leben und arbeiten regelmäßig am selben Ort. Damit sie trotzdem nicht ständig unter Stress und permanentem Erreichbarkeitsdruck stehen, haben sie sich Zonen der Ruhe, Orte der Stille und Zeitpunkte des Nicht-Arbeitens eingerichtet. Sie nutzen Apps, die sie in einem selbstbestimmten Zeitraum vom Internet trennen, und sie schätzen auch Restaurants, in denen sie ihr Handy abgeben müssen – kleine Hilfen im Alltag sind ihnen in ihrem Bestreben sehr willkommen.

Bodenständiger Progressivist

Der Sinn-Karrierist wird von vielen Menschen bewundert: Denn er führt nicht nur ein sichtbar erfolgreiches und erfülltes Leben, sondern er hat auch eine starke Meinung und keine Angst davor, diese auch kundzutun und durchzusetzen. In seinem Bekanntenkreis wird der Sinn-Karrierist oft als Meinungsmacher wahrgenommen, der eine Diskussion leitet und dessen Rat besonders geschätzt wird. Und er redet nicht nur von Veränderung, sondern er versucht seine Worte auch in Taten umzusetzen. Sein Gerechtigkeitssinn lässt ihn zudem zu einem einflussreichen Sprachrohr von Minderheiten oder Benachteiligten werden. So setzt er sich beispielsweise für eine faire Bezahlung aller Menschen ein – weltweit und unabhängig von Geschlecht, Hautfarbe oder Herkunft. Wer schauen muss, dass er täglich über die Runden kommt, kann sich nicht noch für die Umwelt oder seine Mitmenschen einsetzen – dafür hat er vollstes Verständnis. Das Konzept des bedingungslosen Grundeinkommens findet er eine gute Idee, um soziale Ungleichheiten in einer Gesellschaft zu beseitigen oder zumindest abzuschwächen.

In der Jugend hat der Sinn-Karrierist eine gute, umfassende Bildung genossen. Menschen mit diesem Lebensstil gehören nicht zu denen, die sich treiben lassen, sondern sie arbeiten zielstrebig an ihrer Ausbildung, sind für Weiterbildungen auch gerne im Ausland unterwegs, um mit einem Mehr an Erfahrung zurückzukehren. Progression in jedem

Foto: Pixabay, CC0

Die spirituelle Sinnsuche empfindet der Sinn-Karrierist meist als ersten Schritt hin zu einer neuen Balance von Körper und Geist

Sinn steht für den Sinn-Karrieristen stark im Fokus, er möchte sich mit neuen Erfahrungen weiterentwickeln sowie in tiefgründigen Diskussionen mit anderen innerlich wachsen. Er lässt sich gerne von anderen Menschen inspirieren und kommt so oft auf überraschende Ideen.

Der Sinn-Karrierist ist kein Weltenbummler, der permanent auf Achse ist und sich auf der ganzen Welt zuhause fühlt, sondern er schätzt ein stabiles Umfeld, seinen festen Freundeskreis und ist sich seiner Wurzeln bewusst. Auch wenn ihm die Welt zeitweise einiges bieten kann, weiß er doch, dass es zuhause meistens am schönsten ist und er hier am ehesten zur Ruhe kommen kann. Sicherheit im Alltag ist für den Sinn-Karrieristen ein Grundbedürfnis: Familie, Freunde, Partner und ein soziales Netz geben ihm Halt sowie die notwendigen Resonanzerfahrungen. Er braucht eine gewisse Beständigkeit und Vertrautheit, um sich entfalten zu können. Menschen mit diesem Lebensstil möchten zwar gerne viel und auch Neues erleben, lassen sich aber kaum mit Abenteuern locken, denn sie gehen nur ein geringes Risiko ein und brauchen regelmäßig ihren sicheren Hafen, in den sie einkehren und Kraft schöpfen können. Umso mehr schätzen sie es, wenn ihnen dieses Gefühl auch Hotels und Retreats zu bieten vermögen.

Vorsichtig bewusst, gesund genussorientiert

Der Sinn-Karrierist ist ein Vernunftmensch, der Gefahren sowie Pro und Contra abwägt, bevor er eine Entscheidung trifft. Die Frage nach dem Sinn ist für ihn folglich keine rein emotionale und spontane Bauchentscheidung, sondern er überlegt sich sehr genau und entscheidet rational, was für ihn Sinn macht. Als sinnvoll erachtet er es etwa, sich sportlich fit zu halten und gesund zu ernähren. Dabei legt er keinen besonderen Übereifer an den Tag, sondern fokussiert sich auf den Einklang von Körper und Geist. Bevor ihn das Sportprogramm unter Stress setzt, verzichtet er lieber darauf – oder er entscheidet sich für Entspannungsübungen statt eines schweißtreibenden Work-Outs.

Auch beim Konsum verhält er sich sehr bewusst: Produkte aus fairem Handel und Natur- und Bio-Produkte stehen bei ihm hoch im Kurs, da sie mit seinem sozial-ökologischen Gewissen vereinbar sind. Lieber verzichtet der Sinn-Karrierist auf etwas, als dass er sich auf ein Produkt oder einen Service einlässt, deren Herstellungsbedingungen oder Hintergründe nicht seinen Werten entsprechen. Manchmal steht ihm sein Verantwortungsbewusstsein und sein Idealismus auch im Weg – aber er stellt sich lieber der unbequemen Wahrheit, als in einer rosaroten Scheinwelt zu leben. Damit konfrontiert er manchmal auch andere: Das mag nicht immer angebracht sein, jedoch sieht er sich häufig in der Verantwortung, Aufklärung zu betreiben, Bewusstheit zu schaffen und sich nicht mit Oberflächlichkeiten zufrieden zu geben. Denn er ist überzeugt, dass die Frage nach dem Sinn und nach den eigenen Werten am Ende immer die ist, die Menschen wieder zu sich und in eine Resonanzbeziehung zu ihrer Umwelt bringt.

Grundbedürfnisse

Für den Sinn-Karrieristen ist entscheidend, den Sinn hinter allem zu verstehen. Wenn er nicht weiß, warum er etwas tun soll, fällt es ihm schwer, es zu tun. Wenn er hingegen von einer Sache überzeugt ist, entwickelt er sich zum brennenden Fürsprecher. Aus diesem Grund gilt es, dem Sinn-Karrieristen immer das „Wie“ und „Warum“ mitzuliefern: die Entstehungsgeschichte eines Produktes, die Story hinter einem Unternehmen oder die Lebensgeschichte einer Person. Zugleich braucht er eine permanente Rückmeldung auf sein Handeln, das Feedback von Freunden und Kollegen ist ihm immens wichtig. Menschen mit dem Lebensstil des Sinn-Karrieristen sind Teamplayer und Familienmenschen – sie brauchen das soziale Gefüge, das ihnen Sicherheit und zugleich die nötigen Freiräume gibt. Sie sind Seiltänzer, die aber nicht ohne die Blicke und die Bewunderung des Publikums auskommen. Sie müssen sich selbst fühlen und ihr Sein in der Welt spüren können.

Welche Zukunft hat der Sinn-Karrierist?

Schon heute sind immer mehr Menschen auf der Suche nach Sinn im Alltag und wünschen sich einen erfüllenden Job, in dem sie sich selbst verwirklichen können. Sinn gilt als verlorener Wert, den es in einer schnelllebigen und hypervernetzten Gesellschaft zu finden gilt. Voraussetzung für die Sinnfindung ist das aktive und bewusste In-Kontakt-Treten mit der Welt, um Resonanz zu erhalten. Zwar kann Sinn nur individuell empfunden werden, doch es bleibt keine persönliche Angelegenheit, denn Sinn entsteht vor allem im Kontakt: mit der Umwelt, mit den Menschen.

Menschen mit dem Lebensstil des Sinn-Karrieristen sind mit ihrem hohen Engagement damit Multiplikatoren einer neuen Haltung zur Welt, die diejenigen Menschen, die mit ihnen die Resonanzerfahrung teilen, anstecken. Künftig wird es also nicht nur mehr Menschen geben, die sich für diesen Lebensstil entscheiden, sondern ihr Einfluss auf das soziale Miteinander sowie auf ein zukünftiges Verständnis von Wirtschaft wird in Zukunft weiter zunehmen.

Entwicklungsprognose der Gruppengröße

Foto: Pexels, CC0

Den Lebensstil des Gutbürgers leben die Umweltbewussten, die die Welt im Kleinen verbessern wollen und durch ihre subversive Kraft die Gesellschaft von unten verändern.

Grundüberzeugung

„Ich glaube fest daran: Würde jeder in seinem Leben achtsam mit sich und seiner Umgebung umgehen, könnten wir schnell dafür sorgen, dass es uns allen und der Welt besser geht."

Lebensmotto im Alltag

„Ich vertraue lieber dem, was ich gut kenne und was sich bewährt hat – es sei denn, es gibt wirklich handfeste Gründe, um meine Meinung zu ändern."

Lebensziel

„Mein Lebensziel ist es, die Welt lebenswerter zu machen, indem ich in meinem Alltag Gutes für die Umwelt tue."

GUTBÜRGER

GUTBÜRGER

Warum ist dieser Lebensstil wichtig?

Der Gutbürger wird als Lebensstil schnell mal übersehen oder unterschätzt, da er als Grassroot-Bewegung aus der Mitte der Gesellschaft heraus wirksam wird. Dabei sind die Menschen, die diesen Lebensstil führen, die innere Stütze einer neuen Gesellschaft, die langfristig eine Neuausrichtung der gesamten Wirtschaft anstößt.

Wie viele Gutbürger gibt es?

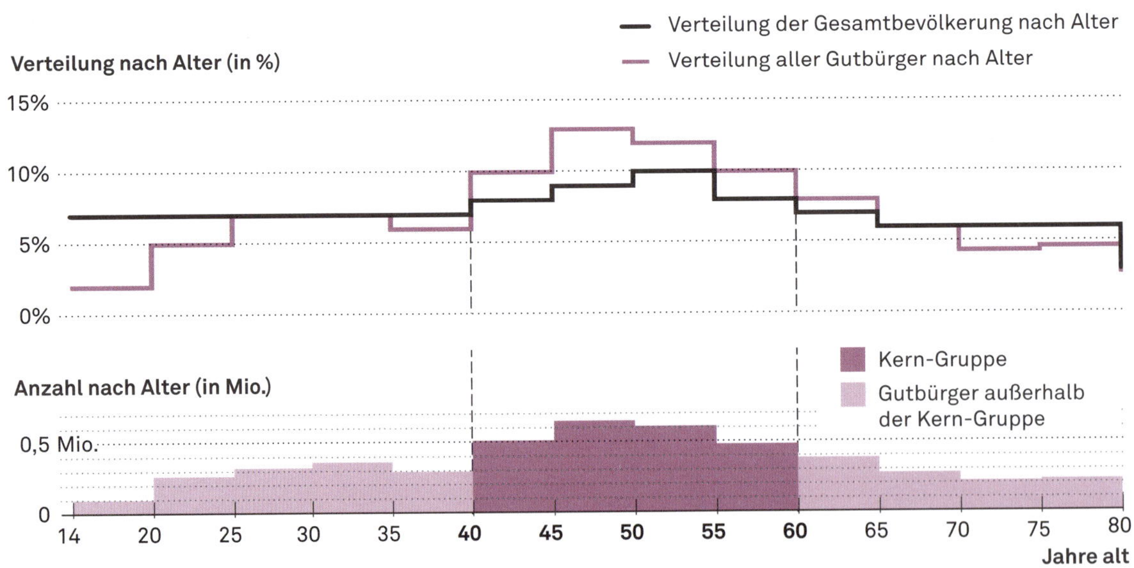

7,2% aller Deutschen (5 Mio.)

Kern-Gruppe: 2,3 Mio. (40 bis 59 Jahre alt)

Profil des Gutbürgers

Dem Gutbürger ist eine gesunde Umwelt ein wichtiger Aspekt des Lebens, der Gutbürger achtet auf die Nachhaltigkeit der Produkte beim Kauf (Umweltverträglichkeit, keine Kinderarbeit etc.) und kauft nach Möglichkeit Produkte aus fairem Handel und aus der Region. Den Typus des Gutbürgers charakterisiert, dass soziales Engagement für ihn ein wichtiger Aspekt des Lebens ist. Der Gutbürger tritt auch für die Meinung ein, dass man sich politisch engagieren sollte, um Unterdrückung und Ausbeutung in der eigenen Gesellschaft zu bekämpfen. Dabei weist er nicht lediglich mit dem Finger auf die anderen, sondern stellt an sich selbst den Anspruch, sich aktiv für die Veränderung der Gesellschaft einzusetzen.

Megatrend-Kontext

Neo-Ökologie

Ein Avantgarde-Trend wird zum Mainstream

Der Lebensstilentwurf des Gutbürgers ist Manifestation des Megatrends Neo-Ökologie: Der Gutbürger ist Teil einer Gesellschaftsströmung, die mehr und mehr Sensibilität für Umweltthemen entwickelt und versteht, welche Auswirkungen menschliches Handeln oder auch Nicht-Handeln auf die Umwelt hat. Er ist damit ein Repräsentant einer zunehmenden Masse von Menschen, denen es mittlerweile nicht mehr reicht, nur durch die alte Verzichts- und Vermeidungslogik dazu beizutragen, die menschengemachten Umweltschäden zu reduzieren. Sondern diese Menschen wollen aktiv werden und Gutes für die Umwelt tun – und sind damit Teil einer neu beobachtbaren Eigenbewegung der Gesellschaft: Menschen übernehmen zunehmend die Initiative und werden dort aktiv, wo ihnen „das System" zu schwerfällig und langsam erscheint. Hier verändern sie dadurch die gesamte Trenddynamik: Wo Menschen aktiv handeln, ist Neo-Ökologie als gesellschaftliche Bewegung nicht mehr nur ein Nischentrend, sondern übt einen immer stärkeren und dringlicheren Einfluss auf Unternehmen und das gesamte Wirtschaftssystem aus.

Ausdifferenzierung einer ehemaligen Nischenbewegung

Damit beobachten wir, wie aus einem ehemaligen Avantgarde-Trend zunehmend eine Mainstream-Bewegung wird. Lebensstiltypen, die sich aus dem Megatrend Neo-Ökologie ableiten lassen und dabei Protagonisten der wachsenden Trendbewegung in der Gesellschaft sind, haben wir schon seit einiger Zeit beobachten können. Angefangen bei einer Gruppe hippiesker Ökos der 70er-Jahre, die die Trendpioniere in Sachen „ökologisches Bewusstsein und Konsum" waren, wurde die Öko-Bewegung zu einem Lifestyle- und Luxusthema von hedonistischen Städtern in der Nische. Heute ist die ökologische Grundorientierung im Mainstream angekommen und hat sich in verschiedenen Lebensstilen mit unterschiedlichen Einstellungs- und Verhaltensmustern ausdifferenziert: Es gibt gesellschaftlich engagierte Bürgerliche, die keinen inneren Widerspruch von Haltung und Handlung dulden und die nicht als utopistische Rebellen, sondern als Akteure in allen offiziellen Positionen auftreten, und

Wer sind die Gutbürger?

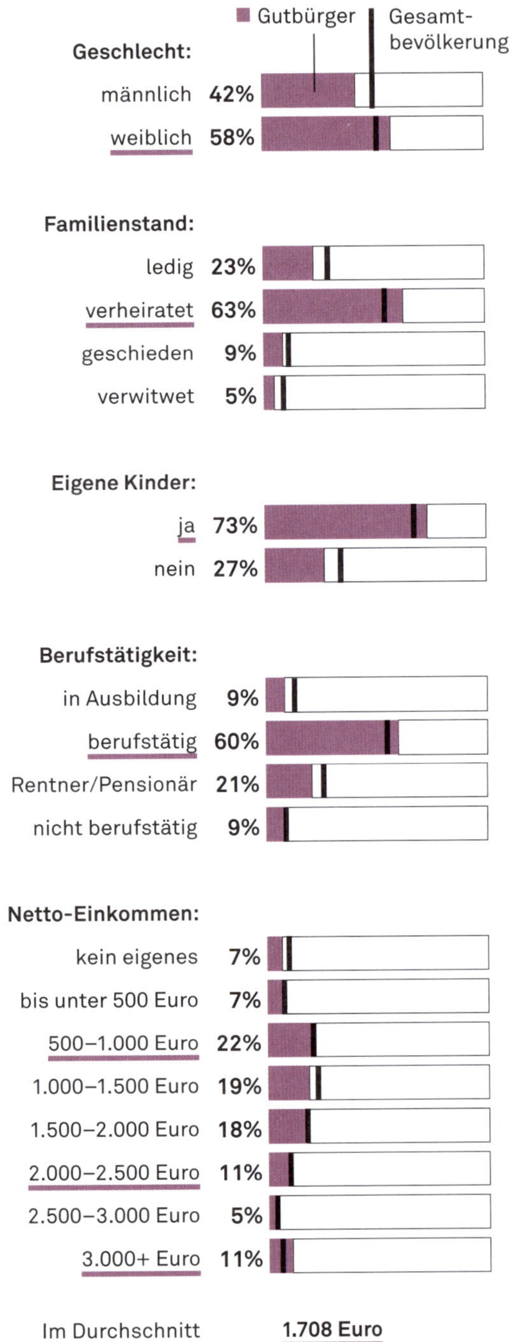

Städter, die die Lifestyle-Bewegung weitertragen und in einem zumindest grün aussehenden Konsum Identität und Selbstdarstellung suchen.

Dem Gutbürger, wie wir ihn heute beobachten können, ist es ernst mit der Frage nach einer umweltfreundlichen und werteorientierten Wirtschaft und der Suche nach alternativen Wirtschaftsformen. Der Fokus dieser Menschen liegt dabei auf der Verbesserung ihres lokalen und regionalen Umfeldes – diese Konzentration auf das Lokale ist die Reaktion verschiedener Gesellschaftsgruppen, die die globalisierte Welt „da draußen" zu unübersichtlich und komplex empfinden und sich lieber auf den eigenen Wirkungsradius konzentrieren. Durch die Erwartungshaltung des Gutbürgers und seine subversiv in allen Diskussionen platzierten Forderungen befördern die Menschen mit diesem Lebensstil die zunehmenden Diskussionen rund um Postwachstumsökonomie und Kreislaufwirtschaft: Wachstum als Wirtschaftsparadigma wird von der Gesellschaft in Frage gestellt und von Politik und Unternehmen ein nachhaltiger Ressourcenumgang gefordert, der nicht im Müll endet, sondern der die Weiterverwertung von Nebenprodukten und die Wiederverwertung von Materialien in der Produktion in den Vordergrund stellt.

Rolle und Influence in der Gesellschaft

Der Gutbürger verkörpert den grünbürgerlichen Mainstream. Er gehört nicht zur Avantgarde, aber zur aufmerksamen und gut informierten Mitte der Gesellschaft. Als Pragmatiker sucht der Gutbürger nicht nach einem völlig neuen Weltentwurf, sondern er nimmt die Dinge, wie sie sind, und versucht, durch kleine, intelligente Verbesserungen mehr Lebensqualität für sich und die Gesellschaft zu bewirken. Die Position des Gutbürgers im Mainstream bringt es mit sich, dass er einen spürbaren Einfluss auf die Gesamtgesellschaft ausübt und sich sein ökosoziales Werteset dort verbreitet. Sein Wille, sich zu engagieren und seine Werte zu kommunizieren, trägt dazu bei, dass er von Politik und Wirtschaft ernst genommen werden muss.

Foto: Pexels, CC0

Werteset und Lebensweise

Politischer und sozialer Einsatz für Umwelt und Gesellschaft

Der Lebensstil des Gutbürgers ist in erster Linie durch seine sozial-ökologische Werteorientierung geprägt. Für seine Überzeugungen steht er im Rahmen seiner Möglichkeiten und im Dienste der Gesellschaft in allen Lebenssituationen ein. Im Gutbürger-Lebensstil findet sich der klassische engagierte Bildungsbürger, der nicht nur kritisiert, sondern auch selbst mit politischem und gesellschaftlichem Einsatz mit anpacken will. Dafür übernimmt er auch gerne selbst Verantwortung. Mehrheitlich ist der Gutbürger auf der Suche nach einem Job, in dem man ökologisches und soziales Engagement verwirklichen kann.

Auch in ihrer freien Zeit setzen sich Menschen mit dem Lebensstil eines Gutbürgers für eine gesunde Umwelt und die Gesellschaft ein: Im Vergleich zur Gesamtbevölkerung sind mehr als doppelt so viele aus dieser Gruppe in ihrer Freizeit zumindest gelegentlich ehrenamtlich tätig. Der Gutbürger sammelt Spenden für die Erhaltung von Grünflächen in Städten oder beteiligt sich an der Organisation des Sommerfests seines lokalen Naturschutzvereins. Er setzt sich für Geflüchtete ein, indem er sie bei Behördengängen begleitet oder sie beim Deutschlernen unterstützt. Erscheint ihm ein Projekt vernünftig, kann man sich seines grundsätzlichen Interesses sicher sein.

Wenn es um die Umsetzung seiner Werte in Handlung geht, ist der Gutbürger jedoch kein lauter Revoluzzer, sondern eher leise und bedacht: Der Gutbürger ist politisch und sozial aktiv und prangert Missstände an, doch bewegt er sich dabei immer im legalen und überschaubaren Rahmen und schlägt nicht über die Stränge – er ist kein Hausbesetzer und zählt auch nicht zu den Menschen, die sich an Gleise ketten, um gegen Castortransporte zu protestieren. Sondern er hält sich an die Regeln und Rahmenbedingungen und versucht, innerhalb derer zu agieren – darin ist er sehr gewissenhaft und genau, manchmal sogar fast religiös. Er beteiligt sich also lieber an organisierten Bürgerinitiativen, als dass er öffentliche Räume mit Guerilla-Aktionen erobert.

Werteprofil des Gutbürges

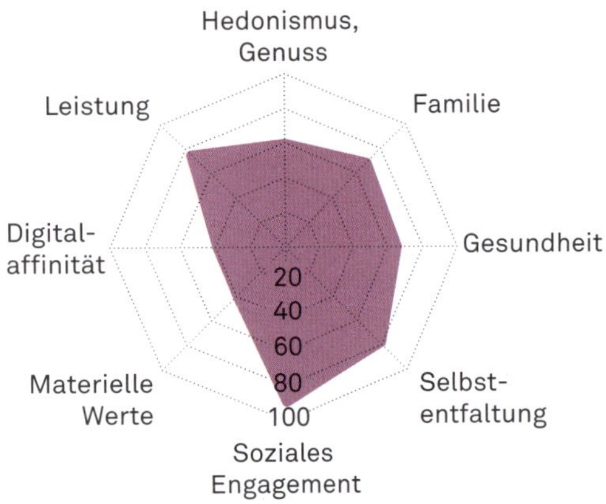

Konsum und Innovationsgrad

Der Gutbürger ist kein Innovator, gehört aber zur aufmerksamen und gut informierten Mitte der Gesellschaft.

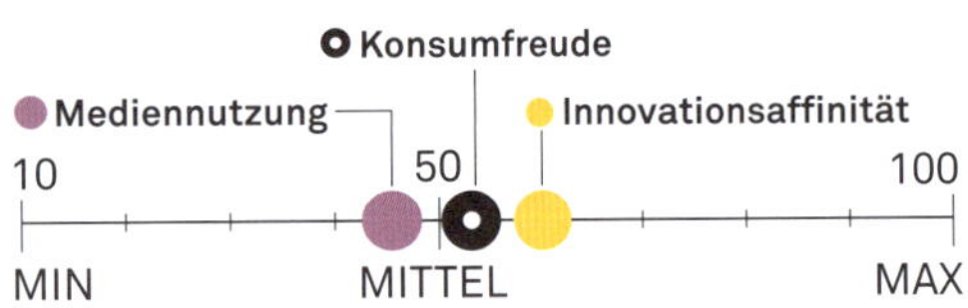

Mediennutzung im Vergleich

Der Gutbürger nutzt Medien sehr aktiv – und liest vor allem Zeitungen oder Online-Medien.

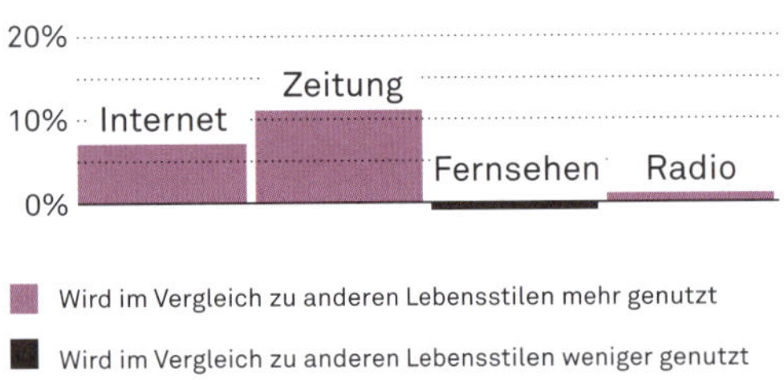

Kultur und Bildung als essenzielle Basis und Freizeitbeschäftigung

Der Gutbürger legt großen Wert auf eine gute, vielseitige Bildung und vermittelt das auch als Anspruch an sein Umfeld: Von seinen Freunden verlangt er ein gewisses Niveau, und er lässt sich gerne in eine Unterhaltung über Kunst und Kultur verwickeln. Menschen vom Typus Gutbürger sind bestens informiert über das kulturelle Angebot in ihrer Stadt. Sie sind diejenigen, die man als typisches Publikum beim Besuch im Theater oder im Museum antrifft. Sie lieben es, auf Vernissagen über Kunst zu philosophieren und genießen klassische Musik am liebsten im Opernsaal. Bei einem Gläschen Sekt lässt es sich auch gut mit dem Gutbürger ins Gespräch kommen – jedoch nur, wenn man als eloquenter und tiefsinniger Gesprächspartner mithalten kann. Ansonsten kann es passieren, dass sich der Gutbürger schnell verabschiedet, denn Smalltalk und seichten Unterhaltungen geht er lieber aus dem Weg, als sich dabei unnötig langweilen zu müssen.

Auch zuhause schaltet er den Fernseher wenn dann zu Bildungszwecken ein: TV-Genuss bedeutet für ihn klassische Musik, Kunst- und Kultursendungen über Politik, Wissensthemen und Gesundheit, Theater, Kabarett oder Satiresendungen, und gerne auch Netflix-Dokus. Wissensdurstig arbeitet er sich durch die neuesten Fachbücher und Buchererfolge bekannter Literaten. Dabei kann es schon passieren, dass er die Zeit vergisst und vollkommene Kontemplation in der Literatur findet. Bunte, poppige Unterhaltungssendungen und schlecht geschriebene, effekthascherische Trivialliteratur sind Menschen vom Typus Gutbürger dagegen zuwider: Sie konsumieren Medien nicht, um sich wahllos zu zerstreuen, sondern um sich fokussiert aufzuladen.

Spaziergänge bei jeder Wetterlage nutzt der Gutbürger, um den Kopf frei zu bekommen – auch bei der Gartenarbeit kann er die Gedanken schweifen lassen, während er sich körperlich betätigt. Hecken schneiden und Rasen mähen empfindet er als eine

Foto: Pexels, CC0

94% der Gutbürger ist es wichtig, vertrauenswürdige Informationsquellen zu haben

meditative, aber gleichzeitig auch sinnvolle Arbeit. Lieber entspannt er sich bei diesen einfachen Tätigkeiten, als nichtstuend seine Zeit auf dem Sofa zu verschwenden. Auch Kochen macht dem Gutbürger Spaß, mit Vorliebe kocht er Marmelade, Obst oder Gemüse aus dem eigenen Garten für den Vorrat ein. Selbermachen, wo es handwerklich einfach machbar ist, ist dem Gutbürger wichtig. Diesem Bedürfnis können Unternehmen mit Angeboten rund um das Thema Do-it-Yourself begegnen – seien es konkrete Produkte oder auch begleitende Informationen, bspw. Tutorials zur Gartenpflege.

Menschen wie der Gutbürger sind Individualisten mit höchsten Ansprüchen, nicht nur an die eigene Umgebung, sondern auch an sich selbst. Diese Menschen sind sehr werteorientiert und halten sich an ihre Grundüberzeugungen. Wenn sie ihre Meinung äußern, ist diese wohldurchdacht und gut begründet. Gutbürger sind die, die im Gespräch stets versuchen, mit Fachwissen und Vernunft zu überzeugen. Setzt man sich mit ihnen auseinander, lassen sie entsprechend auch nur solche Kriterien gelten und bleiben ansonsten äußerst standfest. Wer zu emotional argumentiert, wird häufig nicht ernst genommen. Lieber kommt man Menschen, die den Lebensstil eines Gutbürgers führen, mit guten Argumenten entgegen, wenn man etwas von ihnen will. Der Ausspruch, bei den Fakten zu bleiben, kommt ihnen gerne über die Lippen. So fehlt ihnen auch jegliches Verständnis, die aktuelle Entwicklung in Politik und Gesellschaft zum Postfaktischen nachzuvollziehen. Manchmal sieht man sie über die aktuellen Diskussionen in den Medien nur den Kopf schütteln.

Der Gutbürger informiert sich täglich und ausführlich, dazu nutzt er das Internet oder die Tageszeitung. Wenn er morgens nicht die Zeitung in seinem Briefkasten hat, die er dann in Ruhe beim Frühstück durchblättert oder auf der Zugfahrt zur Arbeit liest, empfindet er seinen Start in den Tag als misslungen. Denn ihm ist es wichtig, sich gründlich und aus verschiedenen Informationsquellen über ein Thema zu informieren, um alle Hintergründe und Zusammenhänge zu erfassen, anstatt auf seinem Smartphone auf die Schnelle und in aller Eile durch die Meldungen des Tages zu scrollen. Wenn er sich im Internet informiert, dann auf sorgfältig ausgewählten Seiten, die ihm anspruchsvollen Qualitätsjournalismus bieten. Er pflegt einen achtsamen Umgang mit Medien und ist in dem Sinne auch ein stilles Vorbild in Sachen Medienkompetenz, die er nebenbei an sein soziales Umfeld und seine Kinder

Glaube und Religion spielen bei den Gutbürgern im Vergleich zu den anderen Lebensstilen eine besonders große Rolle

88% empfinden kulturelles Leben als einen wichtigen Aspekt im Leben

Jeder Vierte geht in seiner Freizeit ehrenamtlichen Tätigkeiten nach

vermittelt: Er lässt sich nicht verleiten, besonders von den digitalen Verlockungen, und verzichtet auf überflüssige Ablenkungen. Stattdessen bleibt er fokussiert auf das, was er wirklich will und was ihn tatsächlich interessiert.

Du bist, was du isst – achtsames und präventives Gesundverhalten

Ernährung und Gesundheit sind für den Gutbürger wichtige Aspekte des Lebens – viele dieses Lebensstiltypus rechnen sich selbst zu den Foodies, für die eine gesundheitsorientierte Ernährung zu einer guten und gesunden Lebensweise gehört. Alleine das Schlendern über den Wochenmarkt, das Treiben zu beobachten, die verschiedenen Gerüche einzusaugen, ist für ihn ein Genuss. Natürlich lässt er es sich auch nicht nehmen, Obst und Gemüse vor dem Kauf auf ihre Qualität zu testen und sich mit den Händlern über die besten Sorten und Anbauregionen auszutauschen. Er ist zwar kein Kenner, doch ein interessierter und gut informierter Laie. Biologisch und regional erzeugte Lebensmittel sind für den Gutbürger ein Muss – weil ihm das mittlerweile sogar Discounter bieten, trifft man den Gutbürger heutzutage nicht mehr nur auf dem Markt, beim Erzeuger vor Ort oder im Bioladen, sondern in jedem Supermarkt. Die Bio-Linien der Discounter betrachtet er jedoch noch mit einem kritischen Blick: Wie kann Bio kostengünstig für die Masse funktionieren?

Auch eine faire Produktion spielt für ihn eine wichtige Rolle. Das betrifft die Herstellungsbedingungen in anderen Ländern, aber ebenfalls die Arbeitsbedingungen in Deutschland. Der Großteil der Gutbürger achtet auf Prüf-, Qualitäts- oder Biosiegel beim Kauf von Produkten; in der Gesamtbevölkerung in Deutschland trifft dies nur auf gut jeden Dritten zu. Sie sind diejenigen, die im Supermarkt zwischen den Regalen stehen und ganz genau auf die Verpackung schauen, Produkte wieder zurücklegen oder zwei Produkte in der Hand halten und sich aufgrund von Siegeln, Testergebnissen oder Inhaltsstoffen für oder gegen ein Produkt entscheiden.

Gutbürger halten sich gerne in der Natur auf

Jeder Zweite kocht gerne Dinge für den Vorrat ein

Wenn der Gutbürger von der Qualität und Nachhaltigkeit eines Produkts überzeugt ist, zahlt er dafür auch gerne drauf. Informiert hat er sich dazu häufig durch die regelmäßige Lektüre der Beurteilungen von Stiftung Warentest oder Ökotest. Er besucht auch gerne einmal einen Bauernhof, eine Schlachterei oder eine Fabrikanlage, um sich selbst von den Produktionsbedingungen vor Ort ein Bild zu machen. Nicht nur bei Lebensmitteln ist ihm Nachhaltigkeit wichtig, sondern er achtet auch stärker als andere Menschen auf Naturkosmetik, Fair Fashion und Homöopathie. Wer den Gutbürger von seinem Produkt überzeugen möchte, muss Transparenz bieten und so viele Informationen wie möglich offenlegen – erst dann baut der Gutbürger echtes Vertrauen auf.

Komfortzone des Bekannten und Sicheren als Grundbedürfnis

Die meisten Menschen, die dem Typus des Gutbürgers zugehören, teilen ein gewisses, zu einem Teil auch alterstypisches Sicherheitsbedürfnis. Als eher beständige Menschen hängen Menschen mit dem Lebensstil des Gutbürgers solange an Gewohntem und Vertrautem, bis sie wirklich überzeugt von einer echten Alternative sind. Sie sind in ihrem festen Freundeskreis unterwegs, den sie sich meist über Jahre aufgebaut haben, sie bleiben ihrem Arbeitgeber treu, wenn sie ihre Tätigkeit als sinnvoll erachten und von Vorgesetzten und Kollegen geschätzt werden. Der Gutbürger hat nicht das Bedürfnis, ständig etwas Neues auszuprobieren. Er hat auch keine Angst, etwas zu verpassen, wenn er nicht bei den neuesten Trends mitmacht. Das bedeutet nicht, dass Menschen mit diesem Lebensstil die Entwicklungen nicht wahrnehmen – jedoch beobachten sie erst einmal, holen Meinungen und Bewertungen ein, bevor sie sich selbst ins Abenteuer stürzen. Der Gutbürger setzt auf Qualität und bleibt tendenziell lieber bei einer Marke, die er einmal für zuverlässig befunden hat. „Bevor mir im immer schneller drehenden Konsumkarussell schwindelig wird, schaue ich lieber von außen zu", ist seine Meinung. Das Sicherheitsbedürfnis äußert sich auch im Mediennutzungsverhalten: Der Gutbürger ist im Internet

Das Schlendern über den Wochenmarkt, das Treiben zu beobachten, die verschiedenen Gerüche einzusaugen, ist für den Gutbürger ein Genuss.

Foto: Pixabay CC0

vorsichtiger unterwegs als der durchschnittliche Deutsche. Sicherheit ist für den Gutbürger ein wichtiger Aspekt im Leben, vor allem auch in Sachen Privatsphäre. Diese Menschen leben den Trend der Privacy, indem sie gut informiert sind darüber, wie sie sich datensparsam in einer vollvernetzten Welt bewegen. Trends wie Smart Home und dem Internet der Dinge stehen sie skeptisch gegenüber, ohne technologische Entwicklungen grundsätzlich abzulehnen.

Mit dem umfangreichen Allgemeinwissen und dem hohen Bildungsgrad ist der Gutbürger insgesamt und vor allem im Umgang mit Umwelt- und Nachhaltigkeitsaspekten als Pragmatiker zu bezeichnen. Obwohl der Gutbürger weiß, dass sein ökologischer Fußabdruck im Vergleich zur Wirtschaft nur winzig ist, wird er trotzdem nicht müde, die Welt im Rahmen seiner Möglichkeiten verbessern zu wollen. Frei nach dem Motto: Think global, act local!

Grundbedürfnisse

Der Gutbürger fühlt sich wohl in seiner alltäglichen Umgebung – sie ist überschaubar, hier kennt er sich aus. Innerhalb dieses Raumes ist er gerne aktiv und ist zufrieden, wenn er etwas für eine gesündere Umwelt und ein besseres soziales Miteinander tun kann. Er sucht Anschluss an gesellschaftliche oder staatliche Initiativen, die politisches Engagement zulassen, aber folgt auch mit jeder kleinen Handlung seinen Überzeugungen. Er ist glücklich, wenn er hochwertige und ethisch korrekte, d.h. nachhaltige und umweltfreundliche Produkte erwerben kann, seien es Lebensmittel oder andere Artikel. An alles, was ihn umgibt, trägt er seine hohen Qualitäts- und Transparenzansprüche heran. Der Gutbürger mag keinen Trubel, sondern hält sich gerne dort auf, wo es ruhig ist oder er sich konzentriert einer Sache widmen kann.

Welche Zukunft hat der Gutbürger?

Dem Lebensstil des Gutbürgers werden sich künftig mehr und mehr Menschen in Deutschland zugehörig fühlen. Eine nachhaltigkeitsorientierte Lebensweise wird zum Standard – Neo-Ökologie wird Teil eines bürgerlichen Wertesets, dessen Vertreter in der Mitte der Gesellschaft vor allem Menschen mit dem Lebensstil eines Gutbürgers sein werden.

Der Gutbürger wird die Welt nicht komplett umkrempeln, aber langsam und stetig durch seinen unerschütterlichen, pragmatischen Idealismus ein Stückchen besser machen. Vor allem aber kann der Gutbürger in Zukunft unkritische, optimistische Visionäre, aber auch ängstliche Status-quo-Verfechter erden. Menschen, die Eigenschaften und Werte des Gutbürgers teilen, werden künftig immer mehr zum Vermittler mit Bildungsauftrag zwischen Menschen, denen Erfolg wichtig ist und die sozial und geografisch mobil sind, sowie denjenigen, die konservative Werte vertreten und für die Herkunft ein wichtiges Element ihrer Identität darstellt.

↗ Entwicklungsprognose der Gruppengröße

Menschen mit dem Lebensstil des Free Ager tragen eine gelassene und gleichzeitig pragmatische Grundhaltung der Welt gegenüber in sich. Ihre innere Ruhe schenken sie nicht nur sich, sondern auch ihren Mitmenschen und der Umwelt.

Grundüberzeugung

„Ich glaube, wenn die Menschen lernen, ganz bei sich zu sein, werden sie die wirklich wichtigen Dinge im Leben sehen und verstehen können.“

Lebensmotto im Alltag

„Mit Respekt und Optimismus im Herzen wird aus jeder Alltagssituation eine freundliche Begegnung.“

Lebensziel

„Wenn ich im hohen Alter auf die Gesellschaft blicke, möchte ich sehen, wie sich Menschlichkeit und Heiterkeit unter den Menschen ausgebreitet hat.“

FREE AGER

FREE AGER

Warum ist dieser Lebensstil wichtig?

In einer Gesellschaft, in der alle nach Geschwindigkeit und Jugendlichkeit streben, ist der Lebensstil des Free Ager mit seinem gelassenen Umgang mit dem Leben und dem Altern ein zukunftsträchtiges Gegenmodell. Der Free Ager folgt nicht blind jedem Trend, er hört ganz genau auf seine Bedürfnisse – und ist ein echter Pragmatiker. Interessant sind die Älteren unter ihnen, die diese Haltung mit echter Lebenserfahrung und Weisheit einnehmen können. Von ihnen können Unternehmen am meisten lernen.

Wie viele Free Ager gibt es?

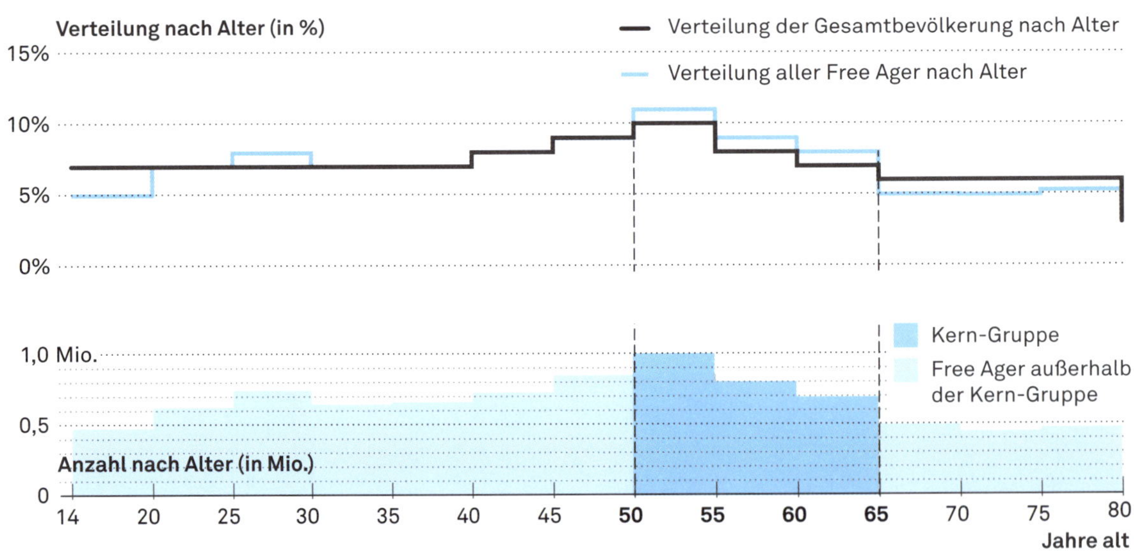

13,3% aller Deutschen (9,2 Mio.)

Kern-Gruppe: 2,5 Mio. (50 bis 64 Jahre alt)

Profil des Free Ager

Menschen mit dem Lebensstil des Free Ager genießen das Leben und nehmen die Dinge locker. Um ihre Grundgelassenheit nie zu verlieren, achten sie darauf, Körper und Seele in Einklang zu behalten und führen ansonsten ein unkompliziertes, einfaches und bescheidenes Leben. Sie sind Realisten und Pragmatiker, jagen nicht ständig dem Neuesten nach, bleiben aber immer neugierig und aufgeschlossen für die Welt und für neue Entwicklungen. Ihnen ist wichtig, dass eine gesunde Umwelt und soziales Engagement in der Gesellschaft einen hohen Stellenwert haben.

Megatrend-Kontext

Silver Society

Achtsam durch die Welt

In der schnelllebigen und vernetzten Gesellschaft von heute sehnen sich Menschen wieder nach mehr Ruhe und mentaler Autonomie. Daraus ist eine gesellschaftliche Bewegung entstanden, die einen alternativen Lebensentwurf jenseits des Geschwindigkeits- und Optimierungsparadigmas entwickelt hat: Achtsamkeit ist der neue Grundwert dieser Trendpioniere, zu denen der Free Ager zählt. Diese Achtsamkeit bringt er der gesamten Welt entgegen. Ihm sind eine gesunde Umwelt und soziales Engagement wichtig – beides hält er für Werte, die ein Mehr an Respekt in der Welt bringen können.

Achtsamkeit gilt auch als Schlüssel dafür, die innere Kraft und Selbstkompetenz wiederzugewinnen. Indem der Free Ager sie zum Grundmodus seines Lebens macht, ist er mit sich selbst im Einklang – Stress kann ihm nichts anhaben. Er ist gelassen und genügsam, mit einer ausgewogenen Prise an Pragmatismus. Er wertschätzt die Zeit mit sich selbst und der Familie, materielle Güter und erst recht Luxusprodukte bedeuten ihm dagegen nichts. Menschen wie er sind die Ruhepole in der Gesellschaft.

Der Mindshift vom Anti-Aging zum Pro-Aging

Menschen mit dem Lebensstil eines Free Ager gibt es in jeder Altersklasse. Es ist ein auffällig altersloses Mindset, das eine ganz grundsätzliche Haltung zur Welt widerspiegelt. Besonders ist jedoch: Menschen mit dem Lebensstil eines Free Ager sind überdurchschnittlich in den Altersklassen zwischen 50 und 64 Jahren im Vergleich zur Gesamtbevölkerung vertreten. Wo dieser Lebensstil in diesem Alter gelebt wird, gibt es zwei entscheidende Unterschiede in der Ausprägung: Erstens: Menschen in diesem Alter praktizieren diesen Lebensstil mit einer anderen Qualität als jüngere Menschen. Denn bei ihnen speist sich die gelassene Lebenseinstellung aus echter Lebenserfahrung und gewonnener Weisheit – die Gelassenheit ist also eine, die tief mit den Erinnerungen, Erlebnissen und Lerneffekten dieser Menschen verknüpft ist. Zweitens: Dieser Lebensstil ist unter den älteren Menschen eine Avantgarde. In einer Lebensphase, in der bislang Angst oder Resignation dominierten, zeigt der Free Ager, dass es auch anders geht: positiv gestimmt, optimistisch, mit Lebensfreude und einem Blick auf die Schönheit des Alter(n)s.

Diese neue Haltung einer Gruppe von Menschen steht in einem größeren Kontext: Mit ihrem Entwurf eines neuen Altersbilds sind diese Menschen

Wer sind die Free Ager?

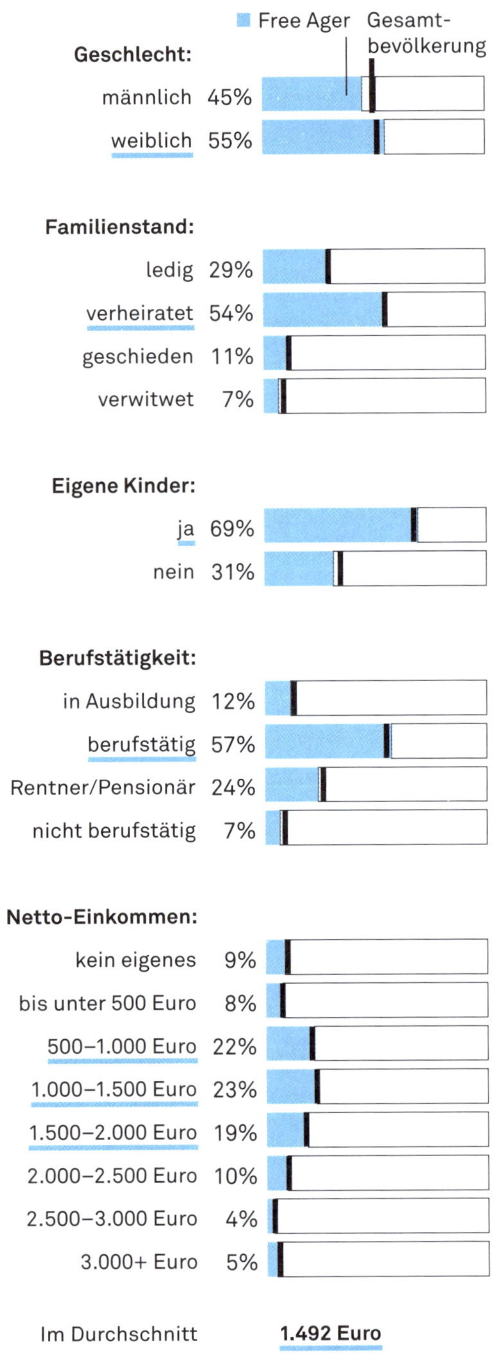

Treiber eines Trends hin zu einer Gesellschaft, die sich auf konstruktive Art und Weise mit den demografischen Entwicklungen auseinandersetzt. Eine steigende Lebenserwartung und ein wachsender Anteil an Älteren in der Gesellschaft kann eine Gesellschaft langfristig nicht unbeeinflusst lassen. Wenn Menschen bald mit 50 Jahren lediglich die erste Hälfte ihres Lebens hinter sich gebracht haben, muss sich das allgemeine Verständnis von „alt" beinahe zwangsläufig über die Zeit verändern. Diesen Mindshift stoßen Menschen wie der Free Ager aktiv an. Unter dem Megatrend Silver Society haben wir diese Entwicklungen beschrieben, hin zu einem neuen kollektiven Bewusstsein dafür, dass das Alter Teil und nicht Ende des Lebens ist.

Menschen wie der Free Ager wenden sich damit auch gegen das bis heute vorherrschende Ideal der Jugendlichkeit, unter dessen Einfluss bereits 30-Jährige anfangen, sich mit Anti-Aging-Angeboten zu beschäftigen, während Ältere sich laufend über das Altern als permanente Verlusterfahrung beklagen. Der Free Ager dagegen sieht das Altern nicht problematisch, sondern als Privileg und Chance. Er ist damit ein Gegenmodell zur Anti-Aging-Gesellschaft und Teil einer aufkommenden Pro-Aging-Kultur. Wichtiger, als jugendlich, cool und fit zu sein, ist für den Free Ager, mit sich selbst zufrieden zu sein. Er lebt vor, dass die alternde Gesellschaft auch konstruktiv betrachtet werden kann und der Begriff „Überalterung der Gesellschaft" zu überwinden ist.

Diese Haltung leben dennoch auch bereits die jüngeren Menschen mit diesem Lebensstil, indem sie sich nicht mehr über graue Haare und Falten aufregen, sondern diese als Auszeichnung für die Zukunft betrachten. Hier wird der Unterschied zwischen der Art und Weise, wie Jüngere und wie Ältere den Lebensstil leben, noch einmal deutlich: Die Jüngeren versuchen, eine auf Lebenserfahrung gründende Grundgelassenheit der Welt gegenüber zu antizipieren und leben diese als generelle Weltoffenheit – bereit, alles so zu nehmen, wie es kommt. Die älteren Menschen, die den gelassenen Lebensstil des Free Ager leben, tun dies dagegen

91% der Free Ager bezeichnen sich selbst als Optimisten

Foto: Unsplash, CC0

Werteprofil des Free Ager

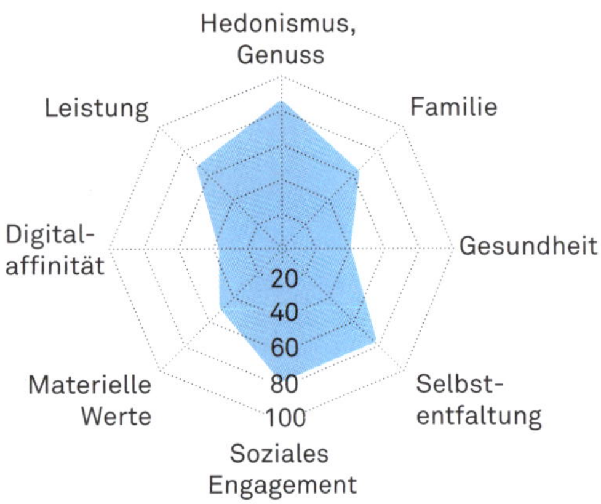

Der Free Ager sieht das Altern als Privileg und Chance. Wichtiger, als jugendlich, cool und fit zu sein, ist für ihn, mit sich selbst zufrieden zu sein.

Konsum und Innovationsgrad

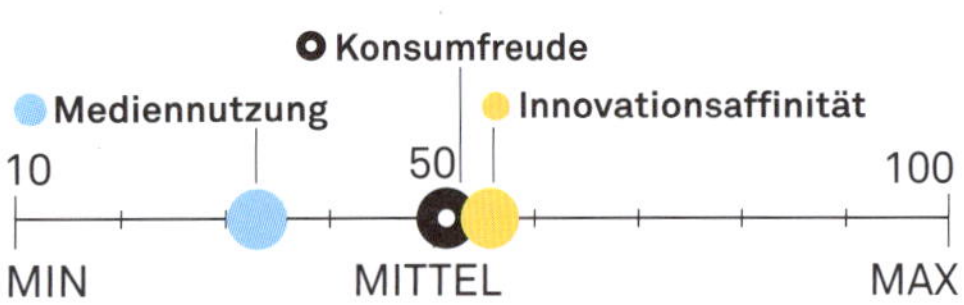

Die neuesten Trends und Nachrichten sind dem Free Ager nicht so wichtig.

Mediennutzung im Vergleich

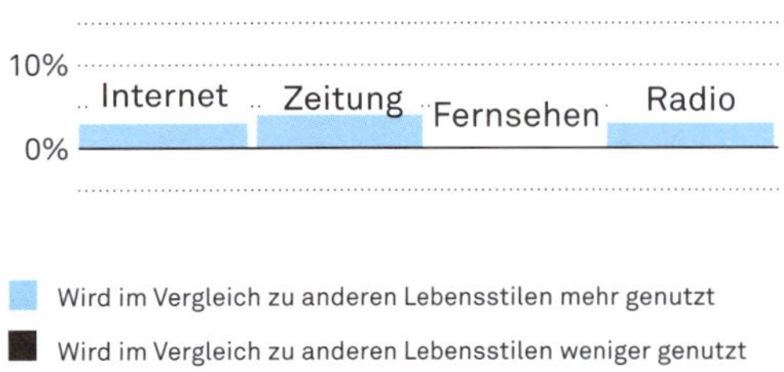

mit all der Erfahrung und Weisheit im Hintergrund, die sie im Laufe ihres Lebens gesammelt haben.

Rolle und Influence in der Gesellschaft

Der Free Ager gehört zu einer Avantgarde in der Gesellschaft, die den demografischen Wandel nicht als Problem, sondern als Anlass nimmt, über die Zeit geprägte Lebens- und Denkwelten neu zu gestalten. Er reagiert auf Veränderungen mit neuen Lebensentwürfen, die die kommende neue gesellschaftliche Realität nicht nur antizipieren, sondern auch mitprägen. Obwohl der Impuls für ein neues Verständnis vom Altern als gewinnbringender Teil des Lebens von den Älteren ausgeht, ist das Mindset in sämtlichen Altersklassen verbreitet. Menschen mit diesem Lebensstil treten nicht missionierend auf, verbreiten aber eine spürbare Wirkung auf den Rest der Gesellschaft: Sie sind die Ruhepole in der Gesellschaft, auf die diejenigen schauen, die selbst eine erste Ahnung davon gewinnen, dass Jugendwahn und Leistungsdruck nicht alles im Leben sein kann.

Werteset und Lebensweise

Gelassenheit als Grundmodus

Der Free Ager pflegt einen entspannten Umgang mit dem Leben, er ruht in sich und gibt diese Ruhe auch an seine Umgebung weiter. Sich selbst und der Gesellschaft muss er nichts beweisen und legt daher auch keinen falschen Ehrgeiz an den Tag, es anderen recht machen zu wollen. Überhaupt kümmert er sich wenig darum, was andere über ihn sagen oder wie andere ihn sehen – mit gesellschaftlichem Erwartungsdruck möchte er sich gar nicht erst auseinandersetzen. Scheinbare Übereinkünfte darüber, was sozial angesehen ist und was nicht, hält er für illusionäre Konstrukte, die den Menschen als wichtig verkauft werden und sie lediglich unglücklich machen. Er richtet sich gegen jede Art von Systemen, die Menschen unter künstlichen und unnötigen Druck setzen.

Der Free Ager kümmert sich wenig darum, was andere über ihn sagen oder wie andere ihn sehen – mit gesellschaftlichem Erwartungsdruck möchte er sich gar nicht erst auseinandersetzen.

So meidet er es auch, alles Neue und jeden Trend mitzumachen, nur um als „auf der Höhe der Zeit" zu gelten. Er kennt die zwanghafte Wirkung, die die Jagd nach dem Neuen entfalten kann. Menschen mit dem Lebensstil des Free Ager lassen sich auch hier erst gar nicht auf die Verlockung ein. Sie sind im Allgemeinen weder besonders technikaffin noch besonders konsumorientiert. Teure Statussymbole haben für sie keine Bedeutung. Auch fühlen sie nicht den Drang, ständig alle neuen Nachrichten auf der Welt mitzubekommen – sind die meisten doch nur reißerische News über Dinge, die mit normalem Menschenverstand betrachtet keine Meldung wert sind. Die zurückhaltende und abwartende Haltung des Free Ager gegenüber neuen Dingen entspricht dabei keinesfalls einer verweigernden Anti-Haltung, sondern vielmehr einem aufmerksamen Beobachten von Entwicklungen aus der Distanz. Sein weltoffenes Gemüt verschließt er nicht vor dem, was sich auf der Welt tut, er bewahrt sich stets eine grundsätzliche Aufgeschlossenheit allem gegenüber, was ihm beachtenswert erscheint. Dem Free Ager ist daher mit größtem Respekt vor dieser Haltung zu begegnen, um ihn nicht direkt als Interessenten zu verlieren.

Menschen mit dem Lebensstil des Free Ager mögen mit ihrem Fokus auf ein ausgeglichenes Inneres egozentriert wirken, doch ihre Konzentration darauf, der Welt stets achtsam und gelassen gegenüberzutreten, zielt nicht einfach auf ihr eigenes Wohlbefinden. Es ist vielmehr Ausdruck ihrer Haltung zur Welt, die auch ihren Umgang mit der Mitwelt prägt: In sich ruhende Menschen haben eine gute Ausstrahlung auf ihr Umfeld, der Free Ager hält es für eine Selbstverständlichkeit, dafür zu sorgen, dass die eigene Wirkung auf die Mitmenschen und auf die Umgebung eine wohltuende und respektvolle ist.

Mit Respekt den Mitmenschen begegnen

Viele Menschen, die diesen Lebensstil leben, sind bereits Rentner und müssen die innere Ruhe gar nicht erst aktiv herstellen, sondern haben sie bereits in sich – denn sie haben auch die entsprechende Zeit. Da sie schon die erste Lebenshälfte mit all ihren wechselnden Lebensphasen hinter sich haben, können sie die Dinge in Ruhe angehen und strahlen diese Ruhe auch aus. Ihre neu gewonnene Zeit verbringen sie gerne mit ihrem Partner und der Familie. Menschen wie der Free Ager freuen sich, wenn sie um Rat gefragt werden und sie ihren Freunden und Familienmitgliedern wertvolle Tipps geben können. Für deren Probleme haben sie immer ein offenes Ohr und teilen ihre optimistische und differenzierte Weltsicht, wenn sie nach ihrer Meinung gefragt werden. Durchaus haben die Älteren mit dem Lebensstil des Free Ager ein Interesse daran, ihrem engen Familienkreis ihren gelassenen und achtsamen Blick auf die Welt zumindest nahezubringen. Sie bemühen sich, dass ihre Kinder und Enkel von ihrem großen Allgemeinwissen und ihrer gesammelten Lebensweisheit profitieren, ohne es ihnen aufzudrängen.

Foto: Flickr, David Woo, CC BY-ND

83% der Free Ager ist das kulturelle Leben wichtig

Foto: Pixabay, CC0

Free Ager verbringen ihre Zeit gern mit Partner und Familie

Foto: Pixabay, CC0

Achtsamkeit und Gelassenheit sind die Grundhaltungen des Free Ager

Die Menschen aus ihrem sozialen Umfeld schätzen sie dafür sehr, suchen den Kontakt zu ihnen und fühlen sich wohl und geborgen in ihrer Nähe. Sie sind gute Mediatoren und werden als solche auch öfter einmal von Unternehmen angefragt. Manchmal arbeiten sie auch noch als Feelgood-Manager: Mit ihrer entspannten und reflektierten Art hat der Free Ager stets einen positiven Einfluss auf sein Umfeld.

Wenn der Free Ager nicht gerade Zeit mit seiner Familie verbringt, geht er gerne auf einen langen Spaziergang oder er entspannt in Ruhe in seinem Garten. Das Hier und Jetzt kann er auf diese Weise voll und ganz auskosten. Auch sonst bewegt er sich gerne in der Natur: Man trifft den Free Ager bei Wanderungen in den Bergen, wo er genüsslich, fernab vom hektischen Alltag, die schöne Umgebung genießt. Er setzt sich bei solchen Aktivitäten keine sportlichen Ziele, denn es geht ihm vielmehr um das bewusste Wahrnehmen von Körper und Seele und der Natur. Auch seine Risikobereitschaft und Abenteuerlust sind eher klein, sie sind in seinen Augen nur verzweifelte Versuche, sich selbst zu spüren, jedoch mit der falschen Suche im Außen statt im Innen.

Ein neues Leben im Alter

Hiermit zeigt vor allem der ältere Free Ager: Man kann auch im Alter aktiv sein, ohne direkt dem Jugendwahn zu verfallen. Er lebt jüngeren Generationen vor, wie man in Würde altern kann. Er kostet seine Zeit aus und lässt andere daran teilhaben, dass das Altern nicht nur vermeintliche Verluste, sondern auch vieles an Gewinn mit sich bringen kann. Er zeigt damit ein neues Bild von der Lebensphase des Alters. Hier bildet er eine typische stille Avantgarde, denn er propagiert seine optimistische und lebensfreudige Haltung nicht, sondern lebt sie einfach. Der Free Ager möchte also im höheren Alter keinesfalls als alter Mensch angesprochen werden, aber auch nicht mit Verjüngungsangeboten gelockt werden. Am besten ist er zu adressieren mit grundehrlichen Angeboten, die realistisch und pragmatisch auf seine Lebenssituation eingehen.

Umweltbewusst, aber ohne Biowahn

Dem Free Ager ist es wichtig, dass es den Menschen und der Natur gut geht. Dafür ist in seinen Augen ein achtsamer und respektvoller Umgang mit Mitmenschen und der Umwelt wichtig. Mit

68% stehen neuen Dingen erst einmal abwartend gegenüber

78% der Free Ager bevorzugen Produkte aus der Region

Free Ager bewegen sich gern in der Natur, setzen sich aber keine sportlichen Ziele

mehr sozialem Engagement in der Welt – so ist er überzeugt – kann ein gutes Miteinander geschaffen werden. Daher ist er selbst zum Teil ehrenamtlich aktiv, vor allem aber setzt er selbst auf informelle nachbarschaftliche Hilfe: Er bringt seiner mobilitätseingeschränkten Nachbarin ihre Einkäufe vom Wochenmarkt mit, passt auf die Kinder der jungen Familie von gegenüber auf und backt Kuchen für das Straßenfest in seinem Viertel. Er stellt jedoch an sich selbst nicht den ehrgeizigen Anspruch, sich aktiv für die Veränderung der Gesellschaft oder für politische Ziele einzusetzen. Denn er ist kein idealistischer Aktivist, der für seine Werte auf die Straße geht, sondern hilft und unterstützt lieber spontan dort, wo er Bedarf sieht – hier ist er ganz Pragmatiker. Er ist überzeugt, dass der Welt bereits viel mehr geholfen wäre, wenn mehr Menschen sich trauen würden, sich weniger um gesellschaftliche Erwartungen und Ansprüche zu kümmern und dafür mehr in respektvollen und herzlichen Umgang mit ihren Mitmenschen zu investieren.

Menschen mit dem Lebensstil des Free Ager sind überzeugt: So viel wie die Natur dem Menschen gibt, muss man ihr auch wieder zurückgeben. Sie finden es wichtig, nachfolgenden Generationen eine gesunde Umwelt zu hinterlassen. Trotz seines Umweltbewusstseins ist der Free Ager dem Bio- und Fairtrade-Trend nicht gefolgt, sondern hat ihn vielmehr aus der Ferne beobachtet.

Während solche Produkte längst im Mainstream angekommen und zum Milliardenmarkt geworden sind, nimmt er wahr, wie immer mehr Händler pures Greenwashing betreiben, indem sie den Konsumenten teure Produkte verkaufen, die nachhaltiger aussehen, als sie es letztendlich sind. Der Free Ager möchte auf solche Marketingtricks nicht hereinfallen und betrachtet umweltfreundliches Handeln in einem größeren Kontext: Seiner Meinung nach hat ein verschwenderischer Lebensstil einen viel schlechteren Einfluss auf die Umwelt, deshalb lebt er bescheiden und sparsam. Statt sein Geld für teure Bioprodukte im Supermarkt auszugeben, kauft er ganz selbstverständlich beim Bauern aus der Region und auf dem Wochenmarkt seine frischen Lebensmittel. Auch mit anderen regionalen Produkten ist er zu überzeugen. Denn was wäre unsinniger, als ein importiertes Fairtrade-Bio-Produkt von der anderen Seite des Globus zu kaufen, wenn doch das gute Gemüse direkt auf dem Feld nebenan wächst.

Grundbedürfnisse

Der Free Ager weiß ganz genau, was ihm im Leben etwas bedeutet, und danach lebt er auch. Er ist zufrieden, wenn seinem Bedürfnis nach Freiheit Raum gegeben wird und er das Gefühl hat, sich nichts und niemandem beugen zu müssen. Situationen und Menschen, die ihn mit sozialen Erwartungen konfrontieren oder künstlich unter Druck setzen, meidet er lieber. Menschen wie der Free Ager legen Wert auf einen harmonischen und wertschätzenden Umgang. In dieser Form erwarten sie auch angesprochen zu werden. Wer also mit diesen Menschen in Kontakt treten möchte, sollte dies mit großem Respekt tun. Dieser Lebensstiltypus schätzt die einfachen Dinge mehr als jede Form von Luxus. Einfach heißt für ihn auch, dass die Transportwege von Produkten kurz sind. Dasselbe Prinzip gilt für seine Freizeitausflüge in die Region. Der Free Ager ist ein beständiger und bescheidener Mensch, der nicht jedes neue Produkt auf dem Markt ausprobieren muss. Wenn sich eine Neuerung für ihn jedoch als sinnvoll erweist, ist seine Neugierde geweckt, und dann zeigt er sich weltoffen und aufgeschlossen.

Welche Zukunft hat der Free Ager?

In Zukunft wird der Lebensstil des Free Ager eine echte Alternative sein für Menschen, die sich von gesellschaftlichen Erwartungshaltungen freimachen wollen, sowie für ältere Menschen, die nicht in der klischeehaften Rolle des altersstarrsinnigen, rückwärtsgewandten und verbitterten Alten landen möchten.

Die optimistische, bejahende Haltung zum Altern, die diesen Lebensstil auszeichnet, gewinnt als konstruktives Gegenmodell zu einer Anti-Aging-Gesellschaft weiter an Attraktivität. Je größer der Anteil älterer Menschen gegenüber Jüngeren in der Gesellschaft künftig wird, desto sichtbarer wird auch die zunehmende Masse an Menschen werden, die sich für diesen Lebensstil im Alter entscheiden. Und desto mehr wird auch ihre Lebenserfahrung konstruktiv in den gesellschaftlichen Diskurs mit aufgenommen, der bislang vom Jugendideal geprägt war.

So wird aus einer Avantgarde-Bewegung über lange Sicht eine neue gesellschaftliche Realität. Gleichzeitig werden mit diesem Mindset Werte wie Respekt, Achtsamkeit und Umweltbewusstsein in die Tiefen der Gesellschaft getragen.

↗ Entwicklungsprognose der Gruppengröße

Der Nervösbürger führt ein einfaches und sparsames Leben, in dem das Streben nach Sicherheit und Bewahrung oberste Priorität hat.

Grundüberzeugung

„Ich finde, es sollte nicht ständig alles neu und anders gemacht werden, sondern das bewahrt werden, was sich bewährt hat."

Lebensmotto im Alltag

„Ich halte meine Ansprüche niedrig und verlasse mich auf das, was sich bewährt hat. So muss ich keine bösen Überraschungen erleben – und kann Zeit und Geld sparen."

Lebensziel

„Ich möchte mein Leben sicher und ohne große Überraschungen verbringen. Am Ende will ich sagen können: Ich bin gut über die Runden gekommen und habe meine Verhältnisse in Ordnung gehalten."

NERVÖSBÜRGER

NERVÖSBÜRGER

Warum ist dieser Lebensstil wichtig?

Der Nervösbürger ist ein Exot unter den Lebensstilen: Mit seinem starken Bedürfnis nach Absicherung, seiner Sparsamkeit, seiner Skepsis gegenüber der vernetzten Realität und seiner Angst vor Veränderung wirkt er wenig zeitgemäß – und damit zunächst auch wenig attraktiv für Unternehmen. Gerade seine rückwärtsgewandte und unauffällige Lebensweise spielt aber auch eine wichtige Rolle im Zusammenspiel heutiger und künftiger Lebensstile. Unternehmen, die es verstehen, das Sicherheitsbedürfnis des Nervösbürgers richtig zu adressieren, werden ihn als treuen Kunden gewinnen.

Wie viele Nervösbürger gibt es?

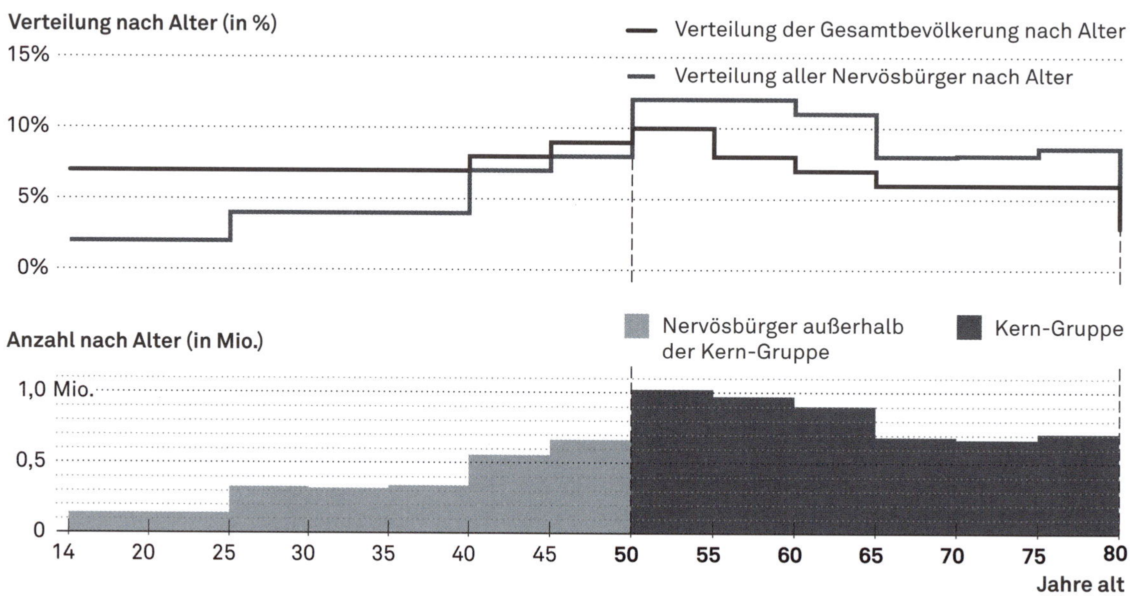

11,9% aller Deutschen (8,3 Mio.)

Kern-Gruppe: 5,8 Mio. (50 bis 79 Jahre alt)

Profil des Nervösbürgers

Sicherheit im täglichen Leben steht für den Nervösbürger ganz oben. Er sagt von sich, dass er eher beständig ist und an Gewohnheiten und Vertrautem hängt. Neuen Dingen steht er erst einmal abwartend gegenüber, er ist das Gegenteil eines Abenteurers. Sofern er nicht schon in Rente ist, legt er besonderen Wert auf einen sicheren Arbeitsplatz – selbst wenn ihm sein Beruf eher wenig Spaß macht. Doch so diszipliniert und pflichtbewusst der Nervösbürger ist: Er verfolgt keine ehrgeizigen Pläne und Ziele, im Leben weiterzukommen steht nicht oben auf seiner Agenda. Denn Menschen mit dem Lebensstil des Nervösbürgers sind keine Optimisten. Sie glauben auch nicht daran, dass sich jeder durch eigenes Engagement hocharbeiten kann. Insgesamt betrachtet der Nervösbürger das Leben sehr ernst und ängstlich. Die Komplexität der vernetzten Gesellschaft und eine zunehmende soziale Kälte, die er wahrnimmt, erscheinen ihm bedrohlich.

Megatrend-Kontext Sicherheit

Sicherheit versus Komplexität

Tonangebend für diesen Lebensstil-Typus ist ein starkes Unsicherheitsempfinden. Diesen Impuls in der Gesellschaft haben wir als Teil des Megatrends Sicherheit beschrieben. Ein verstärktes Sicherheitsbedürfnis ist Begleitphänomen eines Zeitalters, das zunächst von den äußeren Bedingungen her als das sicherste aller Zeiten gelten kann. Jedoch: Unsere Gesellschaft befindet sich inmitten eines epochalen Evolutionssprungs, der ein zuvor unbekanntes Maß an Komplexität freisetzt. Starre Strukturen und Hierarchien in Gesellschaft, Wirtschaft und Politik lösen sich auf, überall in der Gesellschaft werden die Verhältnisse flexibel und hybrid. Alles scheint heute möglich zu sein, doch die Welt wird damit auch unüberschaubarer – nicht nur im Digitalen, sondern in sämtlichen Lebensbereichen. Und je vielschichtiger und verwobener die Welt ist, je mehr unbekannte Variablen es im Leben zu geben scheint, desto mehr bedroht diese Komplexität die Alltagsruhe der Menschen. Das Resultat ist eine tiefgreifende Verunsicherung – und, als ein Gegenimpuls bei einigen, auch der Wunsch, die Zukunft wieder unter Kontrolle zu bringen.

Der Nervösbürger bezieht innerhalb dieser Geistesströmung eine extreme Position: Er wünscht nicht nur eine neue, zeitgemäße Form von Kontrollgewinn, sondern nimmt eine rückwärtsgewandte Haltung ein: Sein kritisch-pessimistischer Blick auf die Gegenwart festigt die nostalgische Idealvorstellung von einer Zukunft, die der Vergangenheit gleicht, in der alles – vermeintlich – besser war. Der Nervösbürger strebt nach Beständigkeit, Planbarkeit, Bewahrung. Kaum etwas bereitet ihm mehr Unwohlsein als die Vorstellung permanenter Veränderung. Mit diesem extremen Sicherheitswunsch steht er diametral jener Entwicklung entgegen, die die Evolution der nächsten Gesellschaft wie keine andere antreibt: die digitale Vernetzung. Der digitalen Welt und ihren Möglichkeiten begegnet der Nervösbürger mit Ablehnung und Rückzug. Er versucht gar nicht erst, sich mit der neuen, fluiden Realität zu arrangieren. Vielmehr ist der Nervösbürger ein

Wer sind die Nervösbürger?

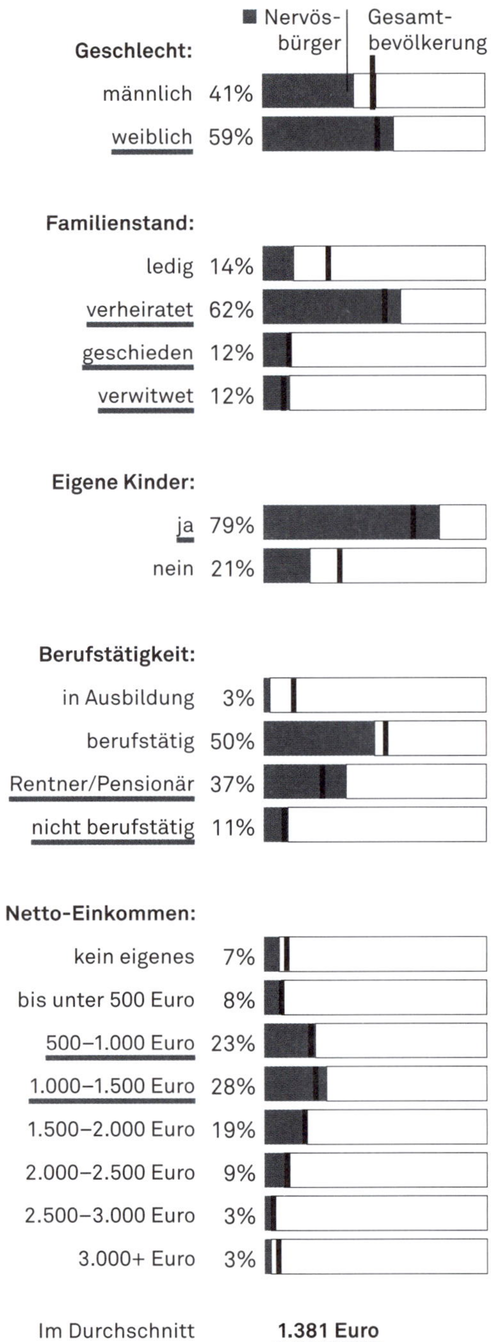

Rückwärtsgewandter, der die flexible Wirklichkeit des 21. Jahrhunderts schlicht verneint und sich zurücksehnt nach einer einfacher strukturierten Gesellschaft und Kultur.

Altersstarre statt neuer Aufbruch

Menschen, die den Lebensstil des Nervösbürgers repräsentieren, sind überdurchschnittlich alt: Vor allem in der Altersgruppe der über 50-Jährigen finden sich Menschen mit diesem Lebensstil, insbesondere bei über 70-Jährigen. Sie repräsentieren ein altes Rollenbild der weltkritischen Alten, das einer anderen Gesellschaftsbewegung gegenübersteht, die wir mit dem Megatrend Silver Society beschrieben haben: Während die „neuen Alten“ sich von konventionellen Rollenbildern emanzipieren und neue Formen des aktiven Alterns erkunden – von uns beschrieben mit dem Trend zu einer positiven Einstellung zum Alter, dem Pro-Aging –, verharrt der Nervösbürger in der Rolle des passiven Gealterten. Hinter der Haltung des veränderungsunwilligen Nervösbürgers liegt psychologisch oft eine Erfahrung des Steckenbleibens: Wem es im Verlaufe seiner Biografie nicht gelingt, Erfahrungen, Krisen, Rückschläge und Erfolge in eine Art vitale Weisheit zu transferieren und damit die Lebensphasen im jungen Erwachsenenalter erfolgreich abzuschließen, neigt im Alter zur Verbitterung, zum Freeze-in, dem Gegenpol des Burn-outs. So verharrt der Nervösbürger in einem vermeintlich sicheren Kontrollmodus, um den Status quo aufrecht zu halten – und blendet konsequent aus, wie seine eigenen Vorstellungen und die Realität des 21. Jahrhunderts zunehmend auseinanderklaffen. Menschen, die den Lebensstil des Nervösbürgers repräsentieren, folgen also auch einer Vermeidungsstrategie und verhindern damit, dass sie ihre Lebenserfahrung in eine konstruktive Haltung zur Welt überführen.

Lieber lokal als global

Auch der gesellschaftlichen Entwicklung hin zu einer globalisierten Welt steht der Nervösbürger ablehnend gegenüber: dem Megatrend Globalisierung.

81% sagen: Ich führe ein einfaches, bescheidenes Leben

82% der Nervösbürger bezeichnen sich als Vernunftmenschen

4 von 5 Nervösbürgern nutzen Medien vor allem, um abzuschalten

In Zeiten zunehmender supranationaler Offenheit und Aufbruchsstimmung steht der Nervösbürger auch hier für den Gegentrend. Menschen, die diesen Typus repräsentieren, verschließen sich daher auch den neuen Möglichkeiten, Globales und Lokales zu zukunftsweisenden Synthesen zusammenzuführen. Während die Avantgarden ein zeitgemäß-hybrides „Think global, act local" zum Lebensmotto erheben und somit den Trend der „Glokalisierung" vorantreiben, bleibt der Horizont des Nervösbürgers eindimensional und regional beschränkt. Zu bedrohlich erscheint ihm die Auflösung starrer Grenzen, die ebenfalls von der zunehmenden Vernetzung angetrieben wird. Auch hier vertritt der Nervösbürger also ein rückwärtsgewandtes Denken, das darauf abzielt, Komplexität zu vermeiden, klare Grenzen zu ziehen und alte Muster aufrechtzuerhalten.

Rolle und Influence in der Gesellschaft

Der Lebensstil des Nervösbürgers ist ein Gegenentwurf zu den Herausforderungen einer zunehmend vernetzten Gesellschaft: Er zieht jene Menschen an, die von der steigenden gesellschaftlichen Komplexität überfordert sind und keinen neuen „dritten Weg" zu finden versuchen, sondern sich eine geordnetere, übersichtlichere Welt von früher zurückwünschen. Im politischen System kann diese Form von Veränderungsangst ausgenutzt und mit simplen Lösungsversprechen adressiert werden, um populistische Potenziale freizusetzen und somit gesamtgesellschaftliche Aufmerksamkeit zu erlangen. Von sich aus ist der Einfluss dieser Menschen jedoch vor allem lokal.

Werteprofil des Nervösbürgers

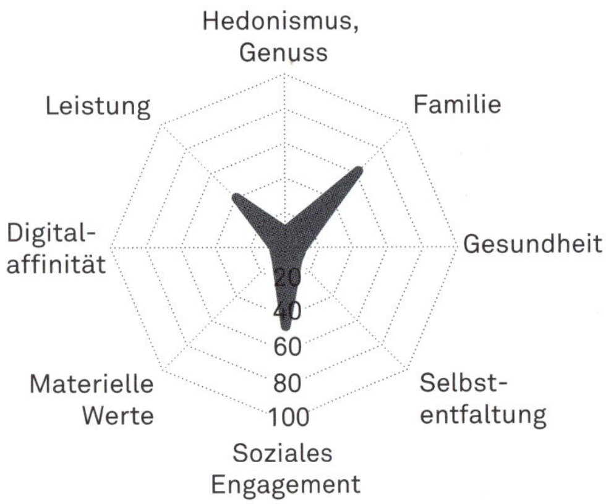

Konsum und Innovationsgrad

Auf Luxusmarken oder Trendprodukte legt der Nervösbürger keinen Wert – er schätzt eher die einfachen, altbekannten und günstigen Lösungen.

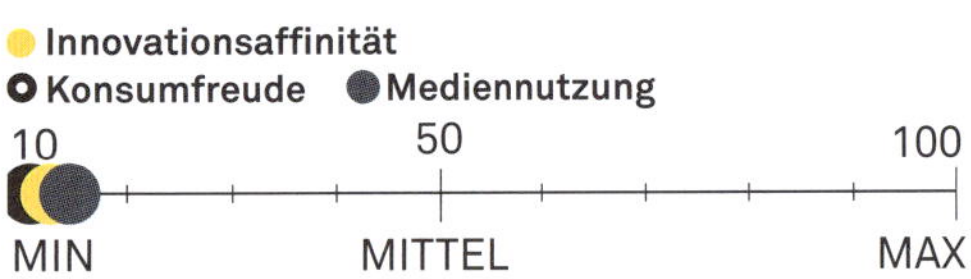

Mediennutzung im Vergleich

Der digitalen Welt und ihren Möglichkeiten begegnet der Nervösbürger mit Ablehnung und Rückzug.

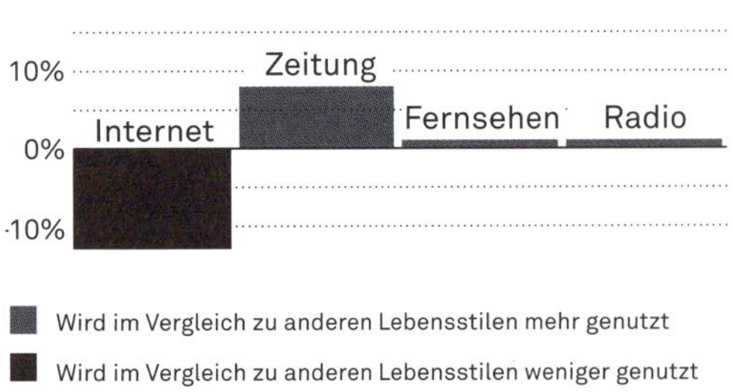

Werteset und Lebensweise

Sicher ist sicher!

Gemäß seinem Grundantrieb – der Suche nach Sicherheit, Kontrolle und Planbarkeit in einer immer unüberschaubarer und bedrohlicher erscheinenden Welt – ist der Nervösbürger stets darauf aus, Komplexität und Unsicherheit zu reduzieren. Er schätzt die einfachen, altbekannten Lösungen. Diese grundlegende Skepsis gegenüber Veränderung und Neuem dominiert auch seinen Lebensalltag: Kontinuität, Erwartbarkeit und Absicherung stehen hier an oberster Stelle. Dies sind auch die Themen, mit denen Unternehmen beim Nervösbürger punkten können.

Der Nervösbürger ist stolz darauf, eine geradlinige Biografie ohne überraschende Wendungen oder Brüche vorweisen zu können und erzählt gerne am Stammtisch von der guten alten Zeit. Früher als seine Zeitgenossen hat der Nervösbürger Ausbildung und Beruf gefunden, geheiratet, Kinder bekommen – und seltener als andere verlässt er später seinen Arbeitgeber oder lässt sich scheiden. In allem hat er es so gemacht, „wie man es nunmal richtig macht und schon immer gemacht hat". Auch Marken bleibt er treu, sofern sie ihn nicht enttäuschen. Entscheidend ist, dass sie seinen – bescheidenen und wenig flexiblen – Ansprüchen gerecht werden.

Sicherheit im alltäglichen Leben bedeutet für den Nervösbürger auch: möglichst wenig Experimente bei der Wohnsituation. In der Reihenhaushälfte mit Garten kann er seine eigene Welt optimal ausleben. Ist der Traum vom Eigenheim nicht realisierbar, tut es aber ebenso eine einfache, solide Mietwohnung, tendenziell eher in einem bürgerlichen oder kleinbürgerlichen Viertel meist in der Vorstadt oder in der Kleinstadt. Auch hier erweist sich der Nervösbürger als wenig wechselfreudig – und freut sich bei längerer Mietdauer über nur langsam steigende Mietausgaben. Grund hierfür ist allerdings auch, dass er nicht in einer pulsierenden Metropole mitten im Geschehen wohnt, sondern sein Eigenheim oder seine Mietwohnung meist in ruhigeren Gegenden liegt. Selbst wenn sich sein Viertel über die Zeit verändert, bleibt er der Fels in der Brandung, der sich eher über die allgemeine Entwicklung beklagt, als selbst umzuziehen.

Weil die persönliche Absicherung und Vorsorge ein Lieblingsthema des Nervösbürgers ist, bildet dieser Typus insbesondere für die Versicherungsbranche eine attraktive Klientel. Kaum etwas erscheint Menschen, die diesen Lebensstil verkörpern, befriedigender als das Gefühl, ihren Status quo gegen mögliche Eventualitäten abzusichern: vom Schutz seines Hauses in Form von Kameras, die auf Haustür und Vorgarten gerichtet sind, über eine Alarmanlage bis hin zu Sicherheitszäunen in ländlichen oder Stadtrandgebieten, um sich gegen das Eindringen von Rotwild oder Wildschweinen in den Garten zu schützen. Zudem hat er eine Hausrat- und eine Rechtsschutzversicherung – denn man weiß ja nie, wer als Nächstes ins Nachbarhaus oder -wohnung einzieht. Ein prototypischer Nervösbürger verfügt deshalb über ein ganzes Portfolio an Versicherungen – und ist stets hellhörig, wenn es um Vorschläge geht, wie er sich noch besser gegen eine ungewisse Zukunft wappnen kann.

Schuster, bleib bei deinen Leisten

Der Nervösbürger ist das Gegenteil des postmodernen Job Hoppers: Typisch für ihn ist die dauerhafte, oft auch lebenslange Anstellung bei nur einem Arbeitgeber. Die Sicherung seines Arbeitsplatzes rangiert ganz oben auf seiner Werteliste, Jobwechsel werden vermieden. Da Menschen, die diesen Lebensstil repräsentieren, hochgradig fleißig, pflichtbewusst und zuverlässig sind, findet ihr Arbeitgeber auch nur selten Anlass, sich über sie zu beschweren. Viele haben auch schon das Rentenalter erreicht und blicken nun zurück auf ein Arbeitsleben, das arm an Abwechslung und Überraschungen war – und umso reicher an Kontinuität. Steht der Nervösbürger aber noch mitten im Arbeitsleben, kann er für einige Arbeitgeber ein spezielles Angestelltenprofil erfüllen, das in der Netzwerkökonomie immer seltener wird: das des fleißigen, zuverlässigen und zugleich genügsamen Mitarbeiters, der gerne die Rolle der mahnenden Stimme übernimmt, wenn es um Weiterentwicklungen im Unternehmen geht. Aussprüche wie „Das haben wir schon immer so gemacht“ gehören in sein tägliches Argumentationsportfolio. Bietet man dem Nervösbürger neben einem fairen Gehalt auch noch absichernde Extras wie etwa eine betriebliche Altersvorsorge, wird er einem stets treu zu Diensten sein. Dass der Nervösbürger dabei kaum in kreativen Berufen zu finden ist, liegt auf der Hand. Viel besser kann er sich in klassischen Branchen und administrativen Abteilungen einbringen – überall dort, wo noch immer klare Strukturen herrschen und die Arbeitsprozesse so klar geordnet und erwartbar sind, wie sie es auch im vergangenen Jahrhundert schon waren.

Trotz seines Fleißes ist der Nervösbürger kein Karrieretyp. Möglichst hoch in der Hierarchie aufzusteigen ist ihm nicht so wichtig. Viel wohler fühlt sich der Nervösbürger ohnehin in den mittleren Ebenen einer Organisation. Zumal er auch gar nicht an die Möglichkeit solcher Aufstiege glaubt: Typisch amerikanische Versprechen wie „vom Tellerwäscher zum Millionär“ hält er für illusionär und für eine gefährliche Kopfverdreherei. Pessimistisch, wie er ist, glaubt er auch nicht daran, dass es in Deutschland noch so etwas wie Chancengleichheit gibt. Zudem ist er davon überzeugt, dass nicht jeder eine höhere Bildung benötigt – denn schon heute sehe man, dass viele handwerkliche Berufe keinen Nachwuchs mehr finden. Und er fragt sich, wo das noch hinführen solle, wenn alle studieren wollen und keiner mehr „hart arbeiten“.

Lokalzeitung statt Internet

Die Medien und vor allem die digitalen Medien betrachtet der Nervösbürger mit allergrößter Skepsis: Digitale Devices sind dem Nervösbürger größtenteils fremd, im Internet kennt er sich nicht gut aus, und auch auf Social Media ist er daher nur in seltenen Fällen aktiv. Er bezweifelt, dass „echte“ Kontakte und Beziehungen im Netz entstehen und

Fast die Hälfte der Nervösbürger bezeichnen sich als religiöse, gläubige Menschen

Im Beruf kann sich der Nervösbürger am besten dort einbringen, wo die Arbeitsprozesse und Strukturen klar geordnet sind

gepflegt werden können, und interessiert sich generell wenig für Themen, die mit dem digitalen Wandel zu tun haben.

Viel näher liegen Menschen mit diesem Lebensstil die klassischen Massenmedien, die ihnen seit jeher vertraut sind. Vor allem das Fernsehangebot nutzt er, um abzuschalten und sich zu entspannen – dabei folgt er seinen festen Gewohnheiten. Um sich zu informieren, rangiert ganz vorn die Tageszeitung, insbesondere in ihrer lokalen oder regionalen Variante. Zwar informiert sich der Nervösbürger auch über das internationale Weltgeschehen, doch als Globalisierungsskeptiker interessiert ihn vor allem die Lebenswelt, die ihn direkt umgibt: seine Stadt, sein Landkreis, sein Dorf, sein Viertel. Hier weiß er bestens Bescheid und teilt auch gerne seine Meinung mit Bekannten. Er schätzt die lokalen Orts- und Vereinsfeste und ist dort gerne zu Gast. Hier besteht auch die Möglichkeit, dass er sich sozial und kulturell einbringt: in Form einer Spende für die Tombola, der Hilfe beim Aufbau des Zeltes und der Biergarnituren oder mit einem freiwilligen Dienst hinter der Theke. Doch das war's dann auch schon mit dem sozialen Engagement des Nervösbürgers. Auch ist er nicht der kommunikativste Zeitgenosse: Er hat seine feste Meinung, mit der er auch das ein oder andere Mal in einer Gruppe aneckt – dann hält er sich lieber zurück, als sich auf eine tiefergehende Diskussion einzulassen.

Mittendrin im Leben und doch nicht dabei

Die Freizeit des Nervösbürgers gestaltet sich so gemächlich wie sein gesamtes Dasein: Am wohlsten fühlen sich Menschen, die diesen Lebensstil leben, wenn sie keine allzu aufregenden Ereignisse erwarten und ihr altbekanntes Umfeld nicht verlassen müssen. Im Zweifelsfall unternimmt der Nervösbürger deshalb lieber einen Spaziergang im Park um die Ecke, anstatt in die Ferne zu reisen. Die Vorstellung, fremde Länder zu erkunden und exotische Kulturen zu erleben, ist für ihn eher abschreckend als anziehend. Und geht ein Nervösbürger doch auf

Foto: Flickr, Epp Group, CC BY-ND

Im Reihenhaus mit Garten oder in einer Mietwohnung in einem sicheren bürgerlichen Viertel könnte der Nervösbürger sein ganzes Leben verbringen, ohne umzuziehen

Foto: Flickr, Onnola, CC BY-SA

Foto: Pixabay, CC0

Die Nervösbürger haben generell weniger soziale Kontakte – eine umso wichtigere Rolle spielt dann die Familie und Verwandtschaft

74% suchen immer nach den günstigen Angeboten

79% kaufen Alltagsprodukte am liebsten beim Discounter

Foto: WikiCommons, North Finchley, CC BY-SA

Reisen, führt es ihn eher in die umliegende Region als in die Ferne – und eher abgesichert durch ein Pauschalarrangement als individualtouristisch.

Am liebsten bleibt der Nervösbürger aber dort, wo er sich am wohlsten fühlt: zuhause, in seiner vertrauten Umgebung. Dort kann er es sich gemütlich machen und seine freie Zeit mit einfachen und nützlichen Dingen verbringen wie etwa Kochen und Gärtnern. Um sich beschäftigt zu halten, löst er auch gerne Rätsel oder geht traditionellen Handarbeiten wie Stricken, Häkeln oder Sticken nach. Oder er beschäftigt sich mit seinem Haustier: Auch wenn er nicht besonders daran interessiert ist, sich sozial, politisch oder kulturell in die Gesellschaft einzubringen und den Austausch mit anderen Menschen zu suchen, findet er Erfüllung in der Natur. Nicht selten ist der Hund sein bester Freund, der ihm treu ergeben ist. Oder er widmet sich mit Hingabe dem Bienenstock oder züchtet Tauben oder Kaninchen im Verein. Traditionsbewusst ist der Nervösbürger auch, wenn er seine vier Wände verlässt: Er geht am ehesten noch ins Volkstheater, in einem guten Restaurant bekommt man ihn nicht zu sehen – und erst recht nicht beim Ausgehen oder Tanzen. Näher liegt diesen Menschen der Besuch eines Ortes, der Besinnung, Einkehr und Beständigkeit verspricht: die Kirche. Denn auch Glaube und Religion spielen beim Nervösbürger eine wichtigere Rolle als bei allen anderen Lebensstilen.

Das Sozialleben eines Nervösbürgers ist nur schwach ausgeprägt. Menschen, die diesen Lebensstil führen, haben generell weniger soziale Kontakte, verfügen nur über einen verhältnismäßig kleinen Freundeskreis und laden selten Bekannte zu sich ein. Auf andere Menschen trifft er lieber an den altbewährten Orten sozialen Austauschs: beim Einkaufen, in der Gaststätte oder beim Volksfest. Eine umso wichtigere Rolle spielt für den Nervösbürger dagegen die Familie: Selbst der eher seltene Kontakt zu Verwandten bedeutet ihm mehr als ein gutes Gespräch mit Freunden. Was dem Nervösbürger den Aufbau sozialer Nähe erschwert: Er ist

Foto: Pixabay

Der Nervösbürger ist am Stammtisch im Gasthaus sowie auf den lokalen Orts-, Vereins- und Volksfesten gerne zu Gast

eher dünnhäutig, hat schnell das Gefühl, dass ihm unrecht getan wird, und eckt mit seiner pessimistisch-grantigen „Früher war alles besser“-Haltung leicht an. Menschen mit diesem Lebensstil treten gern als Kritiker auf und beklagen den Zustand der Welt und das Immer-schlechter-Werden der Verhältnisse – aber engagieren sich auch nicht, um die Dinge zum Besseren zu verändern.

Verzicht als Lebensmotto

Der Nervösbürger bezeichnet sein Leben als einfach und bescheiden, und diese Anspruchslosigkeit prägt auch sein Konsumverhalten. Auf Luxusmarken oder angesagte Trendprodukte legt er keinen Wert. Viel mehr Freude bereitet es ihm, günstig beim Discounter einzukaufen und kein Geld für überteuerte Angebote zu verschwenden. Beim Autokauf wählt er kein auffälliges oder gar luxuriöses Modell, viel glücklicher ist er mit einem sparsamen Klein- oder Mittelklasse-Wagen – den er dann gut pflegen und lange fahren wird. Für den Nervösbürger gilt eben: Das Leben ist eine ernste Sache, auch beim Konsum. Mit Spaßangeboten ist der Nervösbürger ebenso wenig zu locken wie mit spannenden Markenneuheiten oder Produktinnovationen.

Seine generell gering ausgeprägte Veränderungsbereitschaft zeigt sich auch darin, dass er lediglich an seiner Figur etwas verändern möchte: Menschen mit dem Lebensstil des Nervösbürgers sagen überdurchschnittlich oft von sich selbst, dass sie gern etwas abnehmen würden. Auch hier tun sie aber wenig, um diesen Wunsch in die Tat umzusetzen – und treiben zum Beispiel deutlich weniger Sport als der durchschnittliche Deutsche.

Ein spezifisches Konsumentenpotenzial hat der Nervösbürger deshalb auch im Bereich der Gesundheitsprodukte: Hier greift sein – auch altersbedingtes – Bedürfnis nach Gesunderhaltung und Bewahrung besonders stark. Menschen wie der Nervösbürger möchten gesund und fit bleiben – ohne selbst viel dafür tun zu müssen. Lieber schauen sie Gesundheitsmagazine im Fernsehen und kaufen im Zweifelsfall ein Nahrungsergänzungsmittel, das körperliche Gesundheit verheißt, als sich viel zu bewegen. Unternehmen, die es verstehen, diese Konstellation klug zu adressieren, können beim Nervösbürger punkten.

So sehr sich der Nervösbürger für die Erhaltung seiner Gesundheit interessiert, so wenig kann er mit dem Health-Derivat der Wellness anfangen. Denn hier wittert er etwas, das seinem Streben nach Einfachheit und Bescheidenheit zutiefst widerspricht: Luxus. Sich einmal etwas Teures, Edles zu gönnen, das liegt dem Nervösbürger generell fern. Schon ein Einkaufsbummel erscheint ihm als Zeitverschwendung, zumal Spontankäufe für ihn ohnehin nicht in Frage kommen. Deshalb ist er auch kein klassischer Schnäppchenjäger – obwohl er stets offene Augen für günstige Produkte hat. Beim Shopping läuft für den Nervösbürger alles nach Plan – so wie in seinem restlichen Leben.

Grundbedürfnisse

Der Nervösbürger ist getrieben von zwei zentralen Bedürfnissen: Er sucht nach Sicherheit und Beständigkeit – und will dafür möglichst wenig Geld ausgeben. Dennoch ist dieser Lebensstil-Typus für Unternehmen nicht uninteressant: Der Nervösbürger pflegt zwar keinen anspruchsvollen Lifestyle, hippe Produktneuheiten sind ihm eher lästig. Umso mehr freut er sich über jene Marken, die nicht ständig etwas verändern und die ihm helfen, sich sicher und wohlzufühlen in seiner eigenen Welt. In diesen Risikoschutz investiert der Nervösbürger dann auch stärker. Bedingung dafür ist für ihn Vertrauen: Wer das Herz des Nervösbürgers erobern will, muss ihm ein Gefühl von Verlässlichkeit und Beständigkeit vermitteln. Der Nervösbürger mag es bodenständig und ernst, Spaß und Ironie findet er unangemessen. Wer dann den richtigen Ton trifft, kann den Nervösbürger als dauerhaften Kunden gewinnen – und künftig vielleicht sogar neue Wege mit ihm beschreiten.

Welche Zukunft hat der Nervösbürger?

Ist der Nervösbürger eine aussterbende Spezies unter den Lebensstilen? Der Rückzug ins Private und die Abschottung gegen alles Neue übt seit jeher eine große Verlockung für alle Ängstlichen aus. Der Nervösbürger-Typus ist eine typische Art von Lebensstil solcher Menschen, die Veränderungen grundsätzlich nicht gutheißen und an Altbewährtem festhalten wollen – und das unabhängig davon, was sich auf der Welt gerade tut. Für Unternehmen bietet das auch künftig ein Potenzial für Angebote, die „alte" Werte oder Funktionen auf neue, effiziente Weise ansprechen und erfüllen.

Aber: Das aktuell aufgezeigte Unsicherheitsgefühl wird zurückgehen, je gewohnter die digitalen und globalen Strukturen werden. Wichtiger aber noch: Unter dem Einfluss von Menschen, die das Altern an sich völlig neu als Teil und nicht als Ende des Lebens definieren, differenzieren sich künftig auch die Arten, im Alter zu leben, immer weiter aus. Positive Altersbilder und die entsprechenden Lebensstile werden den des Nervösbürgers zu einem von vielen werden lassen.

Entwicklungsprognose der Gruppengröße

Der Golden Mentor versteht es, sich sein Leben lang weiterzubilden und aus seinen Erfahrungen eine Lebensweisheit zu entwickeln, die er auch im höheren Alter produktiv in die Wirtschaft einbringt.

Grundüberzeugung

„Das Wichtigste ist, vom Leben selbst etwas über das Leben zu lernen."

Lebensmotto im Alltag

„Wer rastet, der rostet."

Lebensziel

„Ich will ein Leben lang aktiv und informiert bleiben und meine Erfahrungen an die Menschheit weitergeben."

GOLDEN MENTOR

GOLDEN MENTOR

Warum ist dieser Lebensstil wichtig?

Der Golden Mentor versteht die großen Zusammenhänge und betrachtet die Dinge stets in einem größeren Kontext. Er vermag zu beurteilen, wie wichtig etwas gerade wirklich ist und für welche Werte es sich lohnt zu kämpfen. Diese Urteile schöpft er nicht aus einem Idealismus, sondern aus der Auseinandersetzung mit Gesellschaftsdiskursen und aus seiner Lebenserfahrung. Da Letztere nicht imitierbar ist, sind diese Menschen sehr wertvoll für Unternehmen, auch wenn sie oft schon im Rentenalter sind.

Wie viele Golden Mentors gibt es?

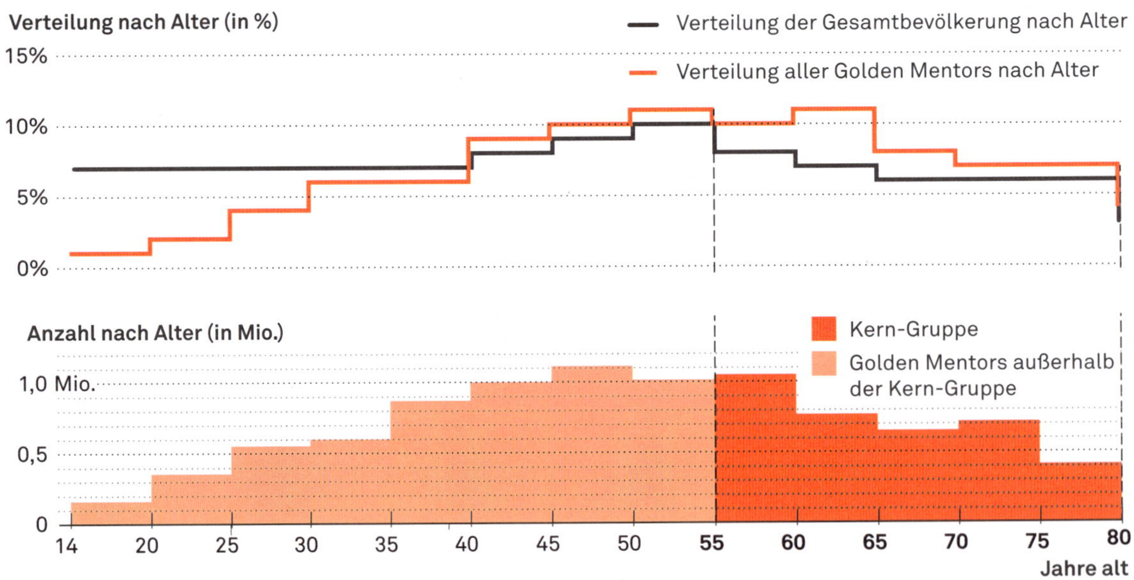

13,9% aller Deutschen (9,7 Mio.)

Kern-Gruppe: 5 Mio. (55 bis 79 Jahre alt)

Profil des Golden Mentor

Menschen mit dem Lebensstil des Golden Mentor konsultieren gerne verschiedene Medien: Sie informieren sich möglichst mehrmals am Tag über die neuesten Nachrichten, um die aktuellen Diskurse in der Gesellschaft zu kennen. Dazu nutzen sie alle klassischen Kanäle: die Tageszeitung, das Radio und das Fernsehen. Eine gute, vielseitige Bildung, zu der auch die Beteiligung am kulturellen Leben gehört, betrachten sie als Selbstverständlichkeit. Sie gehen diszipliniert und pflichtbewusst durch das Leben und finden es wichtig, Entscheidungen mit Vernunft zu treffen. Sie sind es gewohnt, für sich selbst zu sorgen und mit finanzieller Unabhängigkeit ihre Selbstständigkeit zu bewahren. Ihren Bezugspunkt bildet jedoch immer das Familienleben: Mit ihrer Familie und ihrem Partner verbringen sie viel und gerne Zeit.

Megatrend-Kontext

Wissenskultur Silver Society

Die Zukunft der Wirtschaft liegt in der Wissensökonomie

Lernen ein Leben lang – das ist die neue Mentalität, mit der sich der Golden Mentor durch die Welt bewegt. Er weiß, dass Wissen die wertvollste Ressource dieses Zeitalters ist. Somit treiben Menschen mit diesem Lebensstil den Megatrend Wissenskultur mit voran: Ein immer größerer Anteil der Wertschöpfung in unserer Gesellschaft wird nicht durch körperliche, sondern durch geistige Leistung erbracht. Schaut man sich die Wertschöpfung in den einzelnen Wirtschaftsbereichen an, wird die Verschiebung von der Industrie- hin zur Serviceökonomie überdeutlich. Der Dienstleistungssektor hat in den letzten Jahrzehnten einen immer größeren Anteil an der Wirtschaftsleistung. Wir leben also bereits heute in einer Kreativ- und Wissensökonomie. Und das Internet hat diese Entwicklung nicht verzögert, sondern sogar noch beschleunigt: Nicht nur ist der Bedarf an technischem Hintergrundwissen größer denn je, sondern mit der Masse an Informationen, die uns online zur Verfügung stehen, wächst auch das Bedürfnis nach der Fähigkeit, diese Informationen richtig einzuordnen und zu bewerten.

In der Wissens- und Kreativökonomie der Zukunft sind Menschen mit dem Lebensstil des Golden Mentor diejenigen, die nie aufhören, sich geistig weiterzuentwickeln: Sie sind Avantgardisten der Zeit. Wo andere sich jedoch in einen Wettlauf um ein ständiges Mehr an Informationen begeben, bleibt der Golden Mentor gelassen: Echtes Wissen bedeutet für ihn nicht ein reines Ansammeln von Informationen, sondern ein organisches Wachstum von Lebenserfahrung und ein langsames Verstehen der großen Zusammenhänge, aus dem Lebensweisheit gezogen wird. Das ist nicht steuerbar oder einfach so hervorrufbar, sondern entwickelt sich mit den Lebensjahren von selbst. Jedoch kann nur derjenige diese Weisheit erlangen, der sich voll und ganz darauf einlässt. Die intrinsische Motivation und die Neugier des Golden Mentor sind es, die diese Entwicklung antreiben und ihn zu einer wertvollen Stimme in Unternehmen machen.

Wer sind die Golden Mentors?

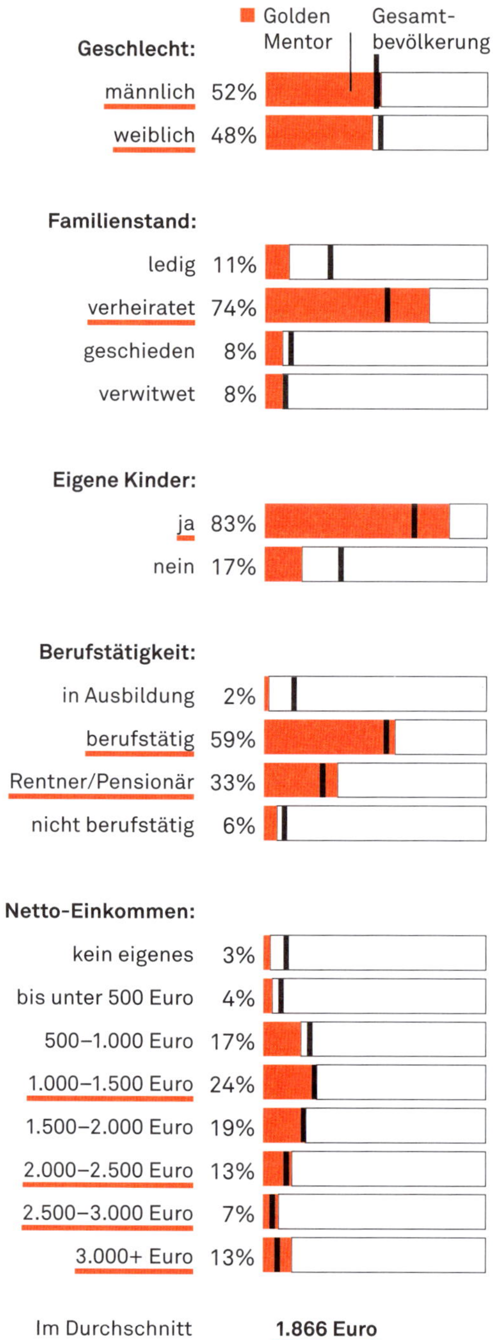

Ein Lebensstil der Reife und Lebensweisheit im Un-Ruhezustand

Viele der Menschen, die den Lebensstil des Golden Mentor leben, sind bereits über 40 Jahre alt. Denn die Erkenntnis, dass es etwas anderes ist, jede Stunde auf Facebook die neuesten Nachrichten zu checken und auf Twitter die aktuellsten Hashtags zu verfolgen, als mit ausgewähltem Input aus sich heraus ein Wissen darüber zu entwickeln, was wirklich wichtig ist im Leben und in was es zu investieren lohnt, setzt bei vielen erst in tatsächlich fortgeschrittenem Lebensalter und mit gewachsener Lebenserfahrung ein. Besonders häufig wird der Lebensstil des Golden Mentor von Menschen über 55 Jahren geführt. Das liegt nicht nur daran, dass Menschen mit diesem Lebensstil sich fokussierter und gezielter Informationen suchen, sondern auch daran, dass es Menschen in diesem Alter zunehmend wichtig ist, der Gesellschaft ihre ganz eigene Perspektive zu vermitteln und Unternehmen auf die Fallstricke hinzuweisen, die sie selbst bereits am eigenen Leibe erfahren haben. Die älteren Menschen aus dieser Lebensstilgruppe vertreten damit ein neues Lebensarbeitszeit-Modell. Warum im höheren Alter aufhören zu arbeiten, wenn sie doch mit all ihrer Lebenserfahrung gerade zu einer sehr wertvollen Wissensressource geworden sind, die Jüngere kaum nachahmen können? Warum in einem Alter, in dem es immer wichtiger ist, die eigene Neugier und Flexibilität im Kopf zu trainieren, dies einfach aufgeben und damit dem natürlichen Alterungsprozess noch mehr Raum geben? Warum nicht dann aktiv sein, wenn es den größten Gewinn an Lebensqualität verspricht?

Der Golden Mentor entwirft mit seinem Lebensstil eine neue Vorstellung davon, wie die Rentenzeit verbracht werden kann. Er lebt einen „Un-Ruhezustand“, in der Überzeugung, dass alles andere eine Verschwendung für die Gesellschaft wäre. Damit treibt er den Megatrend Silver Society voran – den Wandel hin zu einer Gesellschaft, die die Älteren nicht ausschließt, sondern in der diese die gesellschaftlichen Diskurse maßgeblich mitprägen.

Rolle und Influence in der Gesellschaft

Der gesellschaftliche Einfluss der Menschen mit dem Lebensstil des Golden Mentor ist bereits groß. Weil sie aktiv auftreten und nicht nur laut ihre Meinung sagen, sondern auch in wichtigen Positionen in Unternehmen arbeiten, werden sie gehört, und nicht selten werden Entscheidungen auf ihre Empfehlung hin getroffen. Ihre Haltung, Lebenserfahrungen und Lebensweisheit eine wichtigere Rolle einzuräumen als Fachwissen, ist avantgardistisch. Gerade in der heutigen Zeit, in der es mehr Informationen gibt denn je und diese für jeden zugänglich geworden sind. Sie vertreten nicht nur das neue Bildungsprinzip, das Kontextwissen und das Denken in Zusammenhängen zum wichtigsten Bildungsgut macht, sondern sie paaren dies mit ihrem Erfahrungswissen, das sie im Laufe ihres Lebens gesammelt und verarbeitet haben. Ihre Fähigkeit, Informationen zu deuten und zu bewerten, macht sie unverzichtbar für eine immer komplexer werdende Welt.

Werteset und Lebensweise

Vom Leben über das Leben lernen

Der Golden Mentor ist ein Wissensexperte, der die Paradoxie des Prinzips Bildung völlig durchdrungen hat: Je mehr man weiß, desto mehr will man wissen. Denn je gebildeter man ist, desto mehr erfährt man von Dingen, die man nicht kennt oder ergründet hat. Manche verzweifeln über diese Erkenntnis und arbeiten sich mühsam ab, ein absolutes und ganzheitliches Wissen zu erlangen, das sie jedoch niemals erreichen werden. Oder sie versteifen sich und beharren darauf, dass ihr aktuelles Wissen das beste ist, das man jemals haben kann, und dass alles Neue an Informationen diesen Wissensschatz nicht mehr verbessern kann. Die einen versuchen das Unmögliche, indem sie Wasser aus einem unerschöpflichen Informationsbrunnen schöpfen, die anderen bewahren das Erreichte, indem sie ihr Wissen in einer Enzyklopädie für die Nachwelt fest-

Werteprofil des Golden Mentor

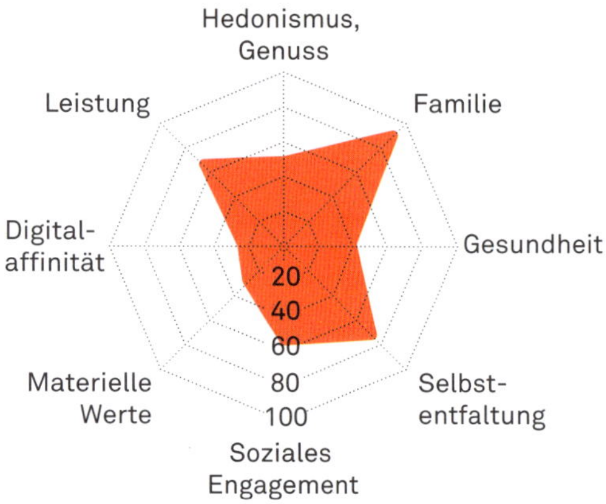

Die Fähigkeit des Golden Mentor, Informationen zu deuten und zu bewerten, macht ihn für Unternehmen unverzichtbar.

Konsum und Innovationsgrad

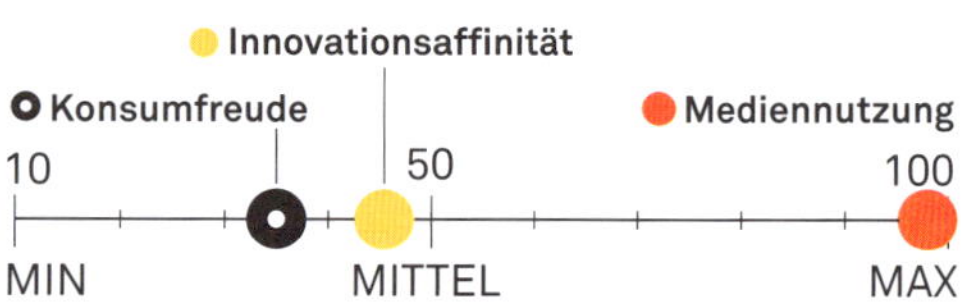

Mediennutzung im Vergleich

Der Golden Mentor konsultiert viele Medien und verfolgt gerne die gesellschaftlichen Diskurse, Kunst und Kultur.

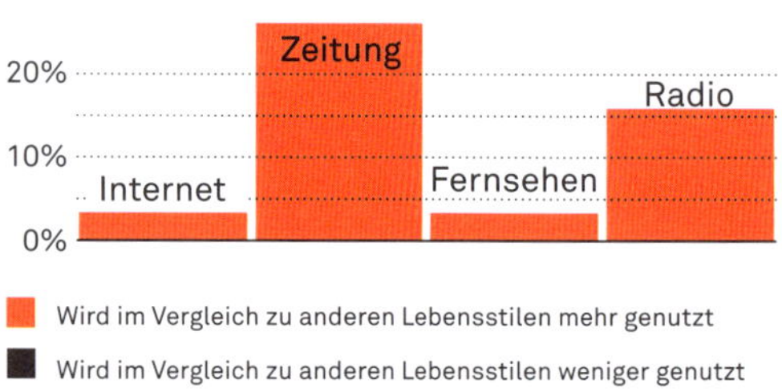

halten, die sich in einer Bibliothek befindet, deren Buchbestand täglich wächst.

Menschen mit dem Lebensstil des Golden Mentor dagegen lassen sich von diesem Paradox nicht beunruhigen und gehen damit gelassen um. Denn ihnen ist bewusst: Je länger man lebt, desto mehr Erkenntnisse hat man darüber, was wirklich wichtig ist im Leben. Für sie ist es nicht wichtig, alles zu wissen und jeden einzelnen Aufschrei, jeden Hashtag und jegliche Breaking News zu kennen. Sondern sie legen Wert darauf, den grundsätzlichen Wandel der Welt mitzuverfolgen. Sie informieren sich ausführlich, um zu verstehen, was die Menschen bewegt. Sie wollen den Zeitgeist verfolgen – und verstehen, wohin es die Menschheit treibt.

Das Wissen, das sie als wertvoll betrachten, ist Wissen über das Leben. Lebenserfahrung und die daraus gewonnene Weisheit zählt für sie mehr als alles andere – das Wissen darüber, was der Mensch eigentlich ist und was es heißt, sich in der eigenen Zeit in der Welt zu bewegen. Daraus schöpfen Menschen mit dem Lebensstil des Golden Mentor ihre Energie und behalten sich ihre Neugier bis ins hohe Alter.

Der Golden Mentor konsultiert viele Medien, das Internet spielt dabei aber nur eine Rolle von vielen. Er hält sich nicht mit Klatsch-und-Tratsch-Seiten im Internet oder Unterhaltungsshows im Fernsehen auf, sondern verfolgt lieber die gesellschaftlichen Diskurse oder zieht seine Lehren aus der Beschäftigung mit Kultur und Kunst. In den Tageszeitungen liest er mit Vorliebe das Feuilleton, stöbert durch Kunstmagazine und hört sich im Radio Kultursendungen an.

Auch Theatersäle und Opernhäuser, Museen und andere Kulturinstitutionen ziehen das natürliche Interesse des Golden Mentor auf sich. Menschen wie sie bringen die intellektuelle Neugier mit, aber auch die entsprechenden Geld- und Zeitressourcen. Denn sie verdienen überdurchschnittlich gut. Die meisten

Personen, die den Lebensstil des Golden Mentor führen, haben bereits eine hohe berufliche Position erreicht. Diejenigen, die schon in Rente sind, sind in der Regel gut situiert. Zu den Menschen mit diesem Lebensstil zählen auch diejenigen, die während oder nach Ende ihrer Berufsbiografie noch einmal die Universität besuchen. Besonders interessiert sind sie an Fächern wie Philosophie, Geschichte, Kunstgeschichte und Literaturwissenschaften. Auch Fächer wie Archäologie und Geologie sind beliebt, ebenso wie Fremdsprachen. Alles, was ihnen etwas über die Welt und die Gedanken und Lebensweise der Menschen verrät, zieht sie magisch an. Manche begnügen sich auch nicht mit dem Status als Gasthörer, sondern schreiben sich ein und machen selbst im hohen Alter noch einen Hochschulabschluss.

Diese Menschen interessieren sich weniger für Fachwissen als für Allgemeinwissen über die Welt. Sie haben hohe Kompetenzen darin, Wissen zu kontextualisieren – etwas, was in der Wirtschaftswelt der Zukunft dringender benötigt wird denn je. Informationen, die heute immer mehr in Form von Daten vorliegen, sind völlig wertlos, wenn sie nicht in einen großen Zusammenhang gesetzt und verstanden werden. Wer „sich ein Bild machen" kann, also Informationen innerhalb eines größeren Kontextes einordnen und bewerten kann, ist in der Lage, kreativ Probleme zu lösen. Das Verständnis von Zusammenhängen und größeren Bezügen ist für den Erfolg eines Unternehmens in der Zukunft von zentraler Bedeutung. Unternehmen profitieren von Menschen wie dem Golden Mentor also enorm.

Aktiv in der Wirtschaft bis ins hohe Alter

Die Menschen mit dem Lebensstil des Golden Mentor sind sich ihrer Kompetenzen und des Wertes ihres Wissens durchaus bewusst. Die vielen Älteren in dieser Lebensstilgruppe, die eigentlich schon im Rentenalter sind, arbeiten gerne noch weiter. Es sind diejenigen, die sich häufig sogar schon vor dem eigentlichen Renteneintrittsalter mit 65 in den Ruhestand verabschieden könnten, aber dieses Angebot immer wieder ablehnen und sich sogar noch länger als gesetzlich gefordert im Arbeitsleben tummeln. Während mancher Kollege nicht versteht, warum sie sich den wohlverdienten Ruhestand nicht gönnen, sprechen andere davon, dass diese Menschen einfach nicht loslassen können. Doch der Golden Mentor kann es einfach nicht verstehen, warum man gerade im höheren Alter „gezwungen" wird, sich auszuklinken und damit noch schneller den Anschluss an aktuelle Diskurse in der Welt zu verlieren.

Das Ende der offiziellen Zeit der Erwerbstätigkeit bedeutet für sie keine Notwendigkeit zum Bruch mit ihren bisherigen Lebensgewohnheiten. So sind sie häufig auch danach noch im Unternehmen beschäftigt oder engagieren sich ehrenamtlich. Nun, da ihnen ein Mehr an Zeit eingeräumt wird, tun sie genau das, was sie am besten können: arbeiten – und das mit einer neuen Zeitsouveränität. Sie haben auch keine Scheu, noch einmal ein neues Beschäftigungsfeld zu erobern – Hauptsache, sie können ihre frei verfügbare Lebenszeit produktiv nutzen und den nächsten Generationen etwas weitergeben. Dadurch bewahren sie sich nebenbei finanzielle Unabhängigkeit, und sie merken, dass es sie fit hält, sich weiter im Berufskontext zu bewegen. Sie leben es ihren Kollegen vor, wie man nicht nur diszipliniert und pflichtbewusst, sondern vor allem zielgerichtet zu Lösungen kommt. Insofern ist die Erfahrung älterer Arbeitnehmer Gold wert, weil sie helfen kann, diese Fähigkeit zur Kontextualisierung auszubilden. Arbeitgeber dürfen diese wichtige Zukunftsressource nicht vernachlässigen, indem sie die Erfahrung ihrer älteren Mitarbeiter mit „veraltetem Wissen" gleichsetzen, denn entscheidend ist nicht das Wissen im Sinne von „Daten", sondern Wissen im Sinne intellektueller Skills. Der Golden Mentor entfaltet also sein größtes Potenzial für die Wirtschaft, wenn er als Berater oder Coach arbeitet.

Die Älteren mit dem Lebensstil des Golden Mentor genießen es, etwas Sinnvolles zu tun und ihre

90% legen großen Wert darauf, gründlich informiert zu sein und Hintergründe und Zusammenhänge zu verstehen

90% der Golden Mentors sagen, sie seien aufgeschlossen für neue Entwicklungen

Erfahrungen konstruktiv einzusetzen. Sie wollen ihr Wissen nicht für sich behalten, ganz im Gegenteil, sie wollen es in die Gesellschaft einbringen. Dabei sehen sie sich als aktiver und ebenso relevanter Teil eines Unternehmens wie die junge Generation. Sie frönen einem Anti-Ruhestand, einem Un-Ruhestand, und sind somit Rebellen gegen das aktuelle System des Alterns mit all seinen Klischees und Konstrukten.

Viel unterwegs, viele Erfahrungen

In einer Lebensphase, in der Beruf und Familie nicht mehr so große Anforderungen an sie stellen, können sich Menschen mit dem Lebensstil des Golden Mentor endlich kompromisslos ihren eigenen Interessen widmen und ihre Prioritäten selbst setzen. Und für den Golden Mentor heißt das neben Bildung und Arbeit: Qualitätszeit mit der Familie verbringen und noch mehr von der Welt kennenlernen. Die eigene Familie ist für den Golden Mentor ein wichtiger Bezugspunkt im Leben und bedeutet ihm sehr viel. Das heißt allerdings nicht, dass er ständig Zeit mit ihr verbringen muss. Der Golden Mentor genießt auch gern seine Freiheit und Zeitsouveränität. Er ist gerne unterwegs, geht auf Reisen, um dort andere Menschen und andere Kulturen kennenzulernen und neue Erfahrungen zu sammeln. Da er finanziell unabhängig ist und keinen Grund zum übermäßigen Sparen sieht, fallen seine Reisen auch gern mal etwas länger und exotischer aus. Er bevorzugt Bildungs- und geführte Rundreisen. Um sich ein Stück von der Welt mit nach Hause zu bringen, kauft er sich auch mal das ein oder andere Souvenir aus der Ferne.

Braucht seine Familie jedoch Hilfe etwa bei der Betreuung der Enkelkinder, zeigt er sich pflichtbewusst und unterstützt seine Kinder und weiteren Verwandten gerne. Denn – und das ist eine seiner wichtigsten Erkenntnisse – die Zeit mit anderen Menschen ist die wertvollste, die man im Leben verbringen kann. Vor allem dann, wenn man sich gegenseitig mit Wertschätzung und Achtung begegnet.

Für den Golden Mentor ist es selbstverständlich, auch im höheren Alter wieder an die Uni zu gehen – zum Unterrichten oder auch zum Studieren.

Grundbedürfnisse

Der Golden Mentor will am Weltgeschehen teilhaben und verfolgt aufmerksam die aktuellen Debatten. Er meidet jedoch die Medien, die nur auf Unterhaltung aus sind, denn mehr als die momentanen Geschehnisse interessieren ihn die kulturellen Diskurse, die dahinter stehen. Menschen wie der Golden Mentor arbeiten selbst im Rentenalter noch sehr gerne in Unternehmen und bringen dort ihre ganze Lebenserfahrung und Lebensweisheit ein, wenn man sie lässt. Sie sind neugierig und bilden sich über Kunst, Kultur und andere Länder beständig weiter. Sie besuchen auch gerne die entsprechenden kulturellen Institutionen und zeigen sich hier recht konsumfreudig. Wer sie mit ihrem Wissen ernst nimmt und anspricht, dem helfen sie auch gerne weiter. Am Wichtigsten ist ihnen im Zweifelsfall aber immer ihre Familie: Wenn das Enkelkind vor der Tür steht, muss alles andere warten.

Welche Zukunft hat der Golden Mentor?

In einer Zeit, in der Wissen fluide ist und Gewissheiten immer kurzlebiger geworden sind, treffen Menschen mit dem Lebensstil des Golden Mentor den Nerv einer Zeit, die eine andere Qualität von Wissen braucht: Lebensweisheit.

Der Golden Mentor ist darauf bedacht, aus seinen Lebenserfahrungen Wissen zu ziehen, das der Wirtschaft und auch der Gesellschaft dauerhaft weiterhelfen kann. Dieses beständige und nicht erzwingbare Wissen über das, was im Leben wichtig ist und auf was es Wert zu legen gilt, wird in Zukunft eine immer kostbarere Ressource.

Mit einer zunehmenden Anzahl an älteren Menschen in der Gesellschaft, die ebendiese Lebenserfahrung bereits gesammelt haben, und Menschen wie dem Golden Mentor, der diese Lebenserfahrung in Lebensweisheit umzuwandeln weiß, wird der Einfluss der Menschen mit diesem Lebensstil ein großer sein und Wirtschaft und Gesellschaft in eine neue, sinn- und werteorientiertere Welt überführen.

↗ Entwicklungsprognose der Gruppengröße

Der Forever Youngster sieht Gesundheit nicht nur als erstrebenswerten Zustand, sondern als Lebensziel und Lebenssinn – er investiert viel in die permanente Optimierung von Körper und Geist.

Grundüberzeugung

„Jeder kann und sollte etwas für seine Gesundheit tun, um im Alter noch gut dazustehen und der Gesellschaft nicht zur Last zu fallen."

Lebensmotto im Alltag

„Mein Körper ist mein Tempel – ich pflege und verbessere ihn täglich."

Lebensziel

„Ich möchte so lange wie möglich ein gesundes Leben leben. Deshalb kümmere ich mich zuallererst um mich und meine Gesundheit."

FOREVER YOUNGSTER

FOREVER YOUNGSTER

Warum ist dieser Lebensstil wichtig?

Der Lebensstil des Forever Youngster gibt einen Vorgeschmack auf die Rolle, die individuelle Gesundheitsvorsorge in Zukunft in unserer Gesellschaft haben wird: Er tritt als selbstbewusster und eigenverantwortlicher Gesundheitsmanager auf, will mitreden und mitbestimmen. Seine Rolle als Gesundheitskonsument verändert nicht nur das Gesundheitssystem langfristig.

Wie viele Forever Youngster gibt es?

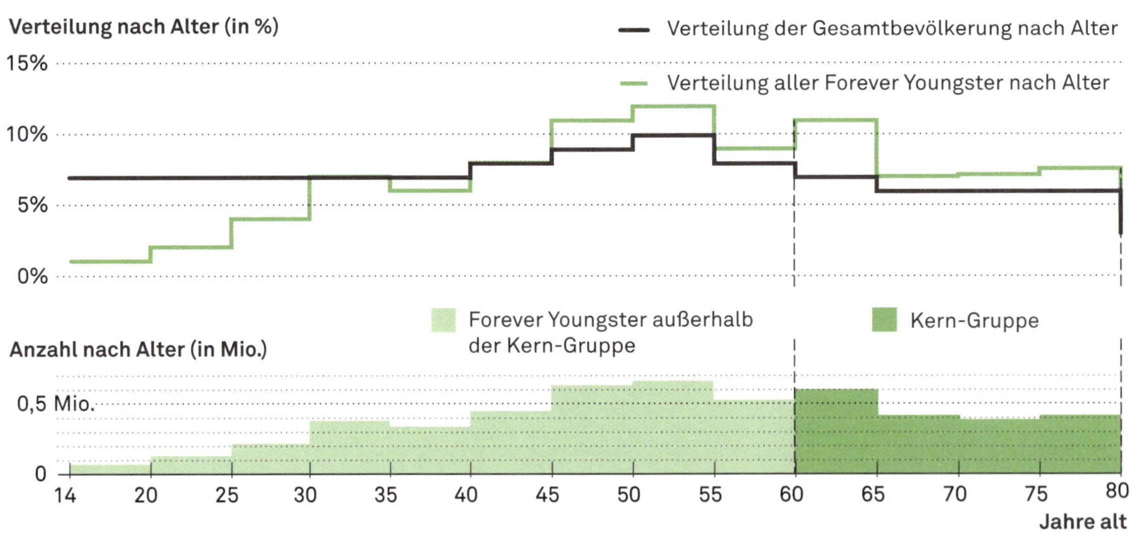

7,8% aller Deutschen (5,5 Mio.)

Kern-Gruppe: 2,2 Mio. (60 bis 79 Jahre alt)

Profil des Forever Youngster

Der zentrale Fokus des Forever Youngster liegt darauf, etwas für seine Gesundheit zu tun. Das schließt für ihn sowohl das körperliche als auch das seelische Wohlbefinden mit ein. Ein gesunder Geist braucht einen gesunden Körper – und vice versa. Der Forever Youngster informiert sich dafür regelmäßig in den Medien zu Gesundheitsfragen. Damit schafft er sich eine sichere Wissensbasis für den Konsum von vorbeugenden medizinischen Präparaten. Denn die Menschen mit dem Lebensstil des Forever Youngster wollen nicht nur Krankheiten heilen, sondern vor allem ihre Gesundheit bewahren – hierin finden sie eine Art, sich selbst zu verwirklichen. Dazu gehört für sie auch, ganz bewusst auf gesunde und ausgewogene Ernährung zu achten. Auch hier darf das seelische Wohlergehen nicht vergessen werden, denn sie verstehen sich gerne als Genießer.

Megatrend-Kontext — Gesundheit

Aus Patienten werden Gesundheitsmanager

Der Forever Youngster ist Protagonist einer Gesellschaft, die Gesundheit zum wichtigsten Wert erhoben hat. Der Megatrend Gesundheit hat sich heute bereits fest in der Gesellschaft etabliert, immer mehr Menschen nehmen die Verantwortung für ihre eigene Gesundheit an. Die „Herausforderung Gesundheit" wird nicht mehr nur dem Staat überlassen, sie wird zusehends auf individueller Ebene angesiedelt. In einem mittlerweile als allgemeingültig geltenden Verständnis geht es dabei vor allem um die Optimierung der eigenen Gesundheit, um Präventionsarbeit und individuelle Gesundheitskompetenz.

Diese im Kontext des Megatrends Gesundheit beschriebene Entwicklung hat bereits einen fundamentalen Wandel im Gesundheitswesen eingeläutet: die Demokratisierung der Gesundheit. Dabei ist das individuelle Gesundheitswissen zu einer gesellschaftlichen Erwartung, zu einer Pflicht geworden, die der Forever Youngster gerne erfüllt.

Menschen wie der Forever Youngster sind Manager ihrer eigenen Gesundheit – eine Arbeit, die lange einsetzt, bevor es überhaupt zu irgendeiner Krankheit gekommen ist. Die Explosion an Gesundheitsliteratur im Buchhandel wie auch an gesundheitsbezogenen Foren, allgemeinen Ratgeberseiten und Selbsthilfegruppen im Internet ist ein bereits in der Breite sichtbares Symptom dieser Bewegung, die von Menschen mit dem Lebensstil des Forever Youngster grundlegend angetrieben wurde. Mittlerweile bewegen sich informierte Gesundheitsmanager wie der Forever Youngster selbstbewusst im Gesundheitssystem und bewirken eine Veränderung des klassischen Arzt-Patienten-Verhältnisses. Wo das Netz zum Gesundheitsratgeber geworden ist und der Arzt nicht mehr die einzige vertrauenswürdige Informationsquelle ist, erwartet der aufgeklärte und mündige Patient, mitreden zu dürfen, auf Augenhöhe kommunizieren zu können und mit seiner eigenen Meinung ernst genommen zu werden. Bestandteil der Demokratisierung der Gesundheit ist auch das wachsende Vertrauen der Menschen in alternative Heilmethoden. Der Markt für rezeptfreie pflanzliche und homöopathische Arzneimittel wächst seit Jahren, alternative Heilmethoden,

Wer sind die Forever Youngster?

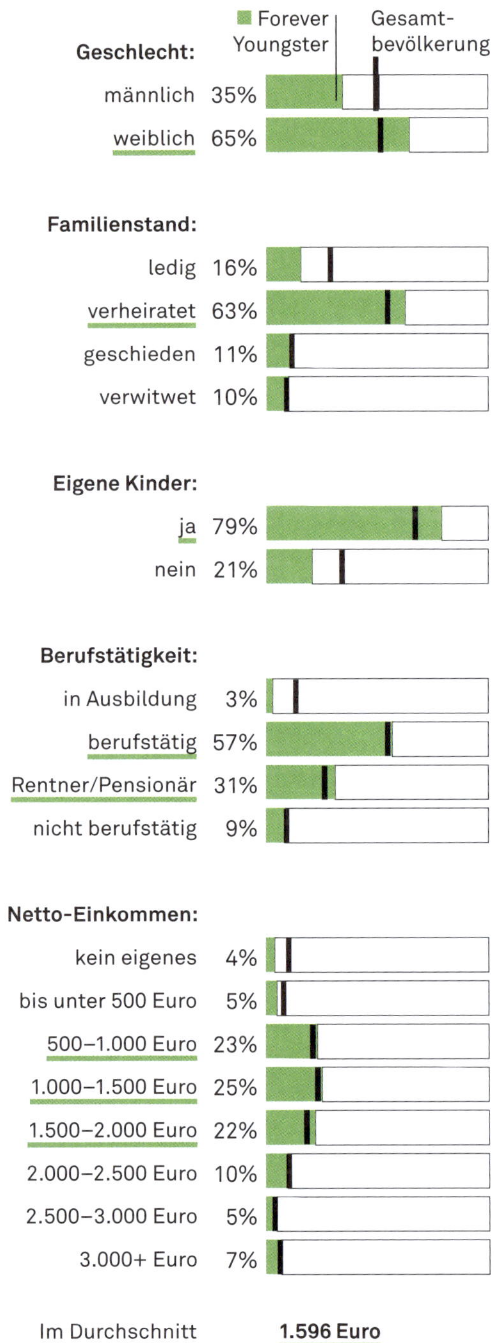

Gesundheitskurse und Mentaltrainings werden bei gesundheitsbewussten Menschen wie dem Forever Youngster immer beliebter. Der Weg der klassischen Schulmedizin ist zu einem von vielen geworden.

Im Zuge dessen ist auch der psychischen Gesundheit mehr Beachtung geschenkt worden. Wo Gesundheit nicht mehr nur als Abwesenheit von Krankheit verstanden wird, sondern als umfassendes Wohlbefinden, wird mentale Ausgeglichenheit und Zufriedenheit zur Basis für eine gute Gesundheit und für eine gute Lebensqualität. Wer daran arbeitet, dass er genießen kann und glücklich ist, der betreibt in den Augen des Forever Youngster das beste, weil ganzheitliche Gesundheitsmanagement.

Gesundheitskonsum – wachsende Märkte

Um ihre physische und psychische Gesundheit und Leistungsfähigkeit zu erhalten oder gar zu steigern, sind im Kontext des Megatrends Gesundheit aus Patienten Gesundheitskonsumenten geworden, die bereitwillig und gerne in Produkte und Dienstleistungen investieren, die ihre Präventionsarbeit unterstützen. Ausgaben für die Gesundheitsversorgung sind für den Forever Youngster Investitionen in Lebensqualität. Der Markt hat diese Entwicklung aufgegriffen, Gesundheitsprodukte gibt es in Deutschland nicht mehr nur in Apotheken und Drogerien, sondern immer mehr auch in Discountern und Supermärkten. Ein ganzer Markt rund um Gesundheitsdienstleistungen und -services bietet Menschen wie dem Forever Youngster jede denkbare Möglichkeit, sich selbst und seiner Gesundheit etwas Gutes zu tun.

Auch technische Hilfsmittel zur Überwachung des eigenen Gesundheitszustandes sind mittlerweile Bestandteil des individuellen Gesundheitsmanagements. Ein wachsender Markt für Selftracking-Geräte weist auf das Bedürfnis von gesundheitsbewussten Menschen wie dem Forever Youngster nach Selbstüberwachung hin. Denn in einer Welt, in der Erfahrungen von Selbstwirksamkeit seltener geworden sind, erscheint der eigene Körper als eine

93%der Forever Youngster legen großen Wert darauf, immer gepflegt auszusehen

62% sind für neue Kosmetikprodukte immer aufgeschlossen

30% nutzen gerne regelmäßig Wellness-Angebote

Foto: Pexels, CC0

Werteprofil des Forever Youngster

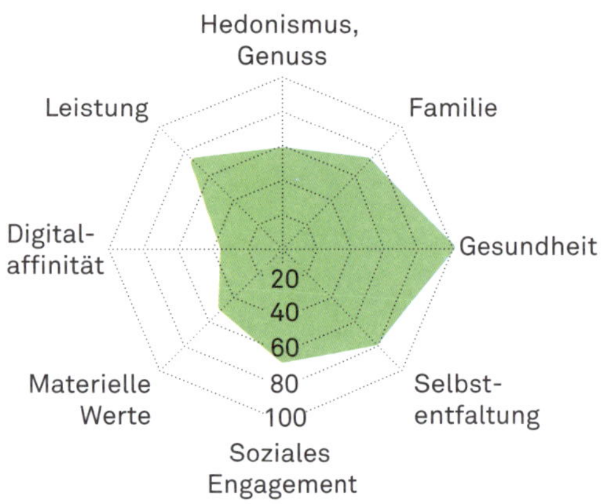

Dem Forever Youngster ist es wichtig, als möglichst fit und jung wahrgenommen zu werden. Die natürliche Alterung wird zum Feindbild, das mit Anti-Aging-Maßnahmen bekämpft wird.

Konsum und Innovationsgrad

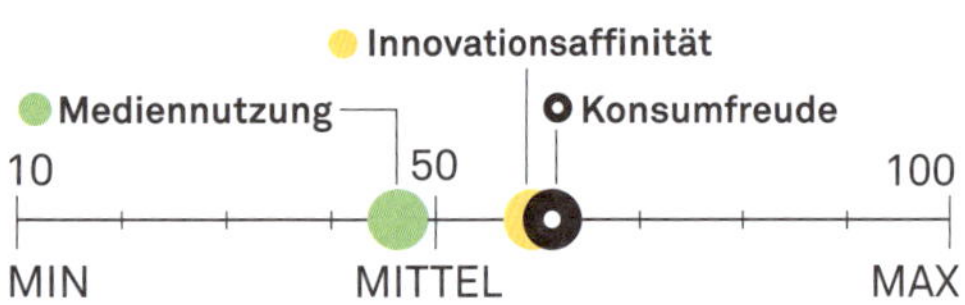

Mediennutzung im Vergleich

Wird im Vergleich zu anderen Lebensstilen mehr genutzt

Wird im Vergleich zu anderen Lebensstilen weniger genutzt

der letzten Bastionen, über die Kontrolle ausgeübt werden kann. Wer seine Körperdaten kennt und seinen Einfluss auf sie selbstständig kontrollieren kann, hat das Gefühl, die Dinge im Griff zu haben.

Jung und fit bleiben als neues Lebensziel

Der Lebensstil des Forever Youngster ist eng gekoppelt an die Idee, so lange wie möglich gesund und fit zu bleiben und ein hohes Gesundheitsniveau zu halten. Alle Präventionsmaßnahmen zielen darauf ab, Eventualitäten in Richtung Krankheit vorwegzunehmen und nicht nur einen Idealzustand zu wahren, sondern immer auch etwas mehr zu tun. In diesem Mindset schwingt die Idee der ewigen Jugend mit, die mit körperlicher und geistiger Unversehrtheit assoziiert wird – die natürliche Alterung, gegen die von Lebensjahr zu Lebensjahr stärker angekämpft werden muss, wird hier zum naheliegenden Feindbild, gegen das sich alle Gesundheitsbemühungen richten. Ein derart aktives Managen der eigenen Gesundheit können wir als neuen Lebensstil vor allem unter den über 60-Jährigen beobachten. Menschen mit dem Lebensstil des Forever Youngster in diesem Alter haben verstanden, dass sie noch einen großen Teil ihres Lebens vor sich haben und dass es sich lohnt, vor dem Altern nicht zu resignieren, sondern aktiv etwas dafür zu tun, dennoch fit und gesund zu bleiben.

Rolle und Influence in der Gesellschaft

Auch wenn die Orientierung an Jugendlichkeit als Gesundheitsideal keine progressive Haltung in der Gesellschaft darstellt, weil sie das Altern als natürliches Phänomen nicht anerkennt, gehört dieser Lebensstil doch zu einer der neu entdeckten Möglichkeiten für ältere Menschen, das Leben nach der Rente aktiv und selbstbestimmt zu gestalten. Das Mindset des Forever Youngster ist in der Mitte der Gesellschaft bis in die höheren Altersklassen verbreitet und übt einen nicht unwesentlichen Einfluss auf einen aktuell vorherrschenden Jugendkult aus, der von Medien und Unternehmen mit „Anti Aging" befördert wird.

Fitness und Gesundheit gelten als Statussymbol.

Werteset und Lebensweise

Zwischen Selbstoptimierung und Statussymbol

Der Forever Youngster versteht seine eigene Gesundheit als Lebensaufgabe. Er sieht das nicht als eine lästige Pflicht, sondern als eine gern angenommene Verantwortung, in der er aufgeht und die er mit aller Ernsthaftigkeit verfolgt. Dabei geht es ihm nicht nur darum, sein Leben möglichst gesund zu verbringen, sondern auch darum, als möglichst fit und jung wahrgenommen zu werden. Gesundheit als Statussymbol ist eng an die Vorstellung von einem jugendlichen Auftreten geknüpft – ein Paradigma, das im Mainstream der Gesellschaft nach wie vor eine wichtige Rolle spielt.

Optimierung ist das Prinzip, nach dem der Forever Youngster seine Gesundheitsvorsorge betreibt. Denn Gesundheit ist ein dynamischer Prozess und kein Zustand. Daraus schließt der Forever Youngster: Es gibt immer etwas zu tun. Basis für seine selbstverordneten gesundheitsbezogenen Maßnahmen ist sein umfangreiches Gesundheitswissen, das der Forever Youngster über Bücher, das Internet, aber auch über den Austausch mit Gleichgesinnten täglich erweitert. Menschen mit dem Lebensstil des Forever Youngster vertrauen ungern nur einer Informationsquelle: Sie sind davon überzeugt, dass im heutigen Zeitalter kein einzelner Mensch alle neuen Forschungen und Untersuchungen kennen kann, die aktuell gemacht werden. Aus diesem Grund informiert sich der Forever Youngster immer auch aus weiteren Quellen, wenn er Fragen zu Gesundheitsthemen hat, statt sich nur auf die Kompetenz und Weiterbildungsfreude seines Arztes zu verlassen. Sein Vertrauen gewinnt man entsprechend auch nur, wenn man ihn als kompetenten Gesundheitsmanager mit eigenem Wissen und einer eigenen Meinung anerkennt, dem man nicht eine Behandlungsmethode verkaufen, sondern eine gut begründete Option vorschlagen soll.

Auch wenn ihm der Mediziner seines Vertrauens sagt, dass es ausreicht, einen ausgeglichenen Lebensstil zu führen und sich ausgewogen zu ernähren: dem Forever Youngster ist das nicht genug. Er kennt eine Menge an Medikamenten, Medizinprodukten und alternativen Heilmethoden, die ihm

Foto: Pexels, CC0

72% versuchen sich durch sportliche Betätigung fit zu halten

Foto: Pixabay, CC0

Forever Youngster haben eine kleine Sammlung an Fitnessgeräten zuhause

Foto: Pixabay, CC0

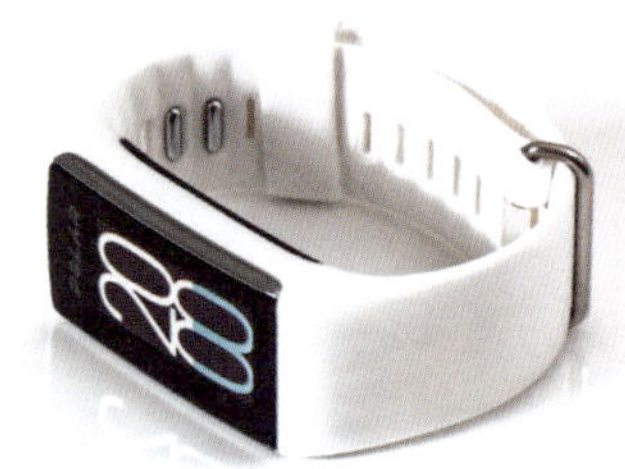

Selftracking-Geräte und Gesundheits-Apps gehören zu seiner Standardausstattung

dabei helfen, den ein oder anderen Vitamin- oder Leberwert zu verbessern. Nahrungsergänzungsmittel zur Stärkung des Immunsystems, Green Smoothies zur Bekämpfung der freien Radikale und ausgewählte Lebensmittel für einen ausgeglichenen Säure-Basen-Haushalt stehen bei ihm zusätzlich auf dem täglichen Speiseplan. Überhaupt orientiert er sich sehr an Gesundheitswerten: Hier das Optimum zu erreichen, die Norm, ist eines der ehrgeizigen Ziele, die er sich gesetzt hat. Nicht selten sieht man Menschen wie den Forever Youngster während und nach einem Work-out kritisch seine Blutdruckwerte und die Pulsfrequenz auf dem Smartphone überwachen. Wenn sie sich nicht mit Gleichgesinnten über ihre neuen Top-Werte unterhalten, weisen sie andere Sporttreibende auch gerne mal darauf hin, auf ihren Wasserhaushalt zu achten – und empfehlen auch gleich die geeignete Gesundheits-App zur Kontrolle.

Um sich selbst zu kontrollieren, setzt der Forever Youngster sich auch mit digitalen Technologien auseinander. Selftracking-Geräte gehören zu seiner Standardausstattung, ohne ein Fitnessarmband verlässt er nicht das Haus. Wenn möglich, sammelt er täglich Daten darüber, wie viele Schritte er am Tag zurückgelegt hat, wie viele Kalorien er währenddessen verbrannt hat und wie es um seinen Blutdruck steht. Er hat eine kleine Sammlung an Geräten zuhause, mit denen man die eigenen Körperwerte erfassen kann, geht regelmäßig zum Arzt, um sich standardmäßig durchchecken zu lassen, und hat auch schon über einen Gentest nachgedacht – denn so könnte er noch individueller und präziser die notwendigen Präventionsmaßnahmen auswählen. Auch den neuen E-Health-Angeboten gegenüber zeigt sich der Forever Youngster nicht abgeneigt: Bei Gesundheitswerten, die ein wenig von der Norm abweichen, möchte er gerne ein schnelles Feedback – deshalb ist er durchaus bereit, sich via Videotelefonie direkt von einem Mediziner beraten lassen, ohne dass er lange auf einen Termin in der Arztpraxis warten muss. Jede Abweichung von der Norm beäugt der Forever Youngster kritisch und begibt sich auf die Suche nach den Ursachen – in einzelnen Fällen neigt dieser Lebensstil zum Hypochondertum.

Health als Lifestyle

Dass er sich gut um seine Gesundheit kümmert, zeigt der Forever Youngster auch gerne. Menschen

Foto: Pixabay, CC0

78% gehen bei den meisten leichten Beschwerden nicht zum Arzt, sondern holen sich ein Mittel aus der Apotheke

Foto: Pixabay, CC0

Von Smoothies bis Superfood – alles, was den ein oder anderen Vitaminwert verbessern kann, steht auf dem Speiseplan

Foto: Pexels, CC0

Essen ist für Forever Youngsters vor allem ein genussvolles Gesundheitserlebnis

wie ihm ist es wichtig, auch gesund auszusehen – also möglichst jung. Dafür tragen sie gerne auch mal Sportkleidung, wenn sie gar nicht zum Sport gehen, und sie sind umfangreich informiert über die Palette an Kosmetikprodukten, mit denen man die kleinen Zeichen des Alters schnell und effektiv verschwinden lassen kann. Auch neue Pflegeprodukte probieren sie gerne einmal aus – es könnte ja etwas dabei sein, was sie noch nicht kennen und ihr Erscheinungsbild noch frischer macht. Diese „Verjüngungsprodukte" lässt sich der Forever Youngster auch gerne etwas kosten, solange er überzeugt ist, dass die Qualität und der Effekt stimmt. Der Forever Youngster freut sich, wenn er auch im fortgeschrittenen Alter gelobt wird für seine Fitness und Jugendlichkeit – dann hat sich all die Arbeit auch gelohnt. Denn letztendlich ist für ihn eine gesunde Lebensweise eine ernste Angelegenheit und hat nichts mit Spaß zu tun.

Um sich fit zu halten, achten Menschen mit dem Lebensstil des Forever Youngster darauf, sich regelmäßig zu bewegen. Dabei betreiben sie weniger Extremsport oder intensives Fitnesstraining, denn riskanten Situationen gehen sie in der Regel aus dem Weg. Lieber achten sie in ihrem Alltag darauf, ausreichende Wege zu Fuß zurückzulegen, auf der Arbeit die Treppe statt den Fahrstuhl zu nehmen und bei sitzenden Tätigkeiten regelmäßig in Bewegung zu bleiben. Auch eine entspannte Fahrradtour über die Felder finden sie angemessen.

Gutes Essen und Slow Food für das seelische Wohlbefinden

In den Essensgewohnheiten zeichnet sich der Charakter der Forever Youngster ganz besonders gut ab. Denn Essen ist nicht nur ein zentraler Bestandteil eines gesunden Lebensstils, sondern erlaubt gleichzeitig – wenn es richtig angestellt wird – Entspannung und Genuss. Drei Faktoren, die gleichermaßen wichtig sind für den Forever Youngster. Um Essen als Gesundheitsfaktor wirksam werden zu lassen, ist es für Forever Youngster besonders wichtig, dass die Qualität des Essens hoch ist. Sie greifen gerne auf regionale Produkte und Bioware zurück, bei denen sie die Wertigkeit besser einschätzen können. Sie gehen gerne auf dem Wochenmarkt einkaufen oder pflanzen ihr eigenes Gemüse im Garten an. Ihr geschärftes Bewusstsein für das, was sie essen, zeigt sich auch darin, dass die Menschen mit diesem Lebensstil ihre Mahlzeiten gerne

selbst zubereiten, egal ob es um die tägliche warme Mahlzeit oder um ein Sonntagsgebäck geht. Dafür probieren sie gerne auch einmal neue Rezepte aus – und neue Ernährungskonzepte: Was auch immer der Gesundheit nützen könnte, wird bereitwillig konsumiert. Der Forever Youngster hat auch kein Problem damit, sich im Verzicht zu üben, solange es seiner Gesundheit dient. Er kann auf die Schokoladentorte verzichten, wenn er dafür gesunden Obstsalat haben kann. Genießen ist für ihn in erster Linie eine Einstellungssache.

Doch generell ist Essen für Forever Youngster eine Quelle des Genusses. Mehr noch als andere feiern sie Essen als sinnliche Erfahrung. Körperbewusstsein ist für sie essentiell, weshalb sie vor allem für sinnliche Gelüste empfänglich sind. In diesem Sinne verkörpern sie einen Gegentrend zur virtuellen Welt – während diese sich nämlich primär an die visuellen und auditiven „Fern-Sinne" richtet, fokussieren sich Menschen wie der Forever Youngster auf die „Nah-Sinne" des Schmeckens, Riechens und Fühlens. Auch hier lässt er sich gute Qualität und ein hohes Gesundheitspotenzial der Speisen gerne etwas kosten.

Balsam für die Seele

Der Forever Youngster weiß, dass es Körper und Seele gut gehen muss, damit man wirklich gesund ist. Dafür lässt er auch gerne einmal bei einem Wellness-Urlaub die Seele baumeln. Genuss und Wellness bedeutet für ihn dabei nicht, sich ein schönes Leben zu machen und dem Luxus zu frönen. Menschen wie er nehmen das Leben nicht auf die leichte Schulter, sondern verstehen es als eine ernste Angelegenheit. Lieber einmal mehr aufpassen, als sich bei einer Aktion aus Spaß und aus einer Laune heraus einen Fehltritt zu leisten, der gesundheitliche Folgen nach sich ziehen könnte.

Hier legen sie dieselbe Haltung an den Tag, die sie auch der Religion entgegenbringen: Ihr Glaube spielt für sie eine große Rolle im Leben, dies ist ihr Rückzugsort, und sie würden sich niemals einen Spaß darüber erlauben. Das Leben ist nun einmal ein Geschenk, für das man selbst die Verantwortung trägt und das man nicht unbedarft aufs Spiel setzen sollte.

Grundbedürfnisse

Der Forever Youngster tut gerne aktiv etwas für seine Gesundheit, er versteht sie als Garant für eine langanhaltende Jugendlichkeit. Da er Gesundheit nicht als statischen Zustand, sondern als Optimierungsgegenstand sieht, ist er immer auf der Suche nach neuen Möglichkeiten, noch ein bisschen gesünder zu leben: Gesundheitsfördernde Produkte und Services sind ihm dabei eine willkommene Unterstützung, für die er gerne auch etwas mehr Geld ausgibt. Dies gibt ihm dann das Gefühl, besonders viel in seine Gesundheit investiert zu haben. Anti-Aging-Produkte gehören für ihn dabei selbstverständlich dazu, denn gesund sein und jung sein ist für ihn dasselbe. Menschen mit dem Lebensstil des Forever Youngster orientieren sich an medizinischen Werten, und es ist ihnen wichtig, ihre eigenen Gesundheitsdaten zu kennen. Auch bei Nahrungsmitteln etwa interessieren sie sich für Nährwert- und Kalorientabellen. Sich selbst und der eigenen Gesundheit etwas Gutes tun, darunter verstehen sie aber auch, Wellnesstage oder ein leckeres Essen zu genießen. Auch hier gilt für sie: Je qualitativ hochwertiger sie etwas einschätzen, desto höher werten sie auch den Gesundheitsnutzen – am Ende gehört das gute Gefühl für sie zum Gesundheitsempfinden doch noch immer mit dazu.

Welche Zukunft hat der Forever Youngster?

Der Forever Youngster vertritt ein ehemaliges Avantgarde-Werteset von Jugendlichkeit als Statussymbol. Ein auf Gesundheitsoptimierung ausgerichteter Lebensstil wird in Zukunft vor allem für ältere Menschen noch attraktiver, nicht nur, weil sich damit die Aussichten auf ein langes Leben verbessern, sondern auch, weil sie mit einer gesunden, aktiven Ausstrahlung dem Stigma des „Altseins" zu entkommen versuchen.

Gesundheit wird auch in Zukunft noch ein Statussymbol sein. Der Lebensstil des Forever Youngster wird damit eine zunehmende Popularität erfahren und gänzlich in den Mainstream eingehen. Er wird damit zu einer neuen Pluralität an Lebensstilen vor allem in der späteren Phase des Lebens gehören. Statt mit Angst blicken Menschen mit diesem Lebensstil mit Optimismus und Gestaltungswillen auf diese Lebensphase, auch wenn sie das Altern an sich zu verdrängen versuchen und sich damit vom gesellschaftlichen Wandel abhängen.

↗ Entwicklungsprognose der Gruppengröße

Methodische Hintergründe

Megatrend Individualisierung: Die Grundlage des Lebensstil-Ansatzes

Das große Projekt der Moderne ist die Arbeit am eigenen Ich. Das Selbst ist eine Frage des (Selbst-) Designs: Wer bin ich? Wer möchte ich sein? Die Antworten suchen die Menschen im World Wide Web mit seinen vielfältigen Möglichkeiten. Das Internet hat im Prozess der fortschreitenden Individualisierung eine neue Ära eingeläutet. Kein anderes Kommunikationsmedium hat den Menschen je zuvor einen so großen Zugewinn an Autonomie und so viele Optionen zum Ausdruck der eigenen Identität geboten. Durch das Posten, Liken und Sharen von persönlichen Dingen in sozialen Netzwerken beobachten sich alle gegenseitig in der öffentlichen Ausgestaltung ihrer eigenen Identität.

Die neue Individualisierung bedeutet allerdings nicht nur das Streben nach Einzigartigkeit, sondern zugleich das Suchen oder Erschaffen von Gemeinschaft. Denn nur wer seinen Platz innerhalb einer Gemeinschaft findet und sich dort entfaltet, befriedigt die beiden Ur-Triebkräfte des Menschen: das Streben nach Individualität *und* das nach Gemeinschaft. Das Verlangen nach Abgrenzung *und* das nach Zusammengehörigkeit. Die Gesellschaft differenziert sich immer kleinteiliger in unendlich viele Special-Interest-Gruppen aus. Innerhalb dieser Gruppen herrscht zum Teil frappierende Homogenität, die durch die penible Einhaltung ästhetischer Codes möglich wird.

Ein Phänomen unserer Zeit ist, dass es sich bei den meisten Gruppierungen nur um Gemeinschaften auf Zeit handelt, die situativ gewählt und auch wieder verlassen werden. Interessen werden nur in einem bestimmten Setting verfolgt, bestimmen andere Lebensbereiche aber nicht zwangsläufig mit. Die Hyper-Individualisierung findet also auf vielen verschiedenen Spielfeldern statt. Vorübergehende Identifikation, Peergroup-Gesellschaft, integrierter Individualismus: Es gibt eine Reihe von Namen für dieses Phänomen. Und so sind Menschen heutzutage Manager und Gestalter ihrer eigenen facettenreichen Identitäten. Diese finden ihren Ausdruck in Lebensstilen.

Historie des Lebensstil-Ansatzes: Von Milieus zur Lebenssituation

Für eine Abgrenzung von Gruppierungen, die die gesamte Lebensführung berücksichtigt, boten über viele Jahre die „sozialen Milieus" einen mehrdimensionalen Zugang. Sie definieren kulturell geprägte Gruppen, die gemeinsame Werthaltungen und Mentalitäten aufweisen. Den Startschuss für die moderne Milieuforschung gab in den 1970er-Jahren der französische Soziologe Pierre Bourdieu mit seinem Hauptwerk „Die feinen Unterschiede". Er selbst sprach von „Geschmacksklassen", die vor allem von der sozialen Herkunft geprägt sind. Je nachdem, in welchem Viertel, in welchem Umfeld (soziales Milieu) jemand aufwächst, eignet er sich bestimmte Einstellungen, Verhaltensweisen und kulturelle Vorlieben an. Diese drücken sich im Alltag aus: im Kleidungsstil, in der Wohnungseinrichtung oder auch in der Ernährung.

Milieu-Modelle berücksichtigen bei der Gruppierung nicht mehr nur demografische Messgrößen wie Bildungsabschluss, Einkommen oder Alter, sondern darüber hinaus auch Einstellungen, Wertorientierungen sowie das Konsumverhalten der Menschen innerhalb der jeweiligen sozialen Milieus. Durch diese zusätzlichen Dimensionen beschreiben sie nicht nur das Oben und Unten in einer modernen Gesellschaft, sondern auch das Nebeneinander bestimmter Gruppen darin. Dargestellt in der cha-

Wandel in der Gesellschaft: Individuelle Lebensstile statt sozialer Schichten und Milieus

Von Stand, Klasse, Schicht und Milieu zu den Lebensstilen des 21. Jahrhunderts

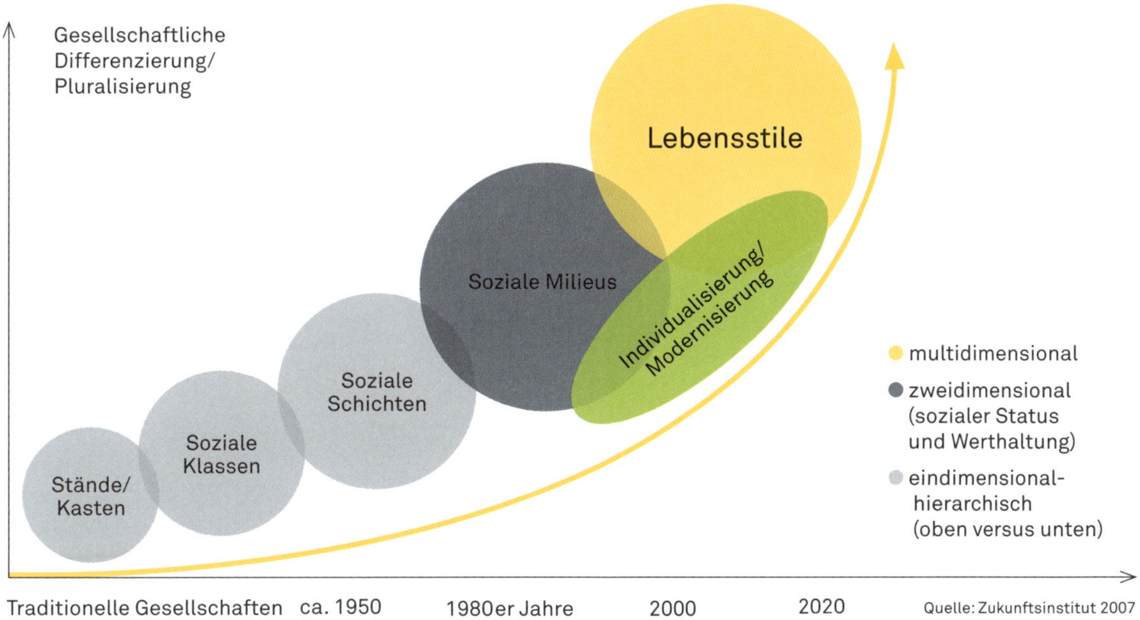

Quelle: Zukunftsinstitut 2007

rakteristischen „Kartoffelgrafik", unterteilt sich die Gesellschaft beispielsweise nach dem Sinus-Modell in zehn lebensweltliche Milieus, beispielsweise die „Bürgerliche Mitte", das „Expeditive Milieu" oder das „Milieu der Performer".

Auf den ersten Blick bieten die Sinus-Milieus eine nachvollziehbare Verortung: Sie zeigen Gruppen, die mehr oder weniger traditionell oder modern eingestellt sind und die über mehr oder weniger Bildung oder Geld verfügen. Doch welche Aussagekraft haben diese milieuorientierten Zuschreibungen in unserer heutigen Zeit hinsichtlich der konkreten Lebensweisen von Menschen? Vordefinierte, geradlinige Lebensläufe auf Basis der sozialen Herkunft, wie sie früher die Norm waren, findet man heute immer seltener. Welche Bindungskraft haben Milieus angesichts dieser gesellschaftlichen Dynamik?

Die individuelle Freiheit zur Wahl

Heute sprechen wir von einer Multioptionsgesellschaft, in der jeder Mensch jede Freiheit zur Wahl hat. Und diese Freiheit wird auch genutzt: Manche Menschen in guten beruflichen Positionen mit sehr hohem Einkommen gehen bewusst einen Schritt zurück: Sie legen ein minimalistisches Konsumverhalten an den Tag oder steigen auch mal komplett aus, um als Backpacker die Welt neu zu erleben oder ein Start-up zu gründen. Menschen können unabhängig von ihrem Bildungsabschluss zum Milliardär aufsteigen. Es gibt keine vorgezeichneten Wege mehr. Ressourcen und Kapital sind längst nicht mehr die limitierenden Faktoren für den Erfolg innerhalb der heutigen Ökonomie, sondern der Faktor Kreativität – und dieser ist im Gegensatz zu den alten Produktivkräften sehr viel breiter gestreut in der Gesellschaft.

Lebensphasenmodelle im Zeitvergleich

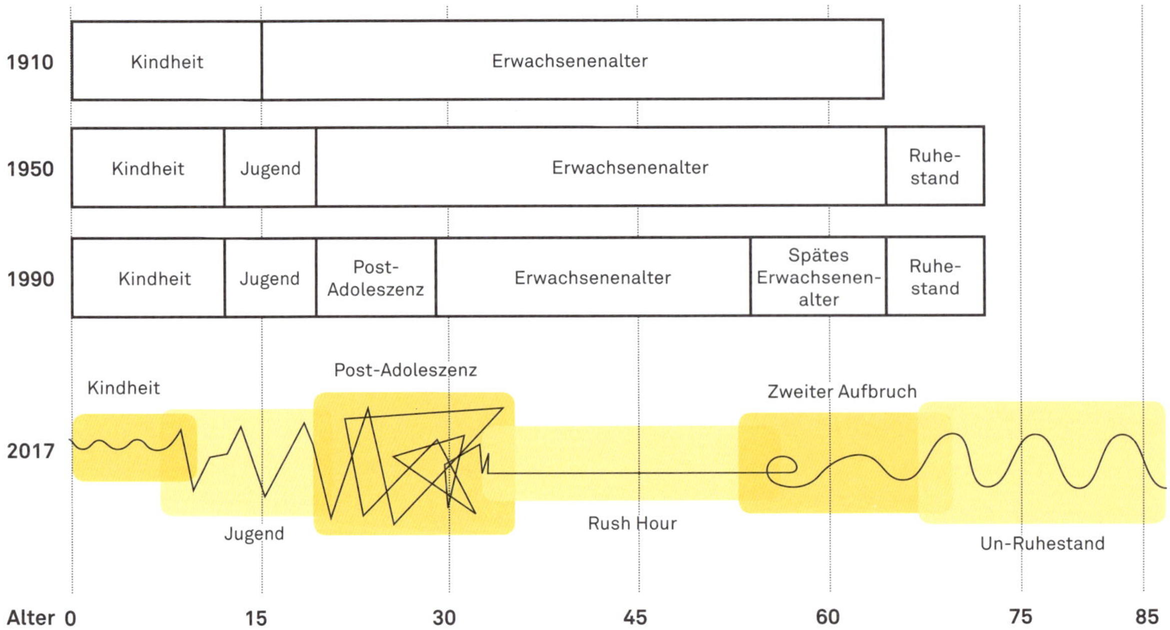

Neben der gesellschaftlichen Situation gibt es noch eine zweite prägende Kraft, die Einfluss auf den Lebensstil der Menschen hat: die persönliche Biografie. **Eine ähnliche biografische Situation führt zu mehr Gemeinsamkeiten im Lebensstil, als es Herkunft und Bildung tun.** Zum Beispiel macht es einen entscheidenden Unterschied, ob jemand sich in der Familiengründungsphase befindet und Kinder bekommt, oder nicht. Menschen in ähnlichen Situationen können sich sehr ähnlich verhalten. So kann es vorkommen, dass sich die Akademiker-Eltern mit Sinn für Homöopathie und die Teenager-Mutter ohne Schulabschluss beide bei einem Fastfood-Restaurant treffen – einfach weil es schnell geht und hinterher nicht aufgeräumt werden muss. Die Lebenssituation ist also ein verhaltensprägender Faktor, der darüber mitentscheidet, welchen Lebensstil Menschen wählen und wie sie diesen Lebensstil leben.

Von der Biografie zur Multigrafie

Bis in die 1970er-Jahre lebten die meisten Menschen ihr Leben gemäß einer dreiteiligen „Normal-Biografie“. Diese Phasen folgten einem linearen und stufenmäßigen Ablauf. In der Regel begann die eine Phase erst, wenn die andere abgeschlossen war:

→ **Jugend** (Kindheit und Phase der Ausbildung als Vorbereitung auf die Karriere)

→ **Berufstätigkeit** (als Mittelpunkt der Identitätsbildung) und **Familienzeit** (als Reproduktionsphase) im Erwachsenenalter

→ **Ruhestand** (Zeit zum Entschleunigen, zum Ausruhen und für die Vorbereitung auf den Tod)

Heute sind Biografien um zwei neue Lebensphasen erweitert: Zwischen Jugend- und Erwachsenenphase gibt es die **Post-Adoleszenz**: Die Zeit des Ausprobierens, der „seriellen Monogamie", der Ausprägung individueller Eigenschaften. In dieser Zeit sind junge Menschen noch nicht auf ein berufliches oder familiäres Modell festgelegt. Diese Phase weitet sich zusehends aus. Zum einen streben mehr Menschen einen höheren Bildungsabschluss an, so dass sich die Ausbildungszeiten verlängern. Zum anderen dauert es heute länger, bis gezielt berufliche Bahnen eingeschlagen werden. Dementsprechend werden Familien später gegründet und es wird am jugendlichen Lebensstil festgehalten. Entwicklungs- und Sozialpsychologen sprechen auch von „psychosozialen Moratorien", einem verzögerten Schritt zur Erwachsenen-Identität.

Der **zweite Aufbruch** beschreibt die Phase der Neuorientierung im mittleren Alter. Menschen heute sind aufgrund des wachsenden Bewusstseins für Fitness und Gesundheit sowie der voranschreitenden medizinischen Entwicklung um einiges fitter und aktiver als dieselbe Generation vor ein paar Jahrzehnten. Zudem können sie mit einer deutlich höheren Lebenserwartung rechnen. Menschen in diese Phase fordern nochmal etwas vom Leben, wollen sich noch einmal weiterentwickeln. Das ist jedoch nicht mit der Midlife-Crisis zu verwechseln: Es handelt sich nicht um ein rebellisches Aufbäumen vor der Rente, sondern um einen bewussten Neuanfang. Die Lebensphase des zweiten Aufbruchs hat viele Parallelen zur Post-Adoleszenz, in der es um individuelle und berufliche Entfaltung geht – allerdings mit mehr Reife und Zielstrebigkeit.

Charakteristisch für moderne Biografien ist, dass sie keiner stringenten Logik mehr folgen. Lebensereignisse können sich überschneiden (z.B. Kind und Karriere), es werden bewusst Brüche (z.B. Sabbaticals), Fortsetzungen oder wieder Neuanfänge gelebt (neue Ehe, neue Familie). Kurzum: Die Normal-Biografie weicht der Multigrafie.

Lebensstile als Abbild der Multigrafie

Der Begriff des Lebensstils, oder auch Lebensführung, geht auf den Soziologen Max Weber zurück, um Gruppierungen in der Gesellschaft und deren Prinzipien zu erkennen. Hierzu gehören Verhaltensweisen, Freizeitaktivitäten, Konsummuster und Einstellungen, aber unabhängig von demografischen Variablen. Die Individualisierungstendenzen, die wir in allen Lebensbereichen finden, spiegeln sich verständlicherweise auch in den biografischen Mustern wider. Dennoch führen ähnliche persönliche Lebenssituationen auch zu ähnlichen Verhaltensweisen. Aus der Kombination dieser Prägung und gesellschaftlicher Trends ergeben sich Lebensstile, die eine wichtige Orientierungsfunktion erfüllen.

Die zentralen Fragen lauten daher:

→ Was sind derzeit die wichtigsten gesellschaftlichen Trends, die auf die Lebensführung Einfluss nehmen?

→ Und wie wirken sie sich auf die verschiedenen Phasen und individuellen Lebensentscheidungen in der modernen Multigrafie aus?

Die Lebensstile, die sich aus dieser Kombination herausbilden, sind Antworten auf neue gesellschaftliche Herausforderungen. Denn sie zeigen, wie Menschen mit innovativen Strategien auf neue Lebenssituationen reagieren.

Lebensstile: Die Freiheit zur Wahl

Im Gegensatz zur Milieubildung, die auf der sozialen Herkunft basiert, ist der Lebensstil selbstgewählt. Er betont also die Freiheit des Menschen, zu leben, wie er es möchte. Eine Grundbedingung für die Wahl des eigenen Lebensstils ist ein gewisser Grad an Wohlstand. **Wer in Armut lebt und weder Geld noch Zeit für eine selbstbestimmte Lebensgestaltung hat, kann wenig Einfluss auf seine Lebensweise ausüben.** Die meisten Menschen in den westlichen Industriestaaten haben jedoch die Freiheit, das eigene Leben nach ihren Vorstellungen zu gestalten. Dies gilt vor allem für die junge Generation, die in globalen Konsum- und Arbeitsmärkten groß wird. Für sie besteht die Herausforderung nicht mehr darin, neue Freiheitsgrade zu erkämpfen, sondern die bestehenden mit Sinn und Inhalt zu füllen. Und hierbei finden sich wieder neue Interessengruppen zusammen, die einen Lebensstil miteinander teilen und damit für eine Gruppe an Gleichgesinnten neue Orientierung und Gemeinschaft schaffen.

Die inneren Einstellungen und Überzeugungen werden stark vom Zeitgeschehen geprägt. Die Reaktorkatastrophen von Tschernobyl und Fukushima haben zum Beispiel in starkem Maße ökologische Werthaltungen unterstützt. Terroranschläge auf die Zivilbevölkerung haben ein neues Bedürfnis nach einem Sicherheitsgefühl und sichtbaren Sicherheitsmaßnahmen geweckt. Lebensstile sind nie vom Zeitgeist losgelöst, auch wenn dieser nur schwer zu fassen ist. Er ist so flüchtig, wie er präsent ist. Dennoch orientieren die Menschen sich an ihm und prägen ihn gleichzeitig mit. Er spiegelt die Mentalität eines Zeitalters wider und schafft dadurch einen gewissen Grad an Konformität, Zustimmung, Gefolgschaft.

Mit Zeitgeist als Kontext lässt sich verstehen, wie Verhaltensweisen zu interpretieren sind: Wer mit dem Fahrrad zur Arbeit kommt, drückt nicht etwa aus, sich kein Auto leisten zu können, sondern sportlich und umweltbewusst zu sein. Lebensstile sind daher zwangsläufig mit dem Zeitgeist als Ausdruck des sozialen Wandels verbunden. Wer sich mit Lebensstilen beschäftigt, muss sich daher mit den großen gesellschaftlichen Trends auseinandersetzen. Sie bilden eine geistes- und verhaltensprägende Macht, die unbewusst auf Menschen wirkt und ebenso unbewusst von ihnen mitgeprägt wird.

Einsichten: Stand der wissenschaftlichen Lebensstilforschung

Wir haben uns auch mit der aktuellen Lebensstilforschung in der Wissenschaft auseinandergesetzt und Expertenwissen aus der Soziologie analysiert. Die aufschlussreichen akademischen Probebohrungen führten zur sokratischen Erkenntnis: „Ich weiß, dass ich nichts weiß."

Lebensstilforschung, so die Experten, ist schwierig. Sie hatte ihre beste Zeit in den 1980er-Jahren, konnte sich aber nicht so entwickeln, wie man es sich damals erhoffte. Seitdem hat sich die Soziologie auf Theoriediskussionen konzentriert und die wissenschaftlichen Hürden untersucht, die Aussagen über Lebensstile so schwierig machen. Der hohe Grad der theoretischen Reflexion der vergangenen Dekaden wird selten in Form von Hypothesen übersetzt, sprich: in konkreten Aussagen über Lebensstile. Anders sieht es in der Marktforschung aus, die mit einem Überschuss an Hypothesen und Typologien aufwartet: Im Regelfall erfolgt bei den Marktforschungsansätzen keine oder nur eine dürftige theoretische Begründung der Vorgehensweise.

Warum ist das so? Die Marktforschung benötigt schnelle Ergebnisse. Die Soziologie dagegen kommt mit der Veränderungsdynamik der Gesellschaft kaum mit. Ein Problem ist, dass die bisher existierende Lebensstilforschung fast ausschließlich statistischer und statischer Natur ist. Der Wandel der Lebensstile in der Zeit findet so gut wie keine Berücksichtigung. Die meisten Untersuchungen basieren auf Daten der Vergangenheit. Sicher ist es auch interessant, wie Menschen früher gelebt haben, aber spannender ist es doch, wie sie in der Zukunft leben werden – für Politiker wie Unternehmer. Das Problem ist den Soziologen bereits selbst bekannt: Die empirische Sozialforschung ist zu sehr auf die quantitative Forschung fokussiert, wobei man gerade im Bereich der Lebensstilforschung zunehmend qualitativ arbeiten muss. Genau hier steht sich der wissenschaftliche Ansatz mit seinen Ansprüchen selbst im Weg. **Die Soziologie**

ist bedacht auf empirische Genauigkeit, hat es aber mit einer zunehmend „un-genauen" Gesellschaft zu tun. Der Megatrend Individualisierung macht die Zugehörigkeit zu Lebensstilen – und auch deren Existenz – unbeständiger. Lebensstile sind immer mehr Momentaufnahmen im Fluss.

Angesichts unklarer empirischer Zuschreibungen gewinnt ein vernachlässigtes wissenschaftliches Instrument wieder an Bedeutung: die Kunst der Beobachtung. Gesellschaftliche Gruppierungen äußern sich – und bilden sich dadurch gleichermaßen – in der Öffentlichkeit. Dort, wo Menschen zusammenkommen, eine gemeinsame Sprache finden, werden Lebensstile lebendig. Was sich nicht messen lassen mag, lässt sich mitunter beobachten. Die Kunst der Beobachtung ist das Instrument all jener Forscher, die die Welt erkundeten, bevor sie kartiert war. Beobachtungen sind zweifellos subjektiv und unscharf, aber deswegen nicht weniger aussagekräftig. Sie müssen kritisch hinterfragt, gut sortiert und in einen größeren Kontext gestellt werden. Genau dies ist der Kern unserer Trendforschung, die wir unserem Lebensstil-Ansatz zugrunde legen.

Die Daten im Hintergrund: Best for planning

Lebensstile skizzieren Typen, die eine ähnliche Lebensführung pflegen. Die Abgrenzung von Gruppen mit derselben Lebensführung basiert auf statistischen Kennziffern. Die quantitative Analyse unserer Lebensstile basiert auf den Daten der Markt-Media-Studie „best for planning" (b4p), die von der Gesellschaft für Integrierte Kommunikationsforschung (GIK) herausgegeben wird, ein Zusammenschluss der fünf Medienhäuser Axel Springer, Bauer Media Group, Funke Mediengruppe, Gruner + Jahr sowie Hubert Burda Media. Es ist sowohl hinsichtlich des inhaltlichen Umfangs als auch bezüglich der Stichprobe die umfassendste Studie dieser Art im deutschsprachigen Markt.

Grundgesamtheit der b4p-Erhebung ist die deutschsprachige Wohnbevölkerung ab 14 Jahren in Deutschland. Das entspricht nach Hochrechnung auf Basis der amtlichen Statistik derzeit rund 69,56 Mio. Personen. Zur repräsentativen Abbildung dieser Grundgesamtheit wurden für die b4p 2016, auf der die individuelle Auswertung des Zukunftsinstituts und die Quantifizierung der Lebensstile basiert, insgesamt 30.190 zufällig ausgewählte Personen befragt. Dank dieser hohen Stichprobengröße lässt sich auch bei einer Analyse kleinerer Subgruppen eine entsprechend hohe Fallzahl gewährleisten, die eine weitere z.B. prozentuale Auswertung zulässt.

Um die Lebenswelten der Menschen besser zu verstehen und als verbindende Cluster eines geteilten Gruppenstils abbilden zu können, werden in der b4p sowohl Marktdaten als auch konsumsteuernde Merkmale von Personen (Interessen, Bedürfnisse und Wünsche) erfasst. In der Befragung werden diverse allgemeine Statements zu gesellschaftlichen Themen und Trends, zu Wertorientierungen sowie zu Lebenseinstellungen erhoben. Sie werden ergänzt um konsum- und medienspezifische Einstellungen. So lassen sich aus Einzelmerkmalen verdichtete Lebensstilmodelle ableiten: Typologien, die Persönlichkeitsmerkmale und Lebensphasen berücksichtigen (weiterführende Informationen zur Methode unter *www.b4p.de/methodensteckbrief*). Diese breite Datenbasis bildet damit die ideale Grundlage für die Analyse, Definition und Quantifizierung der hier untersuchten Lebensstile sowie eine bei Bedarf tiefergehende Auswertung. Durch die jährlich wiederkehrende Durchführung der b4p-Studie ist zudem eine regelmäßige Aktualisierung der Lebensstilanalysen möglich.

Die Megatrend-Map

Die Megatrend-Map zeigt die zwölf zentralen Megatrends unserer Zeit. Megatrends sind nie linear und eindimensional, sondern vielfältig, komplex und vernetzt. Die Form der Darstellung zeigt daher nicht nur die Trends an sich, sondern visualisiert auch die Überschneidungen und Parallelen zwischen den Megatrends.

Die einzelnen Stationen einer Megatrend-Linie wiederum verdeutlichen die unterschiedlichen Dimensionen, Facetten und Trendaspekte. Sie bilden die Vielschichtigkeit eines Megatrends und die diversen Einflussfaktoren ab, die im Umfeld eines Megatrends wirken.

Megatrends sind jene Trends, die einen großen und epochalen Charakter haben. Ihre Halbwertszeit (die Zeit bis zum Zenit ihrer Wirksamkeit) nehmen wir mit 30 Jahren oder mehr an. Sie verändern nicht nur einzelne Segmente oder Bereiche des sozialen Lebens oder der Wirtschaft. Sie formen ganze Gesellschaften um.

MEGATREND-MAP

Impressum

zukunfts**Institut**

Herausgeber
Zukunftsinstitut GmbH
Kaiserstr. 53
60329 Frankfurt am Main
Deutschland

+49 (0)69 26 48 48 9-0
info@zukunftsinstitut.de
www.zukunftsinstitut.de

Autoren
Harry Gatterer, Verena Muntschick,
Philipp Hofstätter, Janine Seitz,
Lena Papasabbas, Christian Schuldt,
Cornelia Kelber, Mark Morrison,
Christoph Kristandl

Grafikdesign
Ksenia Pogorelova
Benedikt Eisenhardt

Illustrationen
Andreas Gaertner und Martin Markes,
Agentur „Die Zeichner Gaertner & Markes
Illustratoren PartG“

Lektorat
Franz Mayer

Redaktionelle Mitarbeit
Rebecca Breitenstein, Philippa Everz,
Leonie Miller-Aichholz,
Trusha Rolvering, Clara Schüttler

ISBN 978-3-945647-47-9

Leben

Kunden versteher

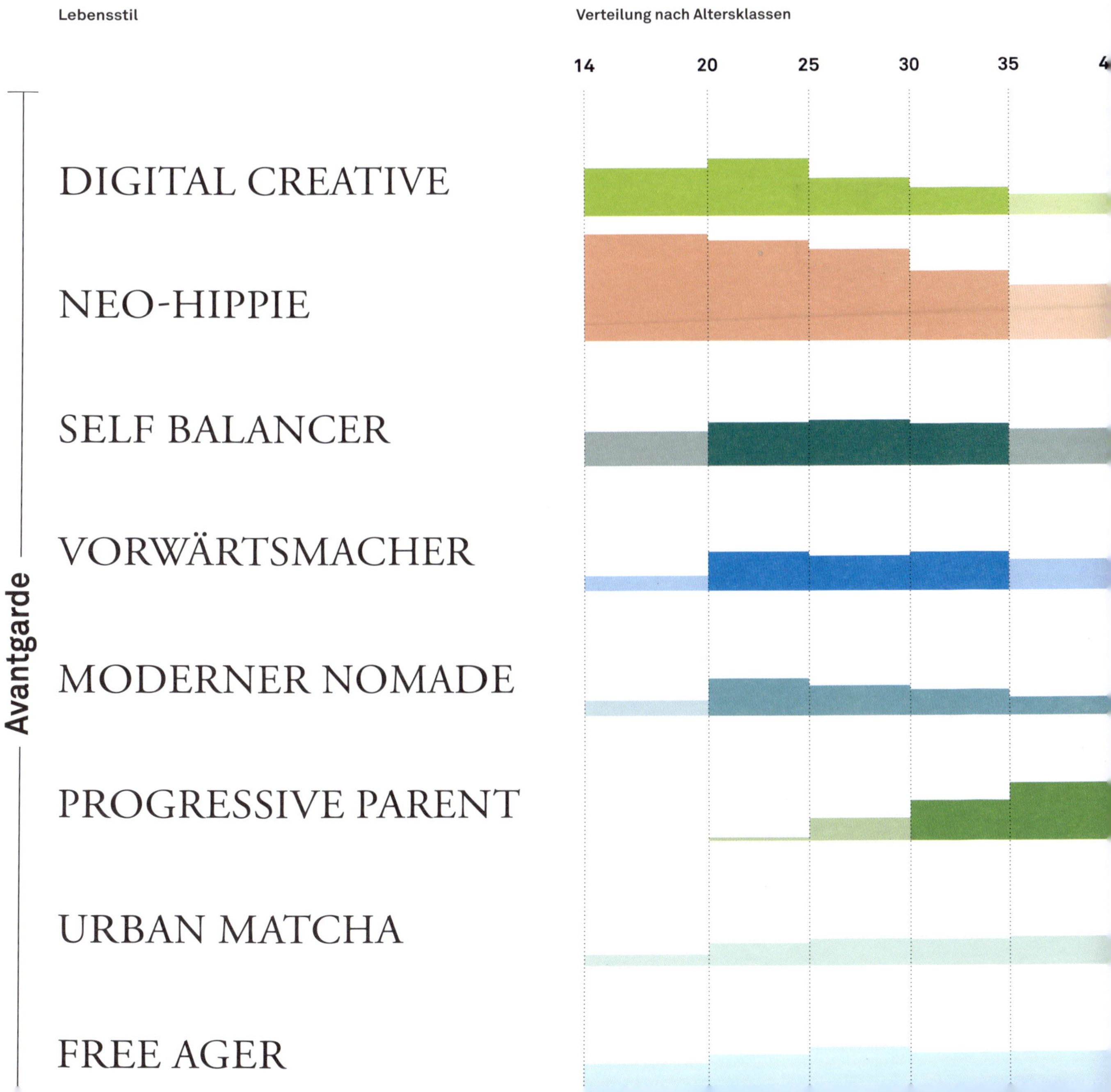

sstile

. Märkte erobern!